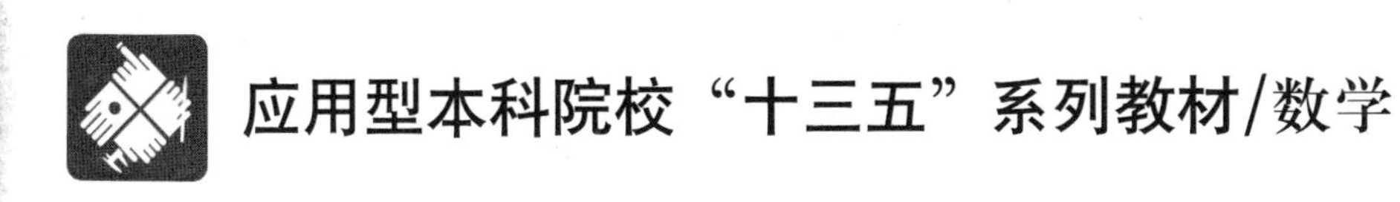

Mathematics Basics On Economics Ⅱ: Linear Algebra

经济数学基础（二）
线性代数

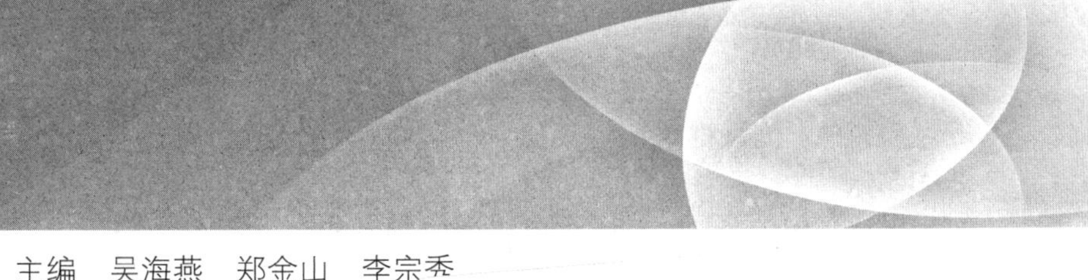

主编　吴海燕　郑金山　李宗秀
主审　张永士

哈尔滨工业大学出版社
HARBIN INSTITUTE OF TECHNOLOGY PRESS

内容简介

本书为应用型本科院校“十三五”系列教材，是按照传承与改革的精神，依据国家教育部高等教育司审定的“高等学校财经管理类”专业核心课程《经济数学基础教学大纲》，结合编者多年将数学与经济学相结合的教学实践成果编写而成的.

本书共分6章，分别为行列式、矩阵、线性方程组、向量空间、特征值与特征向量、二次型及其标准形. 每章最后面都有与之相应的经济应用实例.

本书是应用型本科院校经济管理类各专业学生的推荐教材，也可作为相关专业学生的学习参考书和从事经济管理工作人员的参考书.

图书在版编目(CIP)数据

经济数学基础(二)：线性代数/吴海燕，郑金山，李宗秀主编.
—哈尔滨：哈尔滨工业大学出版社，2018.1(2023.1 重印)
应用型本科院校“十三五”系列教材
ISBN 978-7-5603-6594-7

Ⅰ.①经… Ⅱ.①吴… ②郑… ③李… Ⅲ.①经济数学-高等学校-教材 ②线性代数-高等学校-教材 Ⅳ.①F224.0 ②O151.2

中国版本图书馆 CIP 数据核字(2017)第 088282 号

策划编辑 杜 燕
责任编辑 范业婷 李长波
出版发行 哈尔滨工业大学出版社
社 址 哈尔滨市南岗区复华四道街10号 邮编 150006
传 真 0451-86414749
网 址 http://hitpress.hit.edu.cn
印 刷 哈尔滨市工大节能印刷厂
开 本 787mm×960mm 1/16 印张 12.5 字数 260 千字
版 次 2018年1月第1版 2023年1月第3次印刷
书 号 ISBN978-7-5603-6594-7
定 价 24.80 元

《应用型本科院校“十三五”系列教材》编委会

序

哈尔滨工业大学出版社策划的《应用型本科院校“十三五”系列教材》即将付梓，诚可贺也。

该系列教材卷帙浩繁，凡百余种，涉及众多学科门类，定位准确，内容新颖，体系完整，实用性强，突出实践能力培养。不仅便于教师教学和学生学习，而且满足就业市场对应用型人才的迫切需求。

应用型本科院校的人才培养目标是面对现代社会生产、建设、管理、服务等一线岗位，培养能直接从事实际工作、解决具体问题、维持工作有效运行的高等应用型人才。应用型本科与研究型本科和高职高专院校在人才培养上有着明显的区别，其培养的人才特征是：①就业导向与社会需求高度吻合；②扎实的理论基础和过硬的实践能力紧密结合；③具备良好的人文素质和科学技术素质；④富于面对职业应用的创新精神。因此，应用型本科院校只有着力培养“进入角色快、业务水平高、动手能力强、综合素质好”的人才，才能在激烈的就业市场竞争中站稳脚跟。

目前国内应用型本科院校所采用的教材往往只是对理论性较强的本科院校教材的简单删减，针对性、应用性不够突出，因材施教的目的难以达到。因此亟须既有一定的理论深度又注重实践能力培养的系列教材，以满足应用型本科院校教学目标、培养方向和办学特色的需要。

哈尔滨工业大学出版社出版的《应用型本科院校“十三五”系列教材》，在选题设计思路上认真贯彻教育部关于培养适应地方、区域经济和社会发展需要的“本科应用型高级专门人才”精神，根据前黑龙江省委书记吉炳轩同志提出的关于加强应用型本科院校建设的意见，在应用型本科试点院校成功经验总结的基础上，特邀请黑龙江省9所知名的应用型本科院校的专家、学者联合编写。

本系列教材突出与办学定位、教学目标的一致性和适应性，既严格遵照学科体系的知识构成和教材编写的一般规律，又针对应用型本科人才培养目标及与之相适应的教学特点，精心设计写作体例，科学安排知识内容，围绕应用讲授理论，做到“基础知识够用、实践技能实用、专业理论管用”。同时注意适当融入新理论、新技术、新工艺、新成果，并且制作了与本书配套的 PPT 多媒体教学课件，形成立体化教材，供教师参考使用。

《应用型本科院校“十三五”系列教材》的编辑出版，是适应“科教兴国”战略对复合型、应用型人才的需求，是推动相对滞后的应用型本科院校教材建设的一种有益尝试，在应用型创新人才培养方面是一件具有开创意义的工作，为应用型人才的培养提供了及时、可靠、坚实的保证。

希望本系列教材在使用过程中，通过编者、作者和读者的共同努力，厚积薄发、推陈出新、细上加细、精益求精，不断丰富、不断完善、不断创新，力争成为同类教材中的精品。

前　言

数学是自然科学的基本语言，是人类知识结构中的重要一环，是应用数学模型探索世界物质运动机理的主要手段。对于经管专业的大学生而言，高等数学教育不仅仅是一种学习专业的工具。中外大量的教育实践充分显示，优秀的高等数学教育，是对人的理性思维品格和思辨能力的培养、是对人的聪明智慧的启发、是对人的潜能与创造力的开发，其价值远非一般专业技术教育可比。

进入21世纪，我国高等教育实现了从精英教育到大众化教育的过渡，教育规模的迅速扩大，高等数学课程在教与学两个方面都产生了新的问题和挑战。一方面，学生数学基础更加参差不齐；另一方面，现代社会对人才数学素质的要求越来越高。从2014年开始，国务院引导一批非研究型本科高校向应用型技术性转型，为解决新建本科高校这些问题和挑战提供了契机。现在的问题是教材建设严重滞后，目前的本科高等数学教材主要是面向教学型和研究型普通高校，而缺乏面向应用型本科的教材，因此，编写应用型本科高校教材成为当前的重要任务。

基于以上考虑，我们编写了这套《经济数学基础》（内容包括微积分、线性代数、概率统计三部分），编写过程主要突出以下几点：

1. 以《基本要求》为指导。编写中认真贯彻了教育部《经济管理类数学基础课教学基本要求》，注重讲清用数学知识解决实际问题的基本思想和方法，培养学生的逻辑能力、应用能力和创新思维能力。

2. 注重学法指导。每章前列出了学习目标和要求，使学生明确学习目标，帮助学生把握学习重点，提高学习的自觉性。

3. 优化内容结构。与传统教材相比，全书对有关内容进行了整合，本着“必需，够用”原则，对部分内容进行了合并，加强了知识间的联系。

4. 弱化定理公式的推导证明。缩减了复杂的理论推导，运用几何直观和实际背景介绍帮助学生对理论问题的理解。

5. 加强数学知识的实际应用。选编了一些与经济密切相关的例题与习题，用于课堂教学和学生课后练习。每章专门编写了一节“经济应用实例”，丰富了教学内容，培养学生运用数学知识解决实际问题的能力。

6. 注重数学文化的熏陶。增加了延伸阅读，教材中穿插了许多数学小故事、相关的数学史和数学家的阅读材料，增加了教材的可读性和趣味性。

7. 加强与中学内容的衔接。对基本概念的讲述，多从初等数学说起，采用“低起点，慢爬坡”的方式将高等数学概念与中学数学相关内容对接，自然过渡，打消学生的“恐高症”。

8. 注重精讲多练。教材尽量压缩理论叙述，适当增加例题习题篇幅，为突出教师的主导作用和学生的主体地位、增加师生互动提供资源保证。

本书共分 6 章，第 1 章行列式，主要内容是行列式的定义、性质、计算方法及克莱姆法则；第 2 章矩阵，主要内容是矩阵及其运算、逆矩阵；第 3 章线性方程组，主要内容是向量的线性相关性及线性方程组解的结构及其解法；第 4 章向量空间，主要内容是向量的内积、正交矩阵及正交变换；第 5 章特征值与特征向量，主要内容是矩阵的特征值与特征向量、相似矩阵和矩阵的对角化；第 6 章二次型及其标准形，主要内容是二次型及其矩阵表示、二次型化为标准形与规范形及正定二次型。每章最后都有与之相应的经济应用实例。

教材是实现人才培养目标的重要载体，教材编写直接关系到教学质量，对人才培养的质量起到举足轻重的作用。以教材为载体，以教师为主导，以学生为主体，是高等数学教学应遵循的教学规律。近年来，各种教育理念，诸如微课堂、慕课、翻转课堂等，无一不在颠覆传统单一的教学模式，不断带来全新的教学体验，也接受教学实践的检验。我们编写这套经管类高等数学教材，是应用型本科高校教学改革的一项尝试。本书的编者都是应用型本科高校的一线数学教师，在长期的教学实践中积累了丰富的教学经验。在本书编写过程中，紧密结合经济管理专业特点，把数学知识在经济管理中的应用融合到教学中，更符合应用型本科人才培养目标。

本书由吴海燕、郑金山和李宗秀任主编，张永士任主审。其中第 1 章和第 3 章由吴海燕编写，第 2 章、第 4 章和第 5 章由郑金山编写，第 6 章由李宗秀编写，参与编写的还有凌春英、侯嫚丹、刘辉和郎奠波，全书由主编总纂定稿。

本书在编写过程中得到了黑龙江财经学院副院长于长福、教务处处长庹莉的宝贵指导和支持，在此一并致以诚挚的谢意。

由于编者水平有限，疏漏和不当之处在所难免，敬请读者不吝赐教，使之日臻完善。

编　者

2017 年 11 月

目　录

第1章

Chapter 1

行　列　式

学习目标和要求

1. 熟练掌握二阶、三阶行列式的对角线法则.

2. 理解 n 级排列及其逆序数的概念,会求 n 级排列的逆序数.

3. 理解 n 阶行列式的定义,会利用定义计算简单的 n 阶行列式.

4. 熟练掌握行列式的性质及行列式的按行(列)展开法则.

5. 掌握行列式的理论应用——克莱姆法则,同时了解行列式在实际问题中的应用.

在代数学中,行列式是一个重要的概念,也是一个基本工具. 在实际生产生活中也有广泛的应用. 本章主要介绍 n 阶行列式的定义、性质、计算方法以及求解 n 元线性方程组的克莱姆法则,并在最后给出了行列式在实际问题中的应用. 特别强调,本书中除特殊说明,研究的范畴均为实数域 $\mathbf{R}$.

1.1　n 阶行列式

1.1.1　二阶、三阶行列式

行列式的概念最初是伴随着求解方程个数与未知量个数相同的线性方程组提出来的.

鸡兔同笼问题就是一个典型的二元线性方程组求解问题. 它是我国古代著名趣题之一,大约在1 500年前,《孙子算经》中就记载了这个问题:今有雉兔同笼,上有三十五头,下有九十四足,问雉兔各几何?

如果设鸡有 x 只,兔子有 y 只,由题意有二元线性方程组 $\begin{cases} x+y=35 \\ 2x+4y=94 \end{cases}$,利用消元法得 $x=23$, $y=12$,即鸡23只,兔子12只.

一般地,考虑如下二元线性方程组

$$\begin{cases} a_{11}x_1 + a_{12}x_2 = b_1 \\ a_{21}x_1 + a_{22}x_2 = b_2 \end{cases} \tag{1.1}$$

为了求得方程组(1.1)的解,利用消元法可得

$$\begin{cases} (a_{11}a_{22} - a_{12}a_{21})x_1 = b_1a_{22} - b_2a_{12} \\ (a_{11}a_{22} - a_{12}a_{21})x_2 = b_2a_{11} - b_1a_{21} \end{cases}$$

当 $a_{11}a_{22} - a_{12}a_{21} \neq 0$ 时,方程组有唯一解

$$x_1 = \frac{b_1a_{22} - b_2a_{12}}{a_{11}a_{22} - a_{12}a_{21}}, \quad x_2 = \frac{b_2a_{11} - b_1a_{21}}{a_{11}a_{22} - a_{12}a_{21}} \tag{1.2}$$

为了便于记忆上述解的公式,把方程组(1.1)中未知量的四个系数按原位置排成两行,并在两边加上双竖线,记作

$$\begin{vmatrix} a_{11} & a_{12} \\ a_{21} & a_{22} \end{vmatrix} = a_{11}a_{22} - a_{12}a_{21} \tag{1.3}$$

称为**二阶行列式**,其中 $a_{ij}(i=1,2;j=1,2)$ 称为二阶行列式(1.3)的**元素**,a_{ij} 的下标 i 表示它所在的行,j 表示它所在的列. 称位于第 i 行第 j 列的元素为二阶行列式的 (i,j) **元**. 称 a_{11} 和 a_{22} 所在的连线为二阶行列式的**主对角线**. 称 a_{12} 和 a_{21} 所在的连线为二阶行列式的**副对角线**. 由二阶行列式的定义可知,二阶行列式(1.3)等于主对角线元素之积减去副对角线元素之积,这个计算方法称为**二阶行列式的对角线法则**.

有了二阶行列式的定义,在式(1.2)中分别记

$$D = \begin{vmatrix} a_{11} & a_{12} \\ a_{21} & a_{22} \end{vmatrix}, \quad D_1 = \begin{vmatrix} b_1 & a_{12} \\ b_2 & a_{22} \end{vmatrix}, \quad D_2 = \begin{vmatrix} a_{11} & b_1 \\ a_{21} & b_2 \end{vmatrix}$$

D 是由方程组(1.1)中未知量的四个系数所确定的二阶行列式,称为**系数行列式**. D_1 和 D_2 是用方程组(1.1)右端的常数项 b_1, b_2 分别替换系数行列式的第1列和第2列所得到的行列式. 因此,当方程组(1.1)的系数行列式 $D \neq 0$ 时,方程组(1.1)有唯一解,可表示为

$$x_1 = \frac{D_1}{D}, \quad x_2 = \frac{D_2}{D} \tag{1.4}$$

【例1.1】 解二元线性方程组

$$\begin{cases}3x_1 - 2x_2 = 4 \\ 2x_1 - 3x_2 = 1\end{cases}$$

解　方程组的系数行列式

$$D = \begin{vmatrix} 3 & -2 \\ 2 & -3 \end{vmatrix} = 3 \times (-3) - 2 \times (-2) = -5 \neq 0$$

所以方程组有唯一解. 又

$$D_1 = \begin{vmatrix} 4 & -2 \\ 1 & -3 \end{vmatrix} = -10, \quad D_2 = \begin{vmatrix} 3 & 4 \\ 2 & 1 \end{vmatrix} = -5$$

于是方程组的解为

$$x_1 = \frac{D_1}{D} = \frac{-10}{-5} = 2, \quad x_2 = \frac{D_2}{D} = \frac{-5}{-5} = 1$$

类似地,为了便于求解如下三元线性方程组

$$\begin{cases}a_{11}x_1 + a_{12}x_2 + a_{13}x_3 = b_1 \\ a_{21}x_1 + a_{22}x_2 + a_{23}x_3 = b_2 \\ a_{31}x_1 + a_{32}x_2 + a_{33}x_3 = b_3\end{cases} \tag{1.5}$$

引进记号

$$D = \begin{vmatrix} a_{11} & a_{12} & a_{13} \\ a_{21} & a_{22} & a_{23} \\ a_{31} & a_{32} & a_{33} \end{vmatrix} =$$

$$a_{11}a_{22}a_{33} + a_{12}a_{23}a_{31} + a_{13}a_{21}a_{32} - a_{13}a_{22}a_{31} - a_{12}a_{21}a_{33} - a_{11}a_{23}a_{32} \tag{1.6}$$

称式(1.6)为**三阶行列式**.

三阶行列式(1.6)由6项构成,每项均为位于不同行不同列的三个元素的乘积. 每项前的正负号可按图1.1所示的**三阶行列式的对角线法则**来记忆.

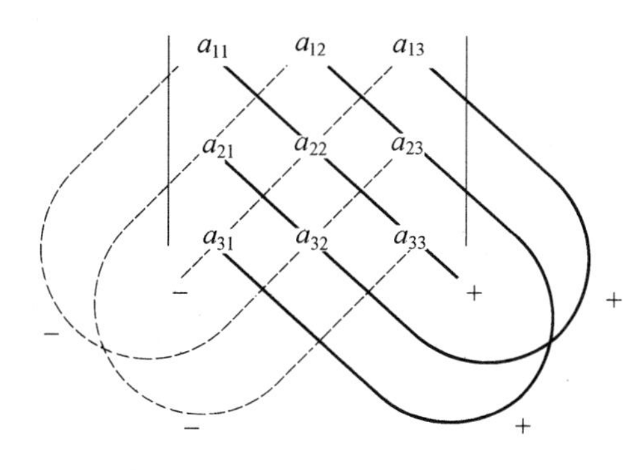

图1.1　三阶行列式的对角线法则

【例 1.2】 计算三阶行列式 $D=\begin{vmatrix}2 & 1 & 3\\4 & -2 & 5\\-3 & 2 & -1\end{vmatrix}$.

解 按对角线法则

$$D=2\times(-2)\times(-1)+1\times5\times(-3)+3\times4\times2-3\times(-2)\times(-3)-1\times4\times(-1)-2\times5\times2=4-15+24-18+4-20=-21$$

利用消元法,不难求出方程组(1.5)的解,其结果可以用三阶行列式表示.当

$$D=\begin{vmatrix}a_{11} & a_{12} & a_{13}\\a_{21} & a_{22} & a_{23}\\a_{31} & a_{32} & a_{33}\end{vmatrix}\neq 0$$

时,方程组(1.5)有唯一解.

若记

$$D_1=\begin{vmatrix}b_1 & a_{12} & a_{13}\\b_2 & a_{22} & a_{23}\\b_3 & a_{32} & a_{33}\end{vmatrix},\quad D_2=\begin{vmatrix}a_{11} & b_1 & a_{13}\\a_{21} & b_2 & a_{23}\\a_{31} & b_3 & a_{33}\end{vmatrix},\quad D_3=\begin{vmatrix}a_{11} & a_{12} & b_1\\a_{21} & a_{22} & b_2\\a_{31} & a_{32} & b_3\end{vmatrix}$$

方程组(1.5)的解可表示为

$$x_j=\frac{D_j}{D},\quad j=1,2,3 \tag{1.7}$$

对照式(1.4),可以发现式(1.4)与式(1.7)具有类似的特点.这种方法同样适用于求取如下 n 元线性方程组

$$\begin{cases}a_{11}x_1+a_{12}x_2+\cdots+a_{1n}x_n=b_1\\a_{21}x_1+a_{22}x_2+\cdots+a_{2n}x_n=b_2\\\quad\cdots\quad\cdots\quad\cdots\\a_{n1}x_1+a_{n2}x_2+\cdots+a_{nn}x_n=b_n\end{cases}$$

的解.

【例 1.3】 解三元线性方程组

$$\begin{cases}x_1+2x_2+x_3=16\\2x_1-4x_2-x_3=9\\3x_1-x_2+x_3=26\end{cases}$$

解 方程组的系数行列式

$$D=\begin{vmatrix}1 & 2 & 1\\2 & -4 & -1\\3 & -1 & 1\end{vmatrix}=-5\neq 0$$

所以方程组有唯一解,又

$$D_1=\begin{vmatrix}16&2&1\\9&-4&-1\\26&-1&1\end{vmatrix}=-55,\quad D_2=\begin{vmatrix}1&16&1\\2&9&-1\\3&26&1\end{vmatrix}=-20,\quad D_3=\begin{vmatrix}1&2&16\\2&-4&9\\3&-1&26\end{vmatrix}=15$$

所以方程组的解为

$$x_1=\frac{-55}{-5}=11,\quad x_2=\frac{-20}{-5}=4,\quad x_3=\frac{15}{-5}=-3$$

1.1.2　排列的逆序数

1.1.1小节给出的二阶和三阶行列式定义均为位于不同行不同列的元素乘积再冠以正负号作和得到的. 为了将二阶、三阶行列式的概念推广到n阶行列式,下面引入排列的逆序数的概念.

定义1.1　由n个自然数$1,2,\cdots,n$组成的一个n元有序数组$p_1p_2\cdots p_n$称为一个n级排列,共有$n!$种.

定义1.2　考虑排列$p_1p_2\cdots p_n$中的元素$p_i(i=1,2,\cdots,n)$,若在p_i前面比它大的数有τ_i个,就说p_i的逆序数是τ_i. 而排列$p_1p_2\cdots p_n$中全体元素的逆序数之和称为排列$p_1p_2\cdots p_n$的逆序数,记为$\tau(p_1p_2\cdots p_n)=\sum\limits_{i=1}^{n}\tau_i=\tau_1+\tau_2+\cdots+\tau_n$.

【例1.4】　1 3 2是1,2,3三个数组成的一个3级排列. 元素1位于排列的首位,逆序数是0;元素3前面没有比它大的数,逆序数是0;元素2前面有一个数3比它大,逆序数是1,所以排列1 3 2的逆序数是$0+0+1=1$,即$\tau(132)=1$.

定义1.3　逆序数是奇数的排列称为奇排列,逆序数是偶数的排列称为偶排列.

逆序数为零的排列,规定它是偶排列.

如果互换排列中任意两个元素的位置,其余元素不动,就得到了一个新的排列,称这样的互换为**对换**. 如排列1 3 2中,选择互换3与1的位置,得到一个新的排列3 1 2,它的逆序数是$0+1+1=2$. 排列3 1 2是偶排列. 可见,任意互换排列中两个元素,进行一次对换,得到的新排列的奇偶性发生了改变. 一般情况下,对一个排列中任意两个元素进行一次对换,排列奇偶性改变一次. 所以对换的次数就是奇偶性发生变化的次数,而**自然排列**$1\ 2\ \cdots\ n$是偶排列,那么一个奇排列变成自然排列要经过奇数次对换,偶排列变成自然排列要经过偶数次对换.

1.1.3　n阶行列式

有了逆序数的定义就可以解决二阶、三阶行列式中各项的正负号选取问题.

首先分析三阶行列式的特点. 三阶行列式(1.6)是由所有位于不同行不同列的三个元素乘积再冠以正负号作和得到的,其中每一项都可以写成下述形式:

$$a_{1p_1}a_{2p_2}a_{3p_3} \tag{1.8}$$

当这一项的行标构成自然排列时,其列标构成一排列 $p_1\ p_2\ p_3$. 当 $p_1\ p_2\ p_3$ 为偶排列时,项(1.8)冠以正号;当 $p_1\ p_2\ p_3$ 为奇排列时,项(1.8)冠以负号. 因此,项(1.8)前的符号是 $(-1)^{\tau(p_1\ p_2\ p_3)}$,且这样项的个数恰为三级排列的总数3! =6个. 所以,三阶行列式也可以写成

$$D=\begin{vmatrix} a_{11} & a_{12} & a_{13} \\ a_{21} & a_{22} & a_{23} \\ a_{31} & a_{32} & a_{33} \end{vmatrix}=\sum_{p_1\ p_2\ p_3}(-1)^{\tau(p_1\ p_2\ p_3)}a_{1p_1}a_{2p_2}a_{3p_3}$$

其中 $\sum\limits_{p_1\ p_2\ p_3}$ 表示 $p_1\ p_2\ p_3$ 取遍所有三级排列时,对形如 $(-1)^{\tau(p_1\ p_2\ p_3)}a_{1p_1}a_{2p_2}a_{3p_3}$ 的项求和.

对于二阶行列式可以进行类似的分析,并可以发现同样的规律. 故自然地可以把二阶、三阶行列式的概念推广到 n 阶行列式.

定义 1.4 n 阶行列式 $\begin{vmatrix} a_{11} & a_{12} & \cdots & a_{1n} \\ a_{21} & a_{22} & \cdots & a_{2n} \\ \vdots & \vdots & & \vdots \\ a_{n1} & a_{n2} & \cdots & a_{nn} \end{vmatrix}$ 是所有取自不同行不同列的 n 个数的乘积 $a_{1p_1}a_{2p_2}\cdots a_{np_n}$ 再冠以符号 $(-1)^{\tau(p_1\ p_2\ \cdots\ p_n)}$ 后作和得到的,即

$$\begin{vmatrix} a_{11} & a_{12} & \cdots & a_{1n} \\ a_{21} & a_{22} & \cdots & a_{2n} \\ \vdots & \vdots & & \vdots \\ a_{n1} & a_{n2} & \cdots & a_{nn} \end{vmatrix}=\sum_{p_1\ p_2\ \cdots\ p_n}(-1)^{\tau(p_1\ p_2\ \cdots\ p_n)}a_{1p_1}a_{2p_2}\cdots a_{np_n}$$

其中 $\sum\limits_{p_1\ p_2\ \cdots\ p_n}$ 表示对所有 n 级排列求和.

【例 1.5】 解方程 $\begin{vmatrix} 1 & 1 & 3 \\ 1 & 2 & x \\ 3 & 4 & x^2 \end{vmatrix}=0$.

解 方程左端是三阶行列式

$$D=2x^2+3x+12-18-4x-x^2=x^2-x-6$$

由 $x^2-x-6=0$,得 $x_1=-2$ 或 $x_2=3$.

【例 1.6】 证明下三角行列式

$$D=\begin{vmatrix} a_{11} & 0 & \cdots & 0 \\ a_{21} & a_{22} & \cdots & 0 \\ \vdots & \vdots & & \vdots \\ a_{n1} & a_{n2} & \cdots & a_{nn} \end{vmatrix}=a_{11}a_{22}\cdots a_{nn}$$

证明　由 n 阶行列式的定义 $D=\sum\limits_{p_1p_2\cdots p_n}(-1)^{\tau(p_1p_2\cdots p_n)}a_{1p_1}a_{2p_2}\cdots a_{np_n}$，本题中只有 $p_1p_2\cdots p_n=1\ 2\ \cdots\ n$ 时，乘积 $a_{1p_1}a_{2p_2}\cdots a_{np_n}$ 才不等于0，所以 D 中不为0的项只有一项 $(-1)^{\tau(1\ 2\ \cdots\ n)}a_{11}a_{22}\cdots a_{nn}$，故 $D=a_{11}a_{22}\cdots a_{nn}$.

n 阶行列式中从左上角到右下角的对角线称为 n 阶行列式的**主对角线**. 对角线上的各元素 $a_{ii}(i=1,2,\cdots,n)$ 称为**主对角线元素**. 而主对角线以外的元素均为0的行列式，称为**对角行列式**. 由例1.6，显然对角行列式

$$\begin{vmatrix} a_{11} & 0 & 0 & \cdots & 0 \\ 0 & a_{22} & 0 & \cdots & 0 \\ 0 & 0 & a_{33} & \cdots & 0 \\ \vdots & \vdots & \vdots & & \vdots \\ 0 & 0 & 0 & \cdots & a_{nn} \end{vmatrix}=a_{11}a_{22}\cdots a_{nn}$$

【例1.7】　计算 n 阶行列式

$$D_n=\begin{vmatrix} 0 & 1 & 0 & 0 & \cdots & 0 & 0 \\ 0 & 0 & 2 & 0 & \cdots & 0 & 0 \\ \vdots & \vdots & \vdots & \vdots & & \vdots & \vdots \\ 0 & 0 & 0 & 0 & \cdots & 0 & n-1 \\ n & 0 & 0 & 0 & \cdots & 0 & 0 \end{vmatrix}$$

解　由 n 阶行列式的定义 $D_n=\sum\limits_{p_1p_2\cdots p_n}(-1)^{\tau(p_1p_2\cdots p_n)}a_{1p_1}a_{2p_2}\cdots a_{np_n}$，本题中当且仅当 $p_1p_2\cdots p_n=2\ 3\ \cdots\ n\ 1$ 时，乘积 $a_{1p_1}a_{2p_2}\cdots a_{np_n}$ 才不等于0，故

$$D_n=(-1)^{\tau(2\,3\,\cdots\,n\,1)}\times 1\times 2\times\cdots\times n=(-1)^{n-1}n!$$

由于数的乘法满足交换律，所以行列式各项中 n 个元素的顺序也可以任意交换，一般有下面结论.

定理1.1　n 阶行列式 $\begin{vmatrix} a_{11} & a_{12} & \cdots & a_{1n} \\ a_{21} & a_{22} & \cdots & a_{2n} \\ \vdots & \vdots & & \vdots \\ a_{n1} & a_{n2} & \cdots & a_{nn} \end{vmatrix}$ 的项可以写成

$$(-1)^{\tau(q_1q_2\cdots q_n)+\tau(p_1p_2\cdots p_n)}a_{q_1p_1}a_{q_2p_2}\cdots a_{q_np_n} \tag{1.9}$$

其中 $q_1q_2\cdots q_n$ 和 $p_1p_2\cdots p_n$ 都是 n 级排列.

证明略.

推论1　n 阶行列式可以定义为

$$\begin{vmatrix} a_{11} & a_{12} & \cdots & a_{1n} \\ a_{21} & a_{22} & \cdots & a_{2n} \\ \vdots & \vdots & & \vdots \\ a_{n1} & a_{n2} & \cdots & a_{nn} \end{vmatrix} = \sum_{q_1 q_2 \cdots q_n} (-1)^{\tau(q_1 q_2 \cdots q_n)} a_{q_1 1} a_{q_2 2} \cdots a_{q_n n}$$

证明　在定理1.1中,取 $p_1 p_2 \cdots p_n = 1\ 2 \cdots n$,即可证得结论成立.

1.2　行列式的性质

由1.1节中 n 阶行列式的定义可以看出,随着阶数 n 的增加,计算量的增大相当惊人.为了寻求更方便的计算行列式的方法,下面来研究行列式的性质.

将行列式 D 的行与列互换后得到的行列式,称为 D 的**转置行列式**,记为 D^{T} 或 D',即如果

$$D = \begin{vmatrix} a_{11} & a_{12} & \cdots & a_{1n} \\ a_{21} & a_{22} & \cdots & a_{2n} \\ \vdots & \vdots & & \vdots \\ a_{n1} & a_{n2} & \cdots & a_{nn} \end{vmatrix},\text{则 } D^{\mathrm{T}} = \begin{vmatrix} a_{11} & a_{21} & \cdots & a_{n1} \\ a_{12} & a_{22} & \cdots & a_{n2} \\ \vdots & \vdots & & \vdots \\ a_{1n} & a_{2n} & \cdots & a_{nn} \end{vmatrix}.$$

简单地说,转置就是将 D 中的行变成 D^{T} 中的列.

性质1　将行列式转置,行列式的值不变,即 $D = D^{\mathrm{T}}$.

证明　设行列式 D^{T} 中位于第 i 行、第 j 列的元素为 b_{ij},显然有 $b_{ij} = a_{ji}(i = 1,2,\cdots,n; j = 1,2,\cdots,n)$.根据行列式的定义,有

$$D^{\mathrm{T}} = \sum_{p_1 p_2 \cdots p_n} (-1)^{\tau(p_1 p_2 \cdots p_n)} b_{1p_1} b_{2p_2} \cdots b_{np_n} = \sum_{p_1 p_2 \cdots p_n} (-1)^{\tau(p_1 p_2 \cdots p_n)} a_{p_1 1} a_{p_2 2} \cdots a_{p_n n}$$

由1.1节中的推论1可知 $D = D^{\mathrm{T}}$.

【例1.8】　证明 n 阶行列式

$$D = \begin{vmatrix} a_{11} & a_{12} & \cdots & a_{1n} \\ 0 & a_{22} & \cdots & a_{2n} \\ \vdots & \vdots & & \vdots \\ 0 & 0 & 0 & a_{nn} \end{vmatrix} = a_{11} a_{22} \cdots a_{nn}$$

证明　由性质1,有 $D = D^{\mathrm{T}}$,即

$$D = D^{\mathrm{T}} = \begin{vmatrix} a_{11} & 0 & \cdots & 0 \\ a_{12} & a_{22} & \cdots & 0 \\ \vdots & \vdots & & \vdots \\ a_{1n} & a_{2n} & \cdots & a_{nn} \end{vmatrix} = a_{11} a_{22} \cdots a_{nn}$$

这种主对角线下方的元素全为 0 的行列式称为**上三角行列式**.

性质 2　互换行列式的某两行(列),行列式的值变号.

证明略.

以后约定以 r_i 表示行列式的第 i 行,以 c_j 表示行列式的第 j 列,交换第 i 行与第 j 行记为 $r_i \leftrightarrow r_j$,交换第 i 列与第 j 列,记为 $c_i \leftrightarrow c_j$.

推论 1　若行列式有两行(列)元素完全相同,则此行列式的值为 0.

证明　互换行列式 D 中相同的这两行,则有 $D = -D$,故 $D = 0$.

性质 3　把行列式的某一行(列)中所有元素都乘以数 k,等于用数 k 乘以此行列式. 如

$$\begin{vmatrix} a_{11} & a_{12} & \cdots & a_{1n} \\ \vdots & \vdots & & \vdots \\ ka_{i1} & ka_{i2} & \cdots & ka_{in} \\ \vdots & \vdots & & \vdots \\ a_{n1} & a_{n2} & \cdots & a_{nn} \end{vmatrix} = k \begin{vmatrix} a_{11} & a_{12} & \cdots & a_{1n} \\ \vdots & \vdots & & \vdots \\ a_{i1} & a_{i2} & \cdots & a_{in} \\ \vdots & \vdots & & \vdots \\ a_{n1} & a_{n2} & \cdots & a_{nn} \end{vmatrix}$$

证明略.

将行列式的第 i 行(列)乘以数 k,记作 $kr_i(kc_i)$.

推论 2　行列式的某一行(列)元素的公因子可以提到行列式符号外面.

将行列式的第 i 行(列)提出公因子 k,记作 $r_i/k(c_i/k)$.

推论 3　若行列式中某一行(列)的元素全为 0,则行列式的值为 0.

性质 4　若行列式中有两行(列)元素对应成比例,则此行列式的值为 0.

由推论 1 和推论 2 便可证之.

性质 5　若行列式的某一行(列)的元素都是两数之和,则此行列式等于两个行列式的和. 如第 i 行的元素都是两数之和

$$D = \begin{vmatrix} a_{11} & a_{12} & \cdots & a_{1n} \\ \vdots & \vdots & & \vdots \\ a_{i1} + a'_{i1} & a_{i2} + a'_{i2} & \cdots & a_{in} + a'_{in} \\ \vdots & \vdots & & \vdots \\ a_{n1} & a_{n2} & \cdots & a_{nn} \end{vmatrix}$$

则

$$D = \begin{vmatrix} a_{11} & a_{12} & \cdots & a_{1n} \\ \vdots & \vdots & & \vdots \\ a_{i1} & a_{i2} & \cdots & a_{in} \\ \vdots & \vdots & & \vdots \\ a_{n1} & a_{n2} & \cdots & a_{nn} \end{vmatrix} + \begin{vmatrix} a_{11} & a_{12} & \cdots & a_{1n} \\ \vdots & \vdots & & \vdots \\ a'_{i1} & a'_{i2} & \cdots & a'_{in} \\ \vdots & \vdots & & \vdots \\ a_{n1} & a_{n2} & \cdots & a_{nn} \end{vmatrix}$$

证明略.

性质6 将行列式的某一行(列)的各元素乘以同一个数 k 后加到另一行(列)对应元素上,行列式的值不变. 如

$$\begin{vmatrix} a_{11} & a_{12} & \cdots & a_{1n} \\ \vdots & \vdots & & \vdots \\ a_{i1} & a_{i2} & \cdots & a_{in} \\ \vdots & \vdots & & \vdots \\ a_{j1}+ka_{i1} & a_{j2}+ka_{i2} & \cdots & a_{jn}+ka_{in} \\ \vdots & \vdots & & \vdots \\ a_{n1} & a_{n2} & \cdots & a_{nn} \end{vmatrix} = \begin{vmatrix} a_{11} & a_{12} & \cdots & a_{1n} \\ \vdots & \vdots & & \vdots \\ a_{i1} & a_{i2} & \cdots & a_{in} \\ \vdots & \vdots & & \vdots \\ a_{j1} & a_{j2} & \cdots & a_{jn} \\ \vdots & \vdots & & \vdots \\ a_{n1} & a_{n2} & \cdots & a_{nn} \end{vmatrix}$$

将数 k 乘以行列式的第 i 行(列)再加到第 j 行(列)上去记为 $r_j + kr_i(c_j + kc_i)$.

上面介绍的性质在行列式的计算和化简中起到了重要作用,下面举出一些应用这些性质计算行列式的例子.

【例1.9】 计算行列式 $D = \begin{vmatrix} 1 & -1 & -2 & 3 \\ 3 & 2 & -1 & 4 \\ 1 & 1 & 1 & 2 \\ -2 & 1 & 0 & 2 \end{vmatrix}$.

解 $$D \xlongequal[r_4+2r_1]{\substack{r_2-3r_1 \\ r_3-r_1}} \begin{vmatrix} 1 & -1 & -2 & 3 \\ 0 & 5 & 5 & -5 \\ 0 & 2 & 3 & -1 \\ 0 & -1 & -4 & 8 \end{vmatrix} \xlongequal{r_2/5} 5\begin{vmatrix} 1 & -1 & -2 & 3 \\ 0 & 1 & 1 & -1 \\ 0 & 2 & 3 & -1 \\ 0 & -1 & -4 & 8 \end{vmatrix} \xlongequal[r_4+r_2]{r_3-2r_2}$$

$$5\begin{vmatrix} 1 & -1 & -2 & 3 \\ 0 & 1 & 1 & -1 \\ 0 & 0 & 1 & 1 \\ 0 & 0 & -3 & 7 \end{vmatrix} \xlongequal{r_4+3r_3} 5\begin{vmatrix} 1 & -1 & -2 & 3 \\ 0 & 1 & 1 & -1 \\ 0 & 0 & 1 & 1 \\ 0 & 0 & 0 & 10 \end{vmatrix} = 50$$

【例1.10】 计算行列式 $D = \begin{vmatrix} 6 & 1 & 1 & 1 \\ 1 & 6 & 1 & 1 \\ 1 & 1 & 6 & 1 \\ 1 & 1 & 1 & 6 \end{vmatrix}$.

解 这个行列式的特点是各行4个数之和都是9. 把第2,3,4列同时加到第1列上,提出公因子9之后,各列减去第1列,即

$$D\xlongequal[c_1+c_4]{\substack{c_1+c_2\\c_1+c_3}}\begin{vmatrix}9&1&1&1\\9&6&1&1\\9&1&6&1\\9&1&1&6\end{vmatrix}\xlongequal{c_1/9}9\begin{vmatrix}1&1&1&1\\1&6&1&1\\1&1&6&1\\1&1&1&6\end{vmatrix}\xlongequal[c_4-c_1]{\substack{c_2-c_1\\c_3-c_1}}$$

$$9\begin{vmatrix}1&0&0&0\\1&5&0&0\\1&0&5&0\\1&0&0&5\end{vmatrix}=9\times1\times5\times5\times5=1\ 125$$

【例 1.11】 已知 $\begin{vmatrix}a_{11}&a_{12}&a_{13}\\a_{21}&a_{22}&a_{23}\\a_{31}&a_{32}&a_{33}\end{vmatrix}=1$,求 $\begin{vmatrix}10a_{11}&-2a_{12}&-6a_{13}\\-5a_{21}&a_{22}&3a_{23}\\5a_{31}&-a_{32}&-3a_{33}\end{vmatrix}$.

解 $$\begin{vmatrix}10a_{11}&-2a_{12}&-6a_{13}\\-5a_{21}&a_{22}&3a_{23}\\5a_{31}&-a_{32}&-3a_{33}\end{vmatrix}\xlongequal[r_2/(-1)]{r_1/2}2\times(-1)\begin{vmatrix}5a_{11}&-a_{12}&-3a_{13}\\5a_{21}&-a_{22}&-3a_{23}\\5a_{31}&-a_{32}&-3a_{33}\end{vmatrix}\xlongequal[c_3/(-3)]{\substack{c_1/5\\c_2/(-1)}}$$

$$2\times(-1)\times5\times(-1)\times(-3)\begin{vmatrix}a_{11}&a_{12}&a_{13}\\a_{21}&a_{22}&a_{23}\\a_{31}&a_{32}&a_{33}\end{vmatrix}=$$

$$2\times(-1)\times5\times(-1)\times(-3)\times1=-30$$

【例 1.12】 已知

$$D=\begin{vmatrix}a_{11}&\cdots&a_{1k}&0&\cdots&0\\\vdots&&\vdots&\vdots&&\vdots\\a_{k1}&\cdots&a_{kk}&0&\cdots&0\\c_{11}&\cdots&c_{1k}&b_{11}&\cdots&b_{1n}\\\vdots&&\vdots&\vdots&&\vdots\\c_{n1}&\cdots&c_{nk}&b_{n1}&\cdots&b_{nn}\end{vmatrix},\quad D_1=\begin{vmatrix}a_{11}&\cdots&a_{1k}\\\vdots&&\vdots\\a_{k1}&\cdots&a_{kk}\end{vmatrix},\quad D_2=\begin{vmatrix}b_{11}&\cdots&b_{1n}\\\vdots&&\vdots\\b_{n1}&\cdots&b_{nn}\end{vmatrix}$$

证明 $D=D_1D_2$.

证明 对 D_1 作运算 $r_i+\lambda r_j$,把 D_1 化成下三角行列式,设

$$D_1=\begin{vmatrix}p_{11}&\cdots&0\\\vdots&&\vdots\\p_{k1}&\cdots&p_{kk}\end{vmatrix}=p_{11}\cdots p_{kk}$$

对 D_2 作运算 $c_i+\lambda c_j$,把 D_2 化成下三角行列式,设

$$D_2 = \begin{vmatrix} q_{11} & \cdots & 0 \\ \vdots & & \vdots \\ q_{n1} & \cdots & q_{nn} \end{vmatrix} = q_{11} \cdots q_{nn}$$

于是对 D 的前 k 行作运算 $r_i + \lambda r_j$,再对后 n 列作运算 $c_i + \lambda c_j$,把 D 化成下三角行列式

$$D = \begin{vmatrix} p_{11} & \cdots & 0 & 0 & \cdots & 0 \\ \vdots & & \vdots & \vdots & & \vdots \\ p_{k1} & \cdots & p_{kk} & 0 & \cdots & 0 \\ c_{11} & \cdots & c_{1k} & q_{11} & \cdots & 0 \\ \vdots & & \vdots & \vdots & & \vdots \\ c_{n1} & \cdots & c_{nk} & q_{n1} & \cdots & q_{nn} \end{vmatrix} = p_{11} \cdots p_{kk} q_{11} \cdots q_{nn} = D_1 D_2$$

【例 1.13】 计算 n 阶行列式 $D = \begin{vmatrix} a & b & \cdots & b \\ b & a & \cdots & b \\ \vdots & \vdots & & \vdots \\ b & b & \cdots & a \end{vmatrix}$.

解 此题与例 1.10 有相同的特点,可以看做是例 1.10 的一种推广. 由于各行元素的和都等于 $a + (n - 1)b$,首先把后 $n - 1$ 列加到第 1 列,再从第 1 列提出公因子,之后各列减去第 1 列的 b 倍,即

$$D = \begin{vmatrix} a + (n-1)b & b & \cdots & b \\ a + (n-1)b & a & \cdots & b \\ \vdots & \vdots & & \vdots \\ a + (n-1)b & b & \cdots & a \end{vmatrix} = [a + (n-1)b] \begin{vmatrix} 1 & b & \cdots & b \\ 1 & a & \cdots & b \\ \vdots & \vdots & & \vdots \\ 1 & b & \cdots & a \end{vmatrix} =$$

$$[a + (n-1)b] \begin{vmatrix} 1 & 0 & \cdots & 0 \\ 1 & a-b & \cdots & 0 \\ \vdots & \vdots & & \vdots \\ 1 & 0 & \cdots & a-b \end{vmatrix} = [a + (n-1)b]\,(a-b)^{n-1}$$

1.3 行列式按行(列)展开

1.1 节中给出了计算阶数较低的二阶、三阶行列式的对角线法则,使用起来比较方便. 但随着行列式阶数 n 的增加,直接使用定义来计算行列式将带来计算上的沉重负担. 若能用容易计算的低阶行列式表示较难计算的高阶行列式,就可以化繁为简、化难为易了.

为此,先来介绍余子式和代数余子式的概念.

在 n 阶行列式中,把元素 a_{ij} 所在的第 i 行和第 j 列的元素划掉,剩下的元素按原来位置不

动，所构成的 $n-1$ 阶行列式称为元素 a_{ij} 的**余子式**，记为 M_{ij}，而 $(-1)^{i+j}M_{ij}$ 为元素 a_{ij} 的**代数余子式**，记为 A_{ij}，即 $A_{ij}=(-1)^{i+j}M_{ij}$.

如四阶行列式

$$D=\begin{vmatrix} a_{11} & a_{12} & a_{13} & a_{14} \\ a_{21} & a_{22} & a_{23} & a_{24} \\ a_{31} & a_{32} & a_{33} & a_{34} \\ a_{41} & a_{42} & a_{43} & a_{44} \end{vmatrix}$$

中 $(3,2)$ 元 a_{32} 的余子式 $M_{32}=\begin{vmatrix} a_{11} & a_{13} & a_{14} \\ a_{21} & a_{23} & a_{24} \\ a_{41} & a_{43} & a_{44} \end{vmatrix}$，$a_{32}$ 的代数余子式

$$A_{32}=(-1)^{3+2}M_{32}=-M_{32}$$

引理1.1　一个 n 阶行列式中，若第 i 行除 (i,j) 元 a_{ij} 外均为零，那么此行列式等于 a_{ij} 与它的代数余子式之积，即 $D=a_{ij}A_{ij}$.

证明　先证 $(i,j)=(1,1)$ 的情形，此时

$$D=\begin{vmatrix} a_{11} & 0 & \cdots & 0 \\ a_{21} & a_{22} & \cdots & a_{2n} \\ \vdots & \vdots & & \vdots \\ a_{n1} & a_{n2} & \cdots & a_{nn} \end{vmatrix}$$

这是例1.12中当 $k=1$ 时的特殊情形，按例1.12的结论，即有 $D=a_{11}M_{11}$，又

$$A_{11}=(-1)^{1+1}M_{11}=M_{11}$$

从而

$$D=a_{11}A_{11}$$

再证一般情形，此时

$$D=\begin{vmatrix} a_{11} & \cdots & a_{1j} & \cdots & a_{1n} \\ \vdots & & \vdots & & \vdots \\ 0 & \cdots & a_{ij} & \cdots & 0 \\ \vdots & & \vdots & & \vdots \\ a_{n1} & \cdots & a_{nj} & \cdots & a_{nn} \end{vmatrix}$$

为了利用前面的结果，将 D 作如下调换：将 D 的第 i 行依次与第 $i-1$ 行、第 $i-2$ 行、…、第1行对调，这样数 a_{ij} 就调成 $(1,j)$ 元，调换的次数为 $i-1$. 再把第 j 列依次与第 $j-1$ 列、第 $j-2$ 列、…、第1列对调，这样数 a_{ij} 就调成 $(1,1)$ 元，对调的次数为 $j-1$. 总之，经 $i+j-2$ 次调换，把数 a_{ij} 调成 $(1,1)$ 元，所得的行列式 $D_1=(-1)^{i+j-2}D=(-1)^{i+j}D$，而 D_1 中 $(1,1)$ 元的余子式

就是D中(i,j)元的余子式M_{ij}. 由于D_1的$(1,1)$元为a_{ij},第1行其余元素都为0,利用前面的结果,有$D_1=a_{ij}M_{ij}$,于是

$$D=(-1)^{i+j}D_1=(-1)^{i+j}a_{ij}M_{ij}=a_{ij}A_{ij}$$

定理 1.2 行列式的值等于它的任一行(列)的各元素与其对应的代数余子式乘积之和,即

$$D=a_{i1}A_{i1}+a_{i2}A_{i2}+\cdots+a_{in}A_{in}=\sum_{j=1}^{n}a_{ij}A_{ij},\quad i=1,2,\cdots,n \tag{1.10}$$

或

$$D=a_{1j}A_{1j}+a_{2j}A_{2j}+\cdots+a_{nj}A_{nj}=\sum_{i=1}^{n}a_{ij}A_{ij},\quad j=1,2,\cdots,n \tag{1.11}$$

证明

$$D=\begin{vmatrix} a_{11} & a_{12} & \cdots & a_{1n} \\ \vdots & \vdots & & \vdots \\ a_{i1}+0+\cdots+0 & 0+a_{i2}+\cdots+0 & \cdots & 0+\cdots+0+a_{in} \\ \vdots & \vdots & & \vdots \\ a_{n1} & a_{n2} & \cdots & a_{nn} \end{vmatrix}=$$

$$\begin{vmatrix} a_{11} & a_{12} & \cdots & a_{1n} \\ \vdots & \vdots & & \vdots \\ a_{i1} & 0 & \cdots & 0 \\ \vdots & \vdots & & \vdots \\ a_{n1} & a_{n2} & \cdots & a_{nn} \end{vmatrix}+\begin{vmatrix} a_{11} & a_{12} & \cdots & a_{1n} \\ \vdots & \vdots & & \vdots \\ 0 & a_{i2} & \cdots & 0 \\ \vdots & \vdots & & \vdots \\ a_{n1} & a_{n2} & \cdots & a_{nn} \end{vmatrix}+\cdots+\begin{vmatrix} a_{11} & a_{12} & \cdots & a_{1n} \\ \vdots & \vdots & & \vdots \\ 0 & 0 & \cdots & a_{in} \\ \vdots & \vdots & & \vdots \\ a_{n1} & a_{n2} & \cdots & a_{nn} \end{vmatrix}$$

根据引理1.1,得

$$D=a_{i1}A_{i1}+a_{i2}A_{i2}+\cdots+a_{in}A_{in},\quad i=1,2,\cdots,n$$

类似地,若按列证明,可得

$$D=a_{1j}A_{1j}+a_{2j}A_{2j}+\cdots+a_{nj}A_{nj},\quad j=1,2,\cdots,n$$

上述结论称为**行列式按行(列)展开法则**. 利用这一法则并结合行列式的性质,可以简化行列式的计算.

由定理1.2,还可得到如下重要推论.

推论 1 行列式某一行(列)的元素与另一行(列)的对应元素的代数余子式乘积之和等于0,即

$$a_{i1}A_{j1}+a_{i2}A_{j2}+\cdots+a_{in}A_{jn}=0,\quad i\neq j$$
$$a_{1i}A_{1j}+a_{2i}A_{2j}+\cdots+a_{ni}A_{nj}=0,\quad i\neq j$$

证明略.

【例1.14】　计算行列式 $D=\begin{vmatrix}1&1&3&-1\\5&2&7&1\\-7&0&2&14\\1&0&0&-2\end{vmatrix}$.

解　此题可以直接用行列式的性质,将 D 化为上三角行列式进行计算,在这里选择含零多的行或列,进行按行或列展开,再利用行列式的性质.两种方法相结合,事半功倍.

选择按第4行展开,则

$$D=1\times(-1)^{4+1}\begin{vmatrix}1&3&-1\\2&7&1\\0&2&14\end{vmatrix}+(-2)\times(-1)^{4+4}\begin{vmatrix}1&1&3\\5&2&7\\-7&0&2\end{vmatrix}$$

又

$$\begin{vmatrix}1&3&-1\\2&7&1\\0&2&14\end{vmatrix}\xlongequal{r_2-2r_1}\begin{vmatrix}1&3&-1\\0&1&3\\0&2&14\end{vmatrix}\xlongequal{r_3-2r_2}\begin{vmatrix}1&3&-1\\0&1&3\\0&0&8\end{vmatrix}=8$$

$$\begin{vmatrix}1&1&3\\5&2&7\\-7&0&2\end{vmatrix}\xlongequal[r_3+7r_1]{r_2-5r_1}\begin{vmatrix}1&1&3\\0&-3&-8\\0&7&23\end{vmatrix}\xlongequal{按 c_1 展开}1\times\begin{vmatrix}-3&-8\\7&23\end{vmatrix}=-69+56=-13$$

故

$$D=1\times(-1)\times8+(-2)\times(-13)=18$$

【例1.15】　计算 n 阶行列式

$$D_n=\begin{vmatrix}a&0&0&\cdots&0&1\\0&a&0&\cdots&0&0\\\vdots&\vdots&\vdots&&\vdots&\vdots\\0&0&0&\cdots&a&0\\1&0&0&\cdots&0&a\end{vmatrix},\quad n\geqslant2$$

解　按 D_n 的第1行展开,得

$$D_n=a\times(-1)^{1+1}\begin{vmatrix}a&\cdots&0&0\\\vdots&&\vdots&\vdots\\0&\cdots&a&0\\0&\cdots&0&a\end{vmatrix}+1\times(-1)^{1+n}\begin{vmatrix}0&a&0&\cdots&0\\\vdots&\vdots&\vdots&&\vdots\\0&0&0&\cdots&a\\1&0&0&\cdots&0\end{vmatrix}=$$

$$a\times a^{n-1}+(-1)^{1+n}\times(-1)^{n-1+1}\begin{vmatrix}a&0&\cdots&0\\0&a&\cdots&0\\\vdots&\vdots&&\vdots\\0&0&\cdots&a\end{vmatrix}=$$

$$a^n+(-1)^{2n+1}a^{n-2}=a^n-a^{n-2}$$

【例 1.16】 证明范德蒙*(Vandermonde)行列式

$$D_n=\begin{vmatrix}1&1&1&\cdots&1\\a_1&a_2&a_3&\cdots&a_n\\a_1^2&a_2^2&a_3^2&\cdots&a_n^2\\\vdots&\vdots&\vdots&&\vdots\\a_1^{n-1}&a_2^{n-1}&a_3^{n-1}&\cdots&a_n^{n-1}\end{vmatrix}=\prod_{1\leqslant j<i\leqslant n}(a_i-a_j)$$

证明 用数学归纳法来证明.

当 $n=2$ 时

$$\begin{vmatrix}1&1\\a_1&a_2\end{vmatrix}=a_2-a_1$$

结论成立,假设对于 $n-1$ 阶范德蒙行列式结论成立,下面来看 n 阶的情形.

对于 D_n,从第 n 行开始依次减去上一行的 a_1 倍,得

$$D_n=\begin{vmatrix}1&1&1&\cdots&1\\0&a_2-a_1&a_3-a_1&\cdots&a_n-a_1\\0&a_2^2-a_1a_2&a_3^2-a_1a_3&\cdots&a_n^2-a_1a_n\\\vdots&\vdots&\vdots&&\vdots\\0&a_2^{n-1}-a_1a_2^{n-2}&a_3^{n-1}-a_1a_3^{n-2}&\cdots&a_n^{n-1}-a_1a_n^{n-2}\end{vmatrix}$$

按第 1 列展开,得

---

* **数学家小传**

范德蒙(A - T. Vandermonde,1735 ~ 1796),法国数学家,1735 年生于巴黎,1771 年成为巴黎科学院院士,1796 年 1 月 1 日逝世.

范德蒙在高等代数方面有重要贡献.他在 1771 年发表的论文中证明了多项式方程根的任何对称式都能用方程的系数表示出来.他不仅把行列式应用于解线性方程组,而且对行列式理论本身进行了开创性研究,是行列式的奠基者.他给出了用二阶子式和它的余子式来展开行列式的法则,还提出了专门的行列式符号.他具有拉格朗日的预解式、置换理论等思想,为群的观念的产生做了一些准备工作.

在牛顿幂和公式的影响下,对称函数开始引起人们的普遍关注.1771 年,范德蒙在他的文章中提出重要的定理:"根的任何有理对称函数都可以用方程的系数表示出来".他还首次构造了对称函数表.至此,人们对对称函数的兴趣就更加浓厚了,许多著名数学家如华林、欧拉、克莱姆、拉格朗日、柯西、希尔奇等都在对称函数的研究中取得了重要结果.

$$D_n = \begin{vmatrix} a_2 - a_1 & a_3 - a_1 & \cdots & a_n - a_1 \\ a_2^2 - a_1a_2 & a_3^2 - a_1a_3 & \cdots & a_n^2 - a_1a_n \\ \vdots & \vdots & & \vdots \\ a_2^{n-1} - a_1a_2^{n-2} & a_3^{n-1} - a_1a_3^{n-2} & \cdots & a_n^{n-1} - a_1a_n^{n-2} \end{vmatrix} =$$

$$(a_2 - a_1)(a_3 - a_1)\cdots(a_n - a_1)\begin{vmatrix} 1 & 1 & \cdots & 1 \\ a_2 & a_3 & \cdots & a_n \\ a_2^2 & a_3^2 & \cdots & a_n^2 \\ \vdots & \vdots & & \vdots \\ a_2^{n-2} & a_3^{n-2} & \cdots & a_n^{n-2} \end{vmatrix} =$$

$$(a_2 - a_1)(a_3 - a_1)\cdots(a_n - a_1)D_{n-1}$$

其中 D_{n-1} 是一个 $n-1$ 阶的范德蒙行列式,由归纳法假设有

$$D_{n-1} = \prod_{2 \leqslant j < i \leqslant n}(a_i - a_j)$$

从而有

$$D_n = \prod_{1 \leqslant j < i \leqslant n}(a_i - a_j)$$

即结论对 n 阶范德蒙行列式也成立,根据数学归纳法原理,结论成立.

【例 1.17】 计算行列式 $\begin{vmatrix} 1 & 1 & 1 \\ x & y & z \\ x^2 & y^2 & z^2 \end{vmatrix}$.

解 本例即为范德蒙行列式当 $n = 3$ 时的情形,所以

$$\begin{vmatrix} 1 & 1 & 1 \\ x & y & z \\ x^2 & y^2 & z^2 \end{vmatrix} = (y - x)(z - x)(z - y)$$

1.4　克莱姆*法则

1.1 节中在引入二、三阶行列式的概念时,给出了用行列式表示的二元、三元线性方程组解的公式,实际上这个公式可推广到如下 n 元线性方程组的情形.

定理 1.3(克莱姆法则)　若如下 n 元线性方程组

$$\begin{cases} a_{11}x_1 + a_{12}x_2 + \cdots + a_{1n}x_n = b_1 \\ a_{21}x_1 + a_{22}x_2 + \cdots + a_{2n}x_n = b_2 \\ \qquad \cdots \quad \cdots \quad \cdots \\ a_{n1}x_1 + a_{n2}x_2 + \cdots + a_{nn}x_n = b_n \end{cases} \tag{1.12}$$

的系数行列式

$$D = \begin{vmatrix} a_{11} & a_{12} & \cdots & a_{1n} \\ a_{21} & a_{22} & \cdots & a_{2n} \\ \vdots & \vdots & & \vdots \\ a_{n1} & a_{n2} & \cdots & a_{nn} \end{vmatrix} \neq 0$$

则方程组(1.12)有唯一解

$$x_j = \frac{D_j}{D}, \quad j = 1,2,\cdots,n \tag{1.13}$$

其中行列式 $D_j(j=1,2,\cdots,n)$ 是把系数行列式 D 中的第 j 列元素替换成上述方程组的右端的常数项 $b_1,b_2,\cdots,b_n$ 所得到的 n 阶行列式,即

---

* **数学家小传**

克莱姆(G. Cramer,1704 ~ 1752),瑞士数学家,1704 年 7 月 31 日生于日内瓦,早年在日内瓦读书,1724 年起在日内瓦加尔文学院任教,1734 年成为几何学教授,1750 年任哲学教授. 他自 1727 年起进行为期两年的旅行访学. 在巴塞尔与约翰·伯努利、欧拉等人学习交流,结为挚友. 后又到英国、荷兰、法国等地拜见许多数学名家,回国后在与他们的长期通信中,加强了数学家之间的联系,为数学宝库留下大量有价值的文献. 他一生未婚,专心治学,平易近人且德高望重,先后当选为伦敦皇家学会、柏林研究院和法国、意大利等学会的成员. 主要著作是《代数曲线的分析引论》(1750),该文首先定义了正则、非正则、超越曲线和无理曲线等概念,第一次正式引入坐标系的纵轴(Y 轴),然后讨论曲线变换,并依据曲线方程的阶数将曲线进行分类. 为了确定经过 5 个点的一般二次曲线的系数,应用了著名的"克莱姆法则",即由线性方程组的系数确定方程组解的表达式. 该法则于 1729 年由英国数学家麦克劳林得到,1748 年发表,但克莱姆所使用的具有优越性的符号使之得以流传.

$$D_j=\begin{vmatrix} a_{11} & \cdots & a_{1,j-1} & b_1 & a_{1,j+1} & \cdots & a_{1n} \\ a_{21} & \cdots & a_{2,j-1} & b_2 & a_{2,j+1} & \cdots & a_{2n} \\ \vdots & & \vdots & \vdots & \vdots & & \vdots \\ a_{n1} & \cdots & a_{n,j-1} & b_n & a_{n,j+1} & \cdots & a_{nn} \end{vmatrix}$$

证明略.

定理 1.3 的逆否命题为:

推论 1　若线性方程组(1.12)无解或有无穷多解,则其系数行列式 $D=0$.

线性方程组(1.12)右端的常数项 $b_1,b_2,\cdots,b_n$ 不全为零时,线性方程组(1.12)称为**非齐次线性方程组**,当 $b_1,b_2,\cdots,b_n$ 全为零时,线性方程组(1.12)称为**齐次线性方程组**.

对于齐次线性方程组

$$\begin{cases} a_{11}x_1+a_{12}x_2+\cdots+a_{1n}x_n=0 \\ a_{21}x_1+a_{22}x_2+\cdots+a_{2n}x_n=0 \\ \cdots\quad\cdots\quad\cdots \\ a_{n1}x_1+a_{n2}x_2+\cdots+a_{nn}x_n=0 \end{cases} \tag{1.14}$$

$x_1=x_2=\cdots=x_n=0$ 一定是它的解. 所以,更关心齐次线性方程组何时有非零解,即 $x_1,x_2,\cdots,x_n$ 不全为零.

推论 2　若齐次线性方程组(1.14)的系数行列式 $D\neq 0$,则方程组(1.14)只有零解.

推论 2 的逆否命题为:

推论 3　若齐次线性方程组(1.14)存在非零解,则其系数行列式 $D=0$.

【例 1.18】　解线性方程组

$$\begin{cases} x_1+2x_2+4x_3+3x_4=-5 \\ x_1+2x_2-x_3-x_4=8 \\ 2x_1+3x_2+7x_3+5x_4=-8 \\ 3x_1+5x_2+4x_3+2x_4=6 \end{cases}$$

解　方程组的系数行列式

$$D=\begin{vmatrix} 1 & 2 & 4 & 3 \\ 1 & 2 & -1 & -1 \\ 2 & 3 & 7 & 5 \\ 3 & 5 & 4 & 2 \end{vmatrix}=\begin{vmatrix} 1 & 2 & 4 & 3 \\ 0 & 0 & -5 & -4 \\ 0 & -1 & -1 & -1 \\ 0 & -1 & -8 & -7 \end{vmatrix}=\begin{vmatrix} 1 & 2 & 4 & 3 \\ 0 & -1 & -1 & -1 \\ 0 & -1 & -8 & -7 \\ 0 & 0 & -5 & -4 \end{vmatrix}=$$

$$\begin{vmatrix} 1 & 2 & 4 & 3 \\ 0 & -1 & -1 & -1 \\ 0 & 0 & -7 & -6 \\ 0 & 0 & -5 & -4 \end{vmatrix}=1\times(-1)\begin{vmatrix} -7 & -6 \\ -5 & -4 \end{vmatrix}=2$$

又

$$D_1=\begin{vmatrix}-5&2&4&3\\8&2&-1&-1\\-8&3&7&5\\6&5&4&2\end{vmatrix}=6,D_2=\begin{vmatrix}1&-5&4&3\\1&8&-1&-1\\2&-8&7&5\\3&6&4&2\end{vmatrix}=2$$

$$D_3=\begin{vmatrix}1&2&-5&3\\1&2&8&-1\\2&3&-8&5\\3&5&6&2\end{vmatrix}=-2,D_4=\begin{vmatrix}1&2&4&-5\\1&2&-1&8\\2&3&7&-8\\3&5&4&6\end{vmatrix}=-4$$

由克莱姆法则得到方程组的解为

$$x_1=3,\quad x_2=1,\quad x_3=-1,\quad x_4=-2$$

【例 1.19】 若齐次线性方程组$\begin{cases}(1-\lambda)x_1+x_2+x_3=0\\x_1+(1-\lambda)x_2+x_3=0\\x_1+x_2+(1-\lambda)x_3=0\end{cases}$有非零解,求 λ 的值.

解 系数行列式

$$D=\begin{vmatrix}1-\lambda&1&1\\1&1-\lambda&1\\1&1&1-\lambda\end{vmatrix}=(3-\lambda)\begin{vmatrix}1&1&1\\1&1-\lambda&1\\1&1&1-\lambda\end{vmatrix}=(3-\lambda)\lambda^2$$

因为方程组有非零解,所以 $D=0$. 于是 $\lambda=3$ 或 $\lambda=0$.

【例 1.20】(商品利润率问题) 某公司 A、B、C、D 四类商品 4 个月的销售额和总利润如表 1.1 所示,试求出每类商品的利润率.

表 1.1 公司数据报表 **单位:万元**

销售额		商品				总利润
		A	B	C	D	
月份	1	4	6	8	10	2.74
	2	4	6	9	9	2.76
	3	5	6	8	10	2.89
	4	5	5	9	9	2.79

解 若设 A、B、C、D 四类商品的利润率分别为 x_1, x_2, x_3, x_4,由于总利润等于各销售额与对应利润率乘积再求和,故有

$$\begin{cases}4x_1+6x_2+8x_3+10x_4=2.74\\4x_1+6x_2+9x_3+9x_4=2.76\\5x_1+6x_2+8x_3+10x_4=2.89\\5x_1+5x_2+9x_3+9x_4=2.79\end{cases}$$

由于系数行列式 $D=\begin{vmatrix}4&6&8&10\\4&6&9&9\\5&6&8&10\\5&5&9&9\end{vmatrix}=18\neq 0$,由克莱姆法则知,方程组有唯一解,又

$$D_1=\begin{vmatrix}2.74&6&8&10\\2.76&6&9&9\\2.89&6&8&10\\2.79&5&9&9\end{vmatrix}=2.7,D_2=\begin{vmatrix}4&2.74&8&10\\4&2.76&9&9\\5&2.89&8&10\\5&2.79&9&9\end{vmatrix}=2.16$$

$$D_3=\begin{vmatrix}4&6&2.74&10\\4&6&2.76&9\\5&6&2.89&10\\5&5&2.79&9\end{vmatrix}=1.62,D_4=\begin{vmatrix}4&6&8&2.74\\4&6&9&2.76\\5&6&8&2.89\\5&5&9&2.79\end{vmatrix}=1.26$$

所以 $x_1=\frac{D_1}{D}=15\%$,$x_2=\frac{D_2}{D}=12\%$,$x_3=\frac{D_3}{D}=9\%$,$x_4=\frac{D_4}{D}=7\%$,即A、B、C、D四类商品的利润率分别为15%、12%、9%和7%.

【例1.21】(联合收入问题)　已知三家公司A、B、C具有图1.2所示的股份关系,比如A公司掌握C公司50%的股份,C公司掌握A公司30%的股份,而A公司70%的股份不受另外两家公司控制.

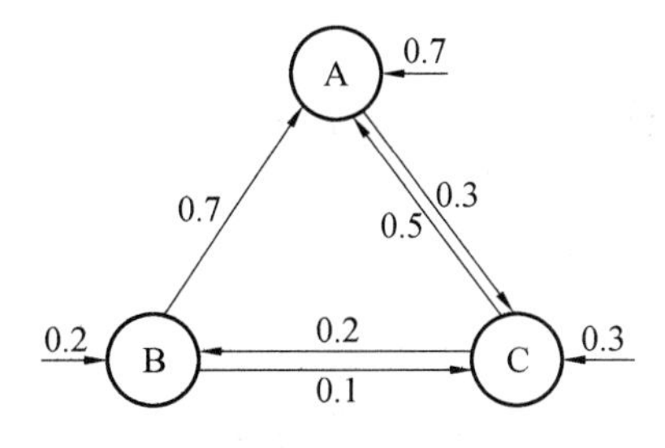

图1.2　各公司股份关系示意图

现设A、B、C公司各自的营业净收入分别是12万元、10万元、8万元,每家公司的联合收入是其净收入加上在其他公司的股份按比例的提成收入,试确定各公司的联合收入及自身的实际收入.

解　依照图1.2所示各公司的股份比例知,若设A、B、C三家公司的联合收入分别为 x_1,

x_2, x_3,则各公司自身的实际收入分别为$0.7x_1, 0.2x_2, 0.3x_3$. 根据已知可得

$$\begin{cases} x_1 = 12 + 0.7x_2 + 0.5x_3 \\ x_2 = 10 + 0.2x_3 \\ x_3 = 8 + 0.3x_1 + 0.1x_2 \end{cases}$$

整理得

$$\begin{cases} x_1 - 0.7x_2 - 0.5x_3 = 12 \\ x_2 - 0.2x_3 = 10 \\ 0.3x_1 + 0.1x_2 - x_3 = -8 \end{cases}$$

由于系数行列式$D = \begin{vmatrix} 1 & -0.7 & -0.5 \\ 0 & 1 & -0.2 \\ 0.3 & 0.1 & -1 \end{vmatrix} = -0.788 \neq 0$,由克莱姆法则知,方程组有唯一解,

又

$$D_1 = \begin{vmatrix} 12 & -0.7 & -0.5 \\ 10 & 1 & -0.2 \\ -8 & 0.1 & -1 \end{vmatrix} = -24.38, D_2 = \begin{vmatrix} 1 & 12 & -0.5 \\ 0 & 10 & -0.2 \\ 0.3 & -8 & -1 \end{vmatrix} = -10.82$$

$$D_3 = \begin{vmatrix} 1 & -0.7 & 12 \\ 0 & 1 & 10 \\ 0.3 & 0.1 & -8 \end{vmatrix} = -14.7$$

所以$x_1 = \frac{D_1}{D} = 30.939\ 1, x_2 = \frac{D_2}{D} = 13.731, x_3 = \frac{D_3}{D} = 18.654\ 8$,即A公司的联合收入为30.939 1万元,自身的实际收入为21.657 4万元;B公司的联合收入为13.731万元,自身的实际收入为2.746 2万元;C公司的联合收入为18.654 8万元,自身的实际收入为5.596 4万元.

1.5 经济应用实例:多项式求解与斐波那契数列问题

行列式在数学其他分支和许多实际问题中都有重要应用. 如数值计算中的多项式求解问题和生物界广泛存在的斐波那契(Fibonacci)数列问题.

1.5.1 求解多项式问题(范德蒙行列式的应用)

设$P_n(x)$为次数不超过n的多项式,且

$$P_n(x) = a_0 + a_1x + a_2x^2 + \cdots + a_nx^n$$

满足

$$P_n(x_i) = y_i, \quad i = 0,1,2,\cdots,n$$

那么,是否存在这样的多项式?若存在又是否唯一?

为了求解这个 n 次多项式,核心问题是求解参数 $a_0,a_1,a_2,\cdots,a_n$. 利用已知条件,可以得到如下线性方程组

$$\begin{cases} a_0 + a_1x_0 + a_2x_0^2 + \cdots + a_nx_0^n = y_0 \\ a_0 + a_1x_1 + a_2x_1^2 + \cdots + a_nx_1^n = y_1 \\ \qquad \cdots \quad \cdots \quad \cdots \\ a_0 + a_1x_n + a_2x_n^2 + \cdots + a_nx_n^n = y_n \end{cases}$$

其系数行列式恰为范德蒙行列式

$$D = \begin{vmatrix} 1 & x_0 & x_0^2 & \cdots & x_0^n \\ 1 & x_1 & x_1^2 & \cdots & x_1^n \\ 1 & x_2 & x_2^2 & \cdots & x_2^n \\ \vdots & \vdots & \vdots & & \vdots \\ 1 & x_n & x_n^2 & \cdots & x_n^n \end{vmatrix} = \prod_{0\leqslant j<i\leqslant n}(x_i - x_j)$$

如果 $x_0,x_1,x_2,\cdots,x_n$ 互不相同,则 $D\neq 0$,根据克莱姆法则,那么上述方程组有唯一解

$$a_j = \frac{D_j}{D},\quad j=0,1,2,\cdots,n$$

其中 D_j 为 D 中第 j 列替换为上述方程组的右端的常数项 $y_0,y_1,y_2,\cdots,y_n$ 后对应的 $n+1$ 阶行列式,即

$$D_j = \begin{vmatrix} 1 & x_0 & x_0^2 & \cdots & x_0^{j-2} & y_0 & x_0^j & \cdots & x_0^n \\ 1 & x_1 & x_1^2 & \cdots & x_1^{j-2} & y_1 & x_1^j & \cdots & x_1^n \\ 1 & x_2 & x_2^2 & \cdots & x_2^{j-2} & y_2 & x_2^j & \cdots & x_2^n \\ \vdots & \vdots & \vdots & & \vdots & \vdots & \vdots & & \vdots \\ 1 & x_n & x_n^2 & \cdots & x_n^{j-2} & y_n & x_n^j & \cdots & x_n^n \end{vmatrix}$$

从而确定参数 $a_0,a_1,a_2,\cdots,a_n$,得到 n 次多项式. 这样就得到了上述问题的存在唯一性.

另一方面,可以观察出这个 n 次多项式可以表示为

$$\begin{vmatrix} 1 & x & x^2 & \cdots & x^n & P_n(x) \\ 1 & x_0 & x_0^2 & \cdots & x_0^n & y_0 \\ 1 & x_1 & x_1^2 & \cdots & x_1^n & y_1 \\ 1 & x_2 & x_2^2 & \cdots & x_2^n & y_2 \\ \vdots & \vdots & \vdots & & \vdots & \vdots \\ 1 & x_n & x_n^2 & \cdots & x_n^n & y_n \end{vmatrix} = 0$$

显然满足 $P_n(x_i)=y_i(i=0,1,2,\cdots,n)$,并且按第 $n+2$ 列展开,$P_n(x)$ 是 x 的 n 次多项式

$$P_n(x)=\sum_{j=0}^{n}\left[\prod_{\substack{i=0\\i\neq j}}^{n}\left(\frac{x-x_i}{x_j-x_i}\right)\right]y_j \tag{1.15}$$

在实际问题中会遇到这样的情况:有可能函数 $y=f(x)$ 的表达式很复杂或者根本不知道其具体表达式,而只能通过实验或试验得到该函数在某些点 $x_0,x_1,x_2,\cdots,x_n$ 的函数值 $y_0,y_1,y_2,\cdots,y_n$. 要寻求一个多项式 $P_n(x)$ 来近似代替 $f(x)$,满足

$$P_n(x_i)=y_i,\quad i=0,1,2,\cdots,n$$

上述问题称为**多项式插值问题**,并称 $P_n(x)$ 为 $f(x)$ 的 **n 次插值多项式.**

通过前面的求解过程得到 $f(x)$ 的 n 次插值多项式,并称式(1.15)为**拉格朗日(Lagrange)插值公式.**

1.5.2 兔子繁殖的数量与斐波那契数列

兔子出生以后两个月就能生小兔,如果每月生一次且恰好生一对小兔(雌雄各一只),且出生的兔子都能成活. 问:由1对小兔开始,一年后共有多少对兔子,两年后共有多少对兔子?

先直接推算. 在第0月有1对兔子;第1月也只有1对兔子;在第2月这对兔子生了1对小兔子,共有2对兔子;在第3月,老兔子又生了1对小兔,共有3对兔子;在第4个月,老兔子和第2个月出生的小兔各生了1对小兔,共有5对兔子;在第5个月,第3个月的3对兔子各生了1对小兔,共有8对兔子;在第6个月,第4个月的5对兔子各生了1对小兔,共有13对兔子,如此类推,不难得到月份和兔子对数的关系如表1.2所示.

表1.2 月份与兔子对数的关系

月份数	0	1	2	3	4	5	6	7	8	9	…
兔子对数	1	1	2	3	5	8	13	21	34	55	…

从表中可以看出,若用数列 $\{F_n\}$ 表示第 n 个月兔子的对数,则有

$$F_0=1,\quad F_1=1$$

$$F_n=F_{n-1}+F_{n-2},\quad n\geqslant 2$$

由此可以推出一年后兔子的对数为 $F_{12}=233$ 对,两年后兔子的对数为 $F_{24}=75\ 025$ 对. 数列 $\{F_n\}$ 称为**斐波那契数列**,关于斐波那契数列的问题是一个古老而且有趣的问题,这是1202年由意大利数学家斐波那契提出来的.

接下来,讨论一下斐波那契数列与行列式的关系. 考虑 n 阶行列式

$$F_n=\begin{vmatrix}1 & 1 & 0 & \cdots & 0 & 0\\ -1 & 1 & 1 & \cdots & 0 & 0\\ 0 & -1 & 1 & \cdots & 0 & 0\\ \vdots & \vdots & \vdots & & \vdots & \vdots\\ 0 & 0 & 0 & \cdots & 1 & 1\\ 0 & 0 & 0 & \cdots & -1 & 1\end{vmatrix}$$

将其按第1列(或第1行)展开,则有

$$F_1=1,F_2=2$$

$$F_n=F_{n-1}+F_{n-2},\quad n\geqslant 3$$

由此可见由行列式 F_n 组成的数列也是斐波那契数列. 利用后面章节中矩阵特征值的计算,可以得出

$$F_n=\frac{1}{\sqrt{5}}\left(\frac{1+\sqrt{5}}{2}\right)^n+(-1)^{n-1}\frac{1}{\sqrt{5}}\left(\frac{\sqrt{5}-1}{2}\right)^n=$$

$$\frac{1}{\sqrt{5}}\left[\left(\frac{1+\sqrt{5}}{2}\right)^n-\left(\frac{1-\sqrt{5}}{2}\right)^n\right],\quad n=1,2,\cdots$$

这就是斐波那契数列的**卢卡斯(Lucas)通项公式**. 这个结论说明了一个有趣的事实:虽然 F_n 都是自然数,可是它却由一些无理数表示出来. 此外,斐波那契数列还有许多重要、有趣的性质和应用.

值得一提的是,斐波那契数列通项中出现了 $(\sqrt{5}-1)/2=2/(1+\sqrt{5})\approx 0.618$,正是黄金分割的数值. 因此,优选法中分数法正是基于斐波那契数列. 另外,自然界中,植物的叶序,菠萝中的鳞状花萼,蜜蜂进蜂房的方式数等都与斐波那契数列有着千丝万缕的联系.

延伸阅读1:行列式理论发展简史

行列式出现于线性方程组的求解,它最早是一种速记的表达式,现在已经是数学中一种非常有用的工具. 行列式是由莱布尼茨(G - W. Leibniz,1646 ~ 1716)和日本数学家关孝和(1642 ~ 1708)发明的. 1693年4月,莱布尼茨在写给洛必达的一封信中使用并给出了行列式,同时给出方程组的系数行列式为零的条件. 同时代的日本数学家关孝和在其著作《解伏题元法》中也提出了行列式的概念与算法.

1750年,瑞士数学家克莱姆(G. Cramer,1704 ~ 1752)在其著作《线性代数分析导引》中,对行列式的定义和展开法则给出了比较完整、明确的阐述,并给出了现在我们所称的解线性方程组的克莱姆法则. 稍后,数学家贝祖(E. Bezout,1730 ~ 1783)将确定行列式每一项符号的方法进行了系统化,利用系数行列式概念指出了如何判断一个齐次线性方程组有非零解.

总之,在很长一段时间内,行列式只是作为解线性方程组的一种工具使用,并没有人意识

到它可以独立于线性方程组之外,单独形成一门理论加以研究.

在行列式的发展史上,第一个对行列式理论做出连贯的逻辑的阐述,即把行列式理论与线性方程组求解相分离的人,是法国数学家范德蒙(A – T. Vandermonde,1735 ~ 1796). 范德蒙自幼在父亲的指导下学习音乐,但对数学有浓厚的兴趣,后来终于成为法兰西科学院院士. 特别地,他给出了用二阶子式和它们的余子式来展开行列式的法则. 就对行列式本身这一点来说,他是这门理论的奠基人. 1772 年,拉普拉斯(P – S. Laplace,1749 ~ 1827) 在一篇论文中证明了范德蒙提出的一些规则,推广了他的展开行列式的方法.

继范德蒙之后,在行列式的理论方面,又一位做出突出贡献的就是法国大数学家柯西(A – L. Cauchy,1789 ~ 1857). 1815 年,柯西在一篇论文中给出了行列式的第一个系统的、几乎是近代的处理. 其中主要结果之一是行列式的乘法定理. 另外,他第一个把行列式的元素排成方阵,采用双足标记法;改进了拉普拉斯的行列式展开定理并给出了一个证明.

19 世纪的半个多世纪中,对行列式理论研究始终不渝的作者之一是詹姆士 · 西尔维斯特(J. Sylvester,1814 ~ 1897). 他是一个活泼、敏感、兴奋、热情,甚至容易激动的人,然而由于是犹太人的缘故,他受到剑桥大学的不平等对待. 西尔维斯特用火一般的热情介绍他的学术思想,他的重要成就之一是改进了从一个 m 次和一个 n 次的多项式中消去 x 的方法,他称之为配析法,并给出形成的行列式为零时这两个多项式方程有公共根充分必要条件这一结果,但没有给出证明.

继柯西之后,在行列式理论方面最多产的人就是德国数学家雅可比(J. Jacobi,1804 ~ 1851),他引进了函数行列式,即“雅可比行列式”,指出函数行列式在多重积分的变量替换中的作用,给出了函数行列式的导数公式. 雅可比的著名论文《论行列式的形成和性质》标志着行列式系统理论的建成. 由于行列式在数学分析、几何学、线性方程组理论、二次型理论等多方面的应用,促使行列式理论自身在 19 世纪也得到了很大发展. 整个 19 世纪都有行列式的新结果. 除了一般行列式的大量定理之外,还有许多有关特殊行列式的其他定理都相继得到.

延伸阅读 2:倒霉的天才数学家迦罗瓦

元素个数有限的集合称为有限集,有限集元素间的一一变换称为置换,有限集的元素可以用数字 1 至 n 编号,元素间的一个置换,记为 p,即 $p=\begin{pmatrix}1 & 2 & \cdots & n\\ p(1) & p(2) & \cdots & p(n)\end{pmatrix}$,$p(1)\ p(2)\ \cdots\ p(n)$ 为 n 个数 $1\ 2\ \cdots\ n$ 的一个排列(元素间的全体置换相当于 $1\ 2\ \cdots\ n$ 的全排列),n 个元素的集合 S 的置换全体构成一个集合 S_n,称为 n 元对称群.

对称群 S_n 是群论的创始人迦罗瓦(E. Galois,1811 ~ 1832) 所研究的群. 迦罗瓦是一位传奇式的人物,他在解决代数方程的根式解问题中提出了群论,开辟了代数学的一个崭新的天地,直接影响了代数学研究方法的革命,对近代数学的发展产生了极为深远的影响. 迦罗瓦又是一位倒霉的人物，他短短的一生遭受多次挫折，如投考巴黎综合工科学校（当时最著名的高校）未被录取；他向法兰西科学院提交三次数学论文，第一次由法国首屈一指的数学家柯西审稿，他对迦罗瓦送交的论文未能及时作出评价，以致连手稿也给遗失了. 迦罗瓦经过刻苦研究又取得了一些重要成果，再次写成论文寄交科学院. 主持审查论文的是当时数学界权威人士、科学院院士——傅里叶. 然而很不凑巧，傅里叶在举行例会的前几天病逝了. 人们在傅里叶的遗物中找不到迦罗瓦的数学论文. 就这样，迦罗瓦的论文第二次被丢失了. 但他并不灰心，又继续研究自己所得的新成果. 第三次写成论文，即《关于用根式解方程的可解性条件》. 1831 年，法兰西科学院第三次审查迦罗瓦的论文，主持这次审查的是科学院院士泊松. 这一次论文没有丢失，但论文中的数学概念和方法太超前了，以致像泊松那样赫赫有名的数学家一下子也未能领会，结果，得到泊松草率的评语："不可理解"而被否定了.

当时，数学新时代的曙光已经出现在地平线上，像非欧几何、集合论、群论等科学思想新体系都是在这个时代孕育的. 只有勇敢地面向未来，坚定地追求未来的科学家，才能看到新时代的曙光. 无怪乎迦罗瓦在谈到他同时代的数学家时曾痛彻地说："他们落后了一百年！". 直到迦罗瓦死后十四年，人们研究了保存在他弟弟那里的数学论文，才认识到这些论文是当代重要的数学著作. 迦罗瓦所引入的"群"的概念，已经发展成为近代数学的一个新的分支——"群论". 而且在其他数学分支和近代物理、理论化学等学科上都是广泛应用的数学工具. 这种理论，甚至对于20 世纪的结构主义哲学的产生和发展，都产生了巨大影响.

迦罗瓦不仅是一个天才的青年数学家，而且也是一位坚定的革命者，他曾因积极参加反动政权的斗争，两次被捕入狱，他的身体由此受到了严重的摧残. 但他在狱中仍坚持写了两部科学著作，准备获释后发表. 他是一个把科学理论和社会理想结合起来，不论在数学王国还是现实斗争中始终面向未来的不屈斗士. 迦罗瓦出狱不久，反动派便设下了一个圈套，在爱情纠纷的名义下，迫使他参加"决斗"，给了他致命的伤害，在"决斗"的第二天早上，他便与世长辞了，年仅21 岁. 在决斗前夜他写了绝笔信，整理了他的数学文稿，概述了他的主要成果. 他在临死前曾对自己的一生做了这样的总结："永别了，我已经为公共的幸福献出了自己大部分的生命！".

对迦罗瓦死于决斗，科学史学家们常常感到遗憾. 也许迦罗瓦是太年轻了，他不被社会了解和尊重，自己也不珍惜自己的价值. 他内心愤怒的激情的浪涛终于冲破了理智的堤坝，把它吞没了. 不论怎么说，迦罗瓦参加决斗是犯了一个不可挽回的错误，但他那刻苦钻研、独立思考、不畏权威、勇于创新的精神却永远激励着后来者.

习题一

1. 计算下列行列式：

(1) $\begin{vmatrix} \cos\alpha & -\sin\alpha \\ \sin\alpha & \cos\alpha \end{vmatrix}$;　(2) $\begin{vmatrix} a+1 & 1 \\ a^3 & a^2-a+1 \end{vmatrix}$;

(3) $\begin{vmatrix} 2 & 1 & -1 \\ 0 & 2 & 1 \\ 5 & 2 & -3 \end{vmatrix}$;　(4) $\begin{vmatrix} 1 & 2 & 3 \\ 2 & 3 & 4 \\ 3 & 4 & 5 \end{vmatrix}$;

(5) $\begin{vmatrix} 9 & 5 & 0 \\ 4 & 9 & 5 \\ 0 & 4 & 9 \end{vmatrix}$;　(6) $\begin{vmatrix} 0 & -a & b \\ a & 0 & -c \\ -b & c & 0 \end{vmatrix}$.

2. 求下列排列的逆序数,并说明它们的奇偶性:

(1)4 2 1 3;　(2)6 4 2 1 3 5;

(3)7 5 2 1 4 3 6;　(4)$n\ (n-1)(n-2)\ \cdots\ 2\ 1$.

3. 根据行列式的定义计算下列行列式:

(1) $\begin{vmatrix} 0 & 0 & 1 & 0 \\ 0 & 1 & 0 & 0 \\ 0 & 0 & 0 & 1 \\ 1 & 0 & 0 & 0 \end{vmatrix}$;　(2) $\begin{vmatrix} 0 & 0 & \cdots & 0 & a_{1n} \\ 0 & 0 & \cdots & a_{2,n-1} & a_{2n} \\ \vdots & \vdots & & \vdots & \vdots \\ 0 & a_{n-1,2} & \cdots & a_{n-1,n-1} & a_{n-1,n} \\ a_{n1} & a_{n2} & \cdots & a_{n,n-1} & a_{nn} \end{vmatrix}$.

4. 利用行列式的性质计算下列行列式:

(1) $\begin{vmatrix} 34\ 215 & 35\ 215 \\ 28\ 092 & 29\ 092 \end{vmatrix}$;　(2) $\begin{vmatrix} ab & ac & ae \\ bd & -cd & de \\ bf & cf & -ef \end{vmatrix}$;

(3) $\begin{vmatrix} a & b & a+b \\ b & a+b & a \\ a+b & a & b \end{vmatrix}$;　(4) $\begin{vmatrix} 1+x & 1 & 1 & 1 \\ 1 & 1-x & 1 & 1 \\ 1 & 1 & 1+y & 1 \\ 1 & 1 & 1 & 1-y \end{vmatrix}$.

5. 证明:

(1) $\begin{vmatrix} a^2 & ab & b^2 \\ 2a & a+b & 2b \\ 1 & 1 & 1 \end{vmatrix} = (a-b)^3$;　(2) $\begin{vmatrix} y+z & z+x & x+y \\ x+y & y+z & z+x \\ z+x & x+y & y+z \end{vmatrix} = 2\begin{vmatrix} x & y & z \\ z & x & y \\ y & z & x \end{vmatrix}$.

6. 求解下列方程:

(1) $\begin{vmatrix} 1 & 1 & 1 & 1 \\ x & a & b & c \\ x^2 & a^2 & b^2 & c^2 \\ x^3 & a^3 & b^3 & c^3 \end{vmatrix} = 0$;　(2) $\begin{vmatrix} 1 & 2 & 3 & 4 \\ 5 & 6 & 7 & 8 \\ 0 & 0 & x & 3 \\ 0 & 0 & 4 & 5 \end{vmatrix} = 0$.

7. 计算下列行列式：

(1) $\begin{vmatrix} 1 & 2 & 3 & 4 \\ 2 & 3 & 4 & 1 \\ 3 & 4 & 1 & 2 \\ 4 & 1 & 2 & 3 \end{vmatrix}$；　(2) $\begin{vmatrix} 1 & 1 & 1 & 1 \\ -1 & 1 & 1 & 1 \\ -1 & -1 & 1 & 1 \\ -1 & -1 & -1 & 1 \end{vmatrix}$；

(3) $\begin{vmatrix} 1 & 1 & 1 & 1 \\ 1 & 2 & 3 & 4 \\ 1 & 4 & 9 & 16 \\ 1 & 8 & 27 & 64 \end{vmatrix}$；　(4) $\begin{vmatrix} 1 & 2 & -5 & 1 \\ -3 & 1 & 0 & -6 \\ 2 & 0 & -1 & 2 \\ 4 & 1 & -7 & 6 \end{vmatrix}$.

8. 计算下列 n 阶行列式：

(1) $\begin{vmatrix} 0 & 1 & 1 & \cdots & 1 \\ 1 & 2 & 0 & \cdots & 0 \\ 1 & 0 & 3 & \cdots & 0 \\ \vdots & \vdots & \vdots & & \vdots \\ 1 & 0 & 0 & \cdots & n \end{vmatrix}$；　(2) $\begin{vmatrix} a_1+1 & a_1+2 & \cdots & a_1+n \\ a_2+1 & a_2+2 & \cdots & a_2+n \\ \vdots & \vdots & & \vdots \\ a_n+1 & a_n+2 & \cdots & a_n+n \end{vmatrix}$，$n \geqslant 2$；

(3) $\begin{vmatrix} a_1-b & a_2 & \cdots & a_n \\ a_1 & a_2-b & \cdots & a_n \\ \vdots & \vdots & & \vdots \\ a_1 & a_2 & \cdots & a_n-b \end{vmatrix}$；　(4) $\begin{vmatrix} 1 & 2 & 3 & \cdots & n \\ -1 & 0 & 3 & \cdots & n \\ -1 & -2 & 0 & \cdots & n \\ \vdots & \vdots & \vdots & & \vdots \\ -1 & -2 & -3 & \cdots & 0 \end{vmatrix}$.

9. 计算下列行列式：

(1) $\begin{vmatrix} 0 & x & x & \cdots & x \\ x & 0 & x & \cdots & x \\ x & x & 0 & \cdots & x \\ \vdots & \vdots & \vdots & & \vdots \\ x & x & x & \cdots & 0 \end{vmatrix}$；　(2) $\begin{vmatrix} 1 & a_1 & 0 & \cdots & 0 & 0 \\ -1 & 1-a_1 & a_2 & \cdots & 0 & 0 \\ 0 & -1 & 1-a_2 & \cdots & 0 & 0 \\ \vdots & \vdots & \vdots & & \vdots & \vdots \\ 0 & 0 & 0 & \cdots & 1-a_{n-1} & a_n \\ 0 & 0 & 0 & \cdots & -1 & 1-a_n \end{vmatrix}$.

10. 计算下列 n 阶行列式：

(1) $\begin{vmatrix} x & y & 0 & \cdots & 0 & 0 \\ 0 & x & y & \cdots & 0 & 0 \\ \vdots & \vdots & \vdots & & \vdots & \vdots \\ 0 & 0 & 0 & \cdots & x & y \\ y & 0 & 0 & \cdots & 0 & x \end{vmatrix}$；　(2) $\begin{vmatrix} a_0 & -1 & 0 & \cdots & 0 & 0 \\ a_1 & x & -1 & \cdots & 0 & 0 \\ \vdots & \vdots & \vdots & & \vdots & \vdots \\ a_{n-2} & 0 & 0 & \cdots & x & -1 \\ a_{n-1} & 0 & 0 & \cdots & 0 & x \end{vmatrix}$.

11. 证明 n 阶行列式:

$$\begin{vmatrix} a+b & ab & 0 & \cdots & 0 & 0 \\ 1 & a+b & ab & \cdots & 0 & 0 \\ 0 & 1 & a+b & \cdots & 0 & 0 \\ \vdots & \vdots & \vdots & & \vdots & \vdots \\ 0 & 0 & 0 & \cdots & 1 & a+b \end{vmatrix} = \frac{a^{n+1}-b^{n+1}}{a-b}, \quad a \neq b$$

12. 用克莱姆法则解下列线性方程组:

(1) $\begin{cases} 3x_1 + 2x_2 + x_3 = 5 \\ 2x_1 + 3x_2 + x_3 = 1 \\ 2x_1 + x_2 + 3x_3 = 11 \end{cases}$;　(2) $\begin{cases} 2x_1 - x_3 = 1 \\ 2x_1 + 4x_2 - x_3 = 1 \\ -x_1 + 8x_2 + 3x_3 = 2 \end{cases}$;

(3) $\begin{cases} x_1 + x_2 + x_3 + x_4 = 5 \\ x_1 + 2x_2 - x_3 + 4x_4 = -2 \\ 2x_1 - 3x_2 - x_3 - 5x_4 = -2 \\ 3x_1 + x_2 + 2x_3 + 11x_4 = 0 \end{cases}$.

13. 用克莱姆法则解方程组:

$$\begin{cases} bx - ay + 2ab = 0 \\ -2cy + 3bz - bc = 0, \\ cx + az = 0 \end{cases} \quad abc \neq 0$$

14. k 为何值时,方程组 $\begin{cases} kx_1 + x_3 = 0 \\ 2x_1 + kx_2 + x_3 = 0 \\ kx_1 - 2x_2 + x_3 = 0 \end{cases}$ 有非零解.

15. 当 k 满足何条件时,方程组 $\begin{cases} x_1 - x_2 + x_3 = 0 \\ 2x_1 + kx_2 + (2-k)x_3 = 0 \\ x_1 + (k+1)x_2 = 0 \end{cases}$ 只有零解.

16. 某工厂分三批生产 A、B、C 三种产品,具体生产数据信息如表 1.3 所示,试求出每种商品的单位成本(单位:万元).

表 1.3　生产数据信息

产品/吨		产品			总成本/万元
		A	B	C	
批次	1	0.30	0.40	0.50	5.0
	2	0.25	0.35	0.45	4.3
	3	0.15	0.20	0.30	2.6

第2章

Chapter 2

矩　　阵

学习目标和要求

1. 理解矩阵的概念及其产生背景，掌握几种特殊类型矩阵及其性质.

2. 熟练掌握矩阵的线性运算、乘法运算、转置运算、方阵的行列式运算及其运算法则.

3. 理解逆矩阵和伴随矩阵的概念，掌握逆矩阵的性质及伴随矩阵求逆矩阵的方法.

4. 理解初等变换、初等矩阵及等价标准形等概念；掌握初等矩阵的性质、初等变换与初等矩阵的关系，会利用初等行变换求逆矩阵及解矩阵方程.

5. 理解矩阵的秩的两种定义方式及性质，会求矩阵的秩.

6. 掌握特殊的分块矩阵的运算规律.

7. 了解矩阵在实际问题中的应用技巧.

矩阵概念、理论的创建和发展源于求解线性方程组. 矩阵是在自然科学和经济管理等领域中应用十分广泛的概念.

本章将介绍矩阵的概念、矩阵的运算、逆矩阵、分块矩阵及矩阵的实际应用.

2.1 矩 阵

2.1.1 矩阵的概念

在实际的经济活动和生活中,经常用数表的方式来处理相关数据.

【例 2.1】 某企业生产 3 种产品,各产品前 4 个月产值如表 2.1 所示.

表 2.1 某企业 3 种产品前 4 个月产值 万元

产品 / 月份	1	2	3
1	12	23	9
2	15	18	8
3	13	20	11
4	17	24	12

表 2.1 中的数据按原有顺序排列成 4 行 3 列的数表,记为

$$\begin{bmatrix} 12 & 23 & 9 \\ 15 & 18 & 8 \\ 13 & 20 & 11 \\ 17 & 24 & 12 \end{bmatrix}$$

这种数表看起来简单明了,也便于企业进行数据统计.

【例 2.2】 设线性方程组

$$\begin{cases} a_{11}x_1 + a_{12}x_2 + \cdots + a_{1n}x_n = b_1 \\ a_{21}x_1 + a_{22}x_2 + \cdots + a_{2n}x_n = b_2 \\ \quad \cdots \quad \cdots \quad \cdots \\ a_{m1}x_1 + a_{m2}x_2 + \cdots + a_{mn}x_n = b_m \end{cases}$$

中未知数的系数按原来的相对位置排成一个 m 行 n 列的数表,记为

$$\begin{bmatrix} a_{11} & a_{12} & \cdots & a_{1n} \\ a_{21} & a_{22} & \cdots & a_{2n} \\ \vdots & \vdots & & \vdots \\ a_{m1} & a_{m2} & \cdots & a_{mn} \end{bmatrix}$$

这个数表在后续求解线性方程组的过程中将起到重要作用.

由上面两个例子可以看出,m 行 n 列的数表在众多实际问题中出现,为此下面抽象出矩阵

的概念.

定义2.1 由 $m\times n$ 个数 $a_{ij}(i=1,2,\cdots,m;j=1,2,\cdots,n)$ 组成一个 m 行 n 列的数表,称为 m 行 n 列的矩阵,记作

$$\begin{bmatrix} a_{11} & a_{12} & \cdots & a_{1n} \\ a_{21} & a_{22} & \cdots & a_{2n} \\ \vdots & \vdots & & \vdots \\ a_{m1} & a_{m2} & \cdots & a_{mn} \end{bmatrix} \tag{2.1}$$

通常用大写字母 $\boldsymbol{A},\boldsymbol{B},\boldsymbol{C}$ 等表示矩阵,也可以记作 $(a_{ij})_{m\times n}$ 或 $\boldsymbol{A}_{m\times n}$,当 m,n 显然时,也可记为 (a_{ij}) 或 $\boldsymbol{A}$,其中 $a_{ij}(i=1,2,\cdots,m;j=1,2,\cdots,n)$ 称为**矩阵第 i 行第 j 列的元素**.

元素均为实数的矩阵称为**实矩阵**,元素是复数的矩阵称为**复矩阵**.

两个矩阵的行数相等,列数也相等时,称它们是**同型矩阵**. 若 $\boldsymbol{A}=(a_{ij})_{m\times n}$ 与 $\boldsymbol{B}=(b_{ij})_{m\times n}$ 是同型矩阵,并且它们的对应元素相等,即

$$a_{ij}=b_{ij},\quad i=1,2,\cdots,m;j=1,2,\cdots,n$$

则称**矩阵 $\boldsymbol{A}$ 与矩阵 $\boldsymbol{B}$ 相等**,记作 $\boldsymbol{A}=\boldsymbol{B}$.

2.1.2 几种特殊矩阵

1. 行矩阵

只有一行的矩阵

$$\begin{bmatrix} a_1 & a_2 & \cdots & a_n \end{bmatrix}$$

称为**行矩阵**,又称为**行向量**. 为避免元素间的混淆,行矩阵也记作 $[a_1,a_2,\cdots,a_n]$.

2. 列矩阵

只有一列的矩阵

$$\begin{bmatrix} b_1 \\ b_2 \\ \vdots \\ b_m \end{bmatrix}$$

称为**列矩阵**,又称为**列向量**.

3. 零矩阵

所有元素都是0的矩阵称为**零矩阵**,记作 $\boldsymbol{O}_{m\times n}$,注意不同型的零矩阵是不同的.

4. 方阵

行数与列数都等于 n 的矩阵

$$\begin{bmatrix} a_{11} & a_{12} & \cdots & a_{1n} \\ a_{21} & a_{22} & \cdots & a_{2n} \\ \vdots & \vdots & & \vdots \\ a_{n1} & a_{n2} & \cdots & a_{nn} \end{bmatrix}$$

称为 n 阶矩阵或 n 阶方阵,简称**方阵**,记作 $(a_{ij})_{n\times n}$.

5. 对角矩阵

在 n 阶方阵中,若主对角线(从矩阵的左上角到右下角元素所在的直线)以外的元素均为 0,即

$$\boldsymbol{\Lambda} = \begin{bmatrix} \lambda_1 & 0 & \cdots & 0 \\ 0 & \lambda_2 & \cdots & 0 \\ \vdots & \vdots & & \vdots \\ 0 & 0 & \cdots & \lambda_n \end{bmatrix}$$

称这种方阵为**对角矩阵**,记作 $\boldsymbol{\Lambda} = \mathrm{diag}(\lambda_1, \lambda_2, \cdots, \lambda_n)$.

6. 单位矩阵

主对角线上的元素均为 1,其余元素均为 0 的 n 阶方阵

$$\begin{bmatrix} 1 & 0 & \cdots & 0 \\ 0 & 1 & \cdots & 0 \\ \vdots & \vdots & & \vdots \\ 0 & 0 & \cdots & 1 \end{bmatrix}$$

称为 n **阶单位矩阵**,记作 $\boldsymbol{E}$ 或 $\boldsymbol{E}_n$.

7. 行阶梯形矩阵

若矩阵满足下列两个条件:

(1) 若矩阵有零行(元素全部为零的行),零行全部在矩阵的最下方;

(2) 各非零行的第一个非零元素左边零的个数随行数的增加而增加.

则称其为**行阶梯形矩阵**. 如

$$\begin{bmatrix} a_{11} & a_{12} & a_{13} & a_{14} & a_{15} & a_{16} \\ 0 & a_{22} & a_{23} & a_{24} & a_{25} & a_{26} \\ 0 & 0 & 0 & a_{34} & a_{35} & a_{36} \\ 0 & 0 & 0 & 0 & 0 & 0 \\ 0 & 0 & 0 & 0 & 0 & 0 \end{bmatrix}, \quad a_{11}, a_{22}, a_{34} \neq 0$$

同理可定义**列阶梯形矩阵**.

8. 行最简形矩阵

若阶梯形矩阵的非零行的第一个非零元素为 1,且这个元素所在的列的其余元素都为 0,

称这样的矩阵为**行最简形矩阵**. 如

$$\begin{bmatrix} 1 & 0 & 0 & b_{14} & b_{15} \\ 0 & 1 & 0 & b_{24} & b_{25} \\ 0 & 0 & 1 & b_{34} & b_{35} \\ 0 & 0 & 0 & 0 & 0 \end{bmatrix}$$

2.2　矩阵的运算

2.2.1　矩阵的加法

定义 2.2　设有两个 $m \times n$ 矩阵 $\boldsymbol{A}=(a_{ij})$ 和 $\boldsymbol{B}=(b_{ij})$,那么矩阵 $\boldsymbol{A}$ 与 $\boldsymbol{B}$ 的和记作 $\boldsymbol{A}+\boldsymbol{B}$,规定为

$$\boldsymbol{A}+\boldsymbol{B}=\begin{bmatrix} a_{11}+b_{11} & a_{12}+b_{12} & \cdots & a_{1n}+b_{1n} \\ a_{21}+b_{21} & a_{22}+b_{22} & \cdots & a_{2n}+b_{2n} \\ \vdots & \vdots & & \vdots \\ a_{m1}+b_{m1} & a_{m2}+b_{m2} & \cdots & a_{mn}+b_{mn} \end{bmatrix}$$

注意,只有当两个矩阵为同型矩阵时,这两个矩阵才能进行加法运算.

矩阵的加法运算满足下列运算规律(设 $\boldsymbol{A},\boldsymbol{B},\boldsymbol{C},\boldsymbol{O}$ 均为 $m \times n$ 矩阵):

(1) $\boldsymbol{A}+\boldsymbol{B}=\boldsymbol{B}+\boldsymbol{A}$;

(2) $(\boldsymbol{A}+\boldsymbol{B})+\boldsymbol{C}=\boldsymbol{A}+(\boldsymbol{B}+\boldsymbol{C})$;

(3) $\boldsymbol{A}+\boldsymbol{O}=\boldsymbol{A}$.

设矩阵 $\boldsymbol{A}=(a_{ij})$,记 $-\boldsymbol{A}=(-a_{ij})$,称 $-\boldsymbol{A}$ 为 $\boldsymbol{A}$ 的**负矩阵**,则有 $\boldsymbol{A}+(-\boldsymbol{A})=\boldsymbol{O}$,由此规定矩阵的减法为

$$\boldsymbol{A}-\boldsymbol{B}=\boldsymbol{A}+(-\boldsymbol{B})$$

【例 2.3】　设矩阵

$$\boldsymbol{A}=\begin{bmatrix} 2 & -1 & 3 \\ 5 & 4 & -2 \end{bmatrix},\quad \boldsymbol{B}=\begin{bmatrix} 3 & 0 & -2 \\ 1 & -3 & 5 \end{bmatrix}$$

求 $\boldsymbol{A}+\boldsymbol{B}$ 及 $\boldsymbol{A}-\boldsymbol{B}$.

解

$$\boldsymbol{A}+\boldsymbol{B}=\begin{bmatrix} 2 & -1 & 3 \\ 5 & 4 & -2 \end{bmatrix}+\begin{bmatrix} 3 & 0 & -2 \\ 1 & -3 & 5 \end{bmatrix}=\begin{bmatrix} 5 & -1 & 1 \\ 6 & 1 & 3 \end{bmatrix}$$

$$\boldsymbol{A}-\boldsymbol{B}=\begin{bmatrix} 2 & -1 & 3 \\ 5 & 4 & -2 \end{bmatrix}-\begin{bmatrix} 3 & 0 & -2 \\ 1 & -3 & 5 \end{bmatrix}=\begin{bmatrix} -1 & -1 & 5 \\ 4 & 7 & -7 \end{bmatrix}$$

2.2.2 矩阵的数乘

定义 2.3 数 λ 与矩阵 $A_{m\times n}$ 的乘积记作 λA 或 $A\lambda$,规定为

$$\lambda A = A\lambda = \begin{bmatrix} \lambda a_{11} & \lambda a_{12} & \cdots & \lambda a_{1n} \\ \lambda a_{21} & \lambda a_{22} & \cdots & \lambda a_{2n} \\ \vdots & \vdots & & \vdots \\ \lambda a_{m1} & \lambda a_{m2} & \cdots & \lambda a_{mn} \end{bmatrix}$$

简称为矩阵的数乘.

注意,矩阵 A 与数 λ 相乘即矩阵 A 中的每个元素均与数 λ 作乘积.

【例 2.4】 设矩阵

$$A = \begin{bmatrix} -3 & 0 & -4 \\ -2 & 4 & -5 \\ 5 & -3 & 4 \end{bmatrix}, \quad B = \begin{bmatrix} 5 & 0 & -2 \\ 1 & -4 & 5 \\ 3 & -2 & 4 \end{bmatrix}$$

求 $3A + 2B$.

解

$$3A = 3\begin{bmatrix} -3 & 0 & -4 \\ -2 & 4 & -5 \\ 5 & -3 & 4 \end{bmatrix} = \begin{bmatrix} -9 & 0 & -12 \\ -6 & 12 & -15 \\ 15 & -9 & 12 \end{bmatrix}$$

$$2B = 2\begin{bmatrix} 5 & 0 & -2 \\ 1 & -4 & 5 \\ 3 & -2 & 4 \end{bmatrix} = \begin{bmatrix} 10 & 0 & -4 \\ 2 & -8 & 10 \\ 6 & -4 & 8 \end{bmatrix}$$

所以

$$3A + 2B = \begin{bmatrix} 1 & 0 & -16 \\ -4 & 4 & -5 \\ 21 & -13 & 20 \end{bmatrix}$$

矩阵的数乘运算满足下列运算规律(设 A,B,O 为 $m\times n$ 矩阵,λ,μ 为数):

(1) $(\lambda\mu)A = \lambda(\mu A)$;

(2) $(\lambda+\mu)A = \lambda A + \mu A$;

(3) $\lambda(A+B) = \lambda A + \lambda B$;

(4) $1\cdot A = A$;

(5) $0\cdot A = O$.

矩阵的加法运算与数乘运算统称为**矩阵的线性运算**.

2.2.3 矩阵的乘法

设有两个线性变换

$$\begin{cases} y_1 = a_{11}x_1 + a_{12}x_2 \\ y_2 = a_{21}x_1 + a_{22}x_2 \\ y_3 = a_{31}x_1 + a_{32}x_2 \end{cases} \tag{2.2}$$

$$\begin{cases} x_1 = b_{11}t_1 + b_{12}t_2 + b_{13}t_3 \\ x_2 = b_{21}t_1 + b_{22}t_2 + b_{23}t_3 \end{cases} \tag{2.3}$$

若想求出从 t_1, t_2, t_3 到 y_1, y_2, y_3 的线性变换,可将线性变换(2.3)代入线性变换(2.2),便得

$$\begin{cases} y_1 = (a_{11}b_{11} + a_{12}b_{21})t_1 + (a_{11}b_{12} + a_{12}b_{22})t_2 + (a_{11}b_{13} + a_{12}b_{23})t_3 \\ y_2 = (a_{21}b_{11} + a_{22}b_{21})t_1 + (a_{21}b_{12} + a_{22}b_{22})t_2 + (a_{21}b_{13} + a_{22}b_{23})t_3 \\ y_3 = (a_{31}b_{11} + a_{32}b_{21})t_1 + (a_{31}b_{12} + a_{32}b_{22})t_2 + (a_{31}b_{13} + a_{32}b_{23})t_3 \end{cases} \tag{2.4}$$

线性变换(2.4)可看成是先作变换(2.3)再作线性变换(2.2)的结果. 称线性变换(2.4)为线性变换(2.2)和(2.3)的乘积,相应地把线性变换(2.4)所对应的矩阵定义为线性变换(2.2)和线性变换(2.3)所对应矩阵的乘积,即

$$\begin{bmatrix} a_{11} & a_{12} \\ a_{21} & a_{22} \\ a_{31} & a_{32} \end{bmatrix} \begin{bmatrix} b_{11} & b_{12} & b_{13} \\ b_{21} & b_{22} & b_{23} \end{bmatrix} =$$

$$\begin{bmatrix} a_{11}b_{11} + a_{12}b_{21} & a_{11}b_{12} + a_{12}b_{22} & a_{11}b_{13} + a_{12}b_{23} \\ a_{21}b_{11} + a_{22}b_{21} & a_{21}b_{12} + a_{22}b_{22} & a_{21}b_{13} + a_{22}b_{23} \\ a_{31}b_{11} + a_{32}b_{21} & a_{31}b_{12} + a_{32}b_{22} & a_{31}b_{13} + a_{32}b_{23} \end{bmatrix}$$

由此可引入矩阵乘法的定义.

定义 2.4 设 $\boldsymbol{A} = (a_{ij})$ 是一个 $m \times s$ 矩阵,$\boldsymbol{B} = (b_{ij})$ 是一个 $s \times n$ 矩阵,规定矩阵 $\boldsymbol{A}$ 与矩阵 $\boldsymbol{B}$ 的乘积是一个 $m \times n$ 矩阵 $\boldsymbol{C} = (c_{ij})$,其中

$$c_{ij} = a_{i1}b_{1j} + a_{i2}b_{2j} + \cdots + a_{is}b_{sj} = \sum_{k=1}^{s} a_{ik}b_{kj}, \quad i = 1,2,\cdots,m; j = 1,2,\cdots,n$$

并把此乘积记作

$$\boldsymbol{C}_{m\times n} = \boldsymbol{A}_{m\times s}\boldsymbol{B}_{s\times n} \tag{2.5}$$

其形状用图形可直观地表示为

由此定义可知:

(1) 只有当第一个矩阵(左矩阵)$\boldsymbol{A}$ 的列数等于第二个矩阵(右矩阵)$\boldsymbol{B}$ 的行数时,两个矩

阵的乘积 $\boldsymbol{AB}$ 才是有意义的;

(2) 两个矩阵的乘积 $\boldsymbol{C}=\boldsymbol{AB}$ 也是矩阵,它的行数等于左矩阵 $\boldsymbol{A}$ 的行数,它的列数等于右矩阵 $\boldsymbol{B}$ 的列数;

(3) 矩阵 $\boldsymbol{C}=\boldsymbol{AB}$ 中第 i 行第 j 列的元素等于矩阵 $\boldsymbol{A}$ 的第 i 行和 $\boldsymbol{B}$ 的第 j 列的对应元素乘积之和.

【例 2.5】 求矩阵

$$\boldsymbol{A}=\begin{bmatrix}2 & -3 & 4\\ -1 & 0 & 5\end{bmatrix},\quad \boldsymbol{B}=\begin{bmatrix}-2 & 3\\ -4 & 1\\ 3 & -2\end{bmatrix}$$

的乘积 $\boldsymbol{AB}$ 及 $\boldsymbol{BA}$.

解 因为 $\boldsymbol{A}$ 是 2×3 矩阵,$\boldsymbol{B}$ 是 3×2 矩阵,矩阵 $\boldsymbol{A}$ 的列数等于 $\boldsymbol{B}$ 的行数,所以 $\boldsymbol{AB}$ 是有意义的,其乘积 $\boldsymbol{C}=\boldsymbol{AB}$ 是一个 2×2 的矩阵.

$$\boldsymbol{AB}=\begin{bmatrix}2 & -3 & 4\\ -1 & 0 & 5\end{bmatrix}\begin{bmatrix}-2 & 3\\ -4 & 1\\ 3 & -2\end{bmatrix}=$$

$$\begin{bmatrix}2\times(-2)+(-3)\times(-4)+4\times 3 & 2\times 3+(-3)\times 1+4\times(-2)\\ (-1)\times(-2)+0\times(-4)+5\times 3 & (-1)\times 3+0\times 1+5\times(-2)\end{bmatrix}=$$

$$\begin{bmatrix}20 & -5\\ 17 & -13\end{bmatrix}$$

类似地,有

$$\boldsymbol{BA}=\begin{bmatrix}-2 & 3\\ -4 & 1\\ 3 & -2\end{bmatrix}\begin{bmatrix}2 & -3 & 4\\ -1 & 0 & 5\end{bmatrix}=$$

$$\begin{bmatrix}(-2)\times 2+3\times(-1) & (-2)\times(-3)+3\times 0 & (-2)\times 4+3\times 5\\ (-4)\times 2+1\times(-1) & (-4)\times(-3)+1\times 0 & (-4)\times 4+1\times 5\\ 3\times 2+(-2)\times(-1) & 3\times(-3)+(-2)\times 0 & 3\times 4+(-2)\times 5\end{bmatrix}=$$

$$\begin{bmatrix}-7 & 6 & 7\\ -9 & 12 & -11\\ 8 & -9 & 2\end{bmatrix}$$

【例 2.6】 设矩阵

$$\boldsymbol{A}=\begin{bmatrix}2 & -1\\ -4 & 0\\ 3 & 5\end{bmatrix},\quad \boldsymbol{B}=\begin{bmatrix}9 & -8\\ -7 & 4\end{bmatrix}$$

求 $\boldsymbol{AB}$ 及 $\boldsymbol{BA}$.

解
$$\boldsymbol{AB}=\begin{bmatrix}2 & -1\\ -4 & 0\\ 3 & 5\end{bmatrix}\begin{bmatrix}9 & -8\\ -7 & 4\end{bmatrix}=\begin{bmatrix}25 & -20\\ -36 & 32\\ -8 & -4\end{bmatrix}$$

因为 $\boldsymbol{B}$ 的列数为2，而 $\boldsymbol{A}$ 的行数为3，$\boldsymbol{B}$ 的列数不等于 $\boldsymbol{A}$ 的行数，所以 $\boldsymbol{BA}$ 无意义.

由例2.5和例2.6可知，矩阵的乘法一般不满足交换律，即当 $\boldsymbol{AB}$ 有意义时，$\boldsymbol{BA}$ 不一定有意义；即使 $\boldsymbol{AB}$ 和 $\boldsymbol{BA}$ 都有意义，$\boldsymbol{AB}$ 和 $\boldsymbol{BA}$ 也不一定相等.

对于两个 n 阶方阵 $\boldsymbol{A},\boldsymbol{B}$，若 $\boldsymbol{AB}=\boldsymbol{BA}$，则称**方阵 $\boldsymbol{A}$ 与 $\boldsymbol{B}$ 是可交换的**.

【例2.7】 设矩阵

$$\boldsymbol{A}=\begin{bmatrix}-3 & 6\\ 1 & -2\end{bmatrix},\quad \boldsymbol{B}=\begin{bmatrix}2 & 4\\ 1 & 2\end{bmatrix}$$

求 $\boldsymbol{AB}$.

解
$$\boldsymbol{AB}=\begin{bmatrix}-3 & 6\\ 1 & -2\end{bmatrix}\begin{bmatrix}2 & 4\\ 1 & 2\end{bmatrix}=\begin{bmatrix}0 & 0\\ 0 & 0\end{bmatrix}$$

由例2.7可知，矩阵 $\boldsymbol{A}\neq\boldsymbol{O},\boldsymbol{B}\neq\boldsymbol{O}$，但却有 $\boldsymbol{AB}=\boldsymbol{O}$. 因此，若有两个矩阵 $\boldsymbol{A},\boldsymbol{B}$ 满足 $\boldsymbol{AB}=\boldsymbol{O}$，不能得出 $\boldsymbol{A}=\boldsymbol{O}$ 或 $\boldsymbol{B}=\boldsymbol{O}$ 的结论.

矩阵的乘法运算虽然不满足交换律，但仍满足以下运算规律：

(1) $(\boldsymbol{AB})\boldsymbol{C}=\boldsymbol{A}(\boldsymbol{BC})$；

(2) $\lambda(\boldsymbol{AB})=(\lambda\boldsymbol{A})\boldsymbol{B}=\boldsymbol{A}(\lambda\boldsymbol{B})$（其中 λ 为数）；

(3) $\boldsymbol{A}(\boldsymbol{B}+\boldsymbol{C})=\boldsymbol{AB}+\boldsymbol{AC},(\boldsymbol{B}+\boldsymbol{C})\boldsymbol{A}=\boldsymbol{BA}+\boldsymbol{CA}$；

(4) 对单位矩阵 $\boldsymbol{E}_m,\boldsymbol{E}_n$ 及任意的矩阵 $\boldsymbol{A}_{m\times n}$，有

$$\boldsymbol{E}_m\boldsymbol{A}_{m\times n}=\boldsymbol{A}_{m\times n},\quad \boldsymbol{A}_{m\times n}\boldsymbol{E}_n=\boldsymbol{A}_{m\times n}$$

有了矩阵的乘法，就可以定义**方阵的幂(乘方)**，设 $\boldsymbol{A}$ 是 n 阶方阵，定义

$$\boldsymbol{A}^1=\boldsymbol{A},\quad \boldsymbol{A}^2=\boldsymbol{A}^1\boldsymbol{A}^1,\quad \cdots,\quad \boldsymbol{A}^{k+1}=\boldsymbol{A}^k\boldsymbol{A}^1$$

其中 k 为正整数，$\boldsymbol{A}^k$ 即 k 个 $\boldsymbol{A}$ 相乘.

注意，只有方阵的幂才有意义.

对于任意正整数 k,l，由矩阵乘法满足结合律可知

$$\boldsymbol{A}^k\boldsymbol{A}^l=\boldsymbol{A}^{k+l},\quad (\boldsymbol{A}^k)^l=\boldsymbol{A}^{kl}$$

由于矩阵的乘法一般不满足交换律，故对两个同阶方阵 $\boldsymbol{A}$ 及 $\boldsymbol{B}$，一般来说 $(\boldsymbol{AB})^k\neq\boldsymbol{A}^k\boldsymbol{B}^k$ 只有 $\boldsymbol{A}$ 与 $\boldsymbol{B}$ 可交换时，才有 $(\boldsymbol{AB})^k=\boldsymbol{A}^k\boldsymbol{B}^k$. 类似地，如 $(\boldsymbol{A}-\boldsymbol{B})(\boldsymbol{A}+\boldsymbol{B})=\boldsymbol{A}^2-\boldsymbol{B}^2,(\boldsymbol{A}+\boldsymbol{B})^2=\boldsymbol{A}^2+2\boldsymbol{AB}+\boldsymbol{B}^2$ 等公式，也只有当 $\boldsymbol{A}$ 与 $\boldsymbol{B}$ 可交换时才成立.

2.2.4 矩阵的转置

定义2.5 给定一个 $m\times n$ 矩阵 $\boldsymbol{A}=(a_{ij})$，称第 i 行第 j 列元素为 a_{ji} 的 $n\times m$ 矩阵为 $\boldsymbol{A}$ 的转置矩阵 $(i=1,2,\cdots,m;j=1,2,\cdots,n)$，记为 $\boldsymbol{A}^{\mathrm{T}}$.

由定义 2.5 可知,将 $\boldsymbol{A}$ 的行和列依次互换位置,即得 $\boldsymbol{A}^{\mathrm{T}}$.

如,设矩阵

$$\boldsymbol{A}=\begin{bmatrix}3 & -2 & 5\\ -1 & 4 & -3\end{bmatrix}$$

则其转置矩阵为

$$\boldsymbol{A}^{\mathrm{T}}=\begin{bmatrix}3 & -1\\ -2 & 4\\ 5 & -3\end{bmatrix}$$

矩阵的转置满足以下运算规律:

(1) $(\boldsymbol{A}^{\mathrm{T}})^{\mathrm{T}}=\boldsymbol{A}$;

(2) $(\boldsymbol{A}+\boldsymbol{B})^{\mathrm{T}}=\boldsymbol{A}^{\mathrm{T}}+\boldsymbol{B}^{\mathrm{T}}$;

(3) $(\lambda\boldsymbol{A})^{\mathrm{T}}=\lambda\boldsymbol{A}^{\mathrm{T}}$($\lambda$ 为数);

(4) $(\boldsymbol{AB})^{\mathrm{T}}=\boldsymbol{B}^{\mathrm{T}}\boldsymbol{A}^{\mathrm{T}}$.

证明 性质(1),(2),(3) 是显然的,这里仅证明性质(4).

设 $\boldsymbol{A}=(a_{ij})_{m\times s}$,$\boldsymbol{B}=(b_{ij})_{s\times n}$,记 $\boldsymbol{AB}=\boldsymbol{C}=(c_{ij})_{m\times n}$,$\boldsymbol{B}^{\mathrm{T}}\boldsymbol{A}^{\mathrm{T}}=\boldsymbol{D}=(d_{ij})_{n\times m}$. 于是按矩阵乘法的定义,有 $c_{ji}=\sum\limits_{k=1}^{s}a_{jk}b_{ki}$,而 $\boldsymbol{B}^{\mathrm{T}}$ 的第 i 行为 $[b_{1i},b_{2i},\cdots,b_{si}]$,$\boldsymbol{A}^{\mathrm{T}}$ 的第 j 列为 $[a_{j1},a_{j2},\cdots,a_{js}]^{\mathrm{T}}$,因此 $d_{ij}=\sum\limits_{k=1}^{s}b_{ki}a_{jk}=\sum\limits_{k=1}^{s}a_{jk}b_{ki}$,所以

$$d_{ij}=c_{ji},\quad i=1,2,\cdots,m;j=1,2,\cdots,n$$

故 $\boldsymbol{D}=\boldsymbol{C}^{\mathrm{T}}$,即

$$\boldsymbol{B}^{\mathrm{T}}\boldsymbol{A}^{\mathrm{T}}=(\boldsymbol{AB})^{\mathrm{T}}$$

根据数学归纳法可推广到有限个矩阵的情形,即

$$(\boldsymbol{A}_1\boldsymbol{A}_2\cdots\boldsymbol{A}_{k-1}\boldsymbol{A}_k)^{\mathrm{T}}=\boldsymbol{A}_k^{\mathrm{T}}\boldsymbol{A}_{k-1}^{\mathrm{T}}\cdots\boldsymbol{A}_2^{\mathrm{T}}\boldsymbol{A}_1^{\mathrm{T}}$$

其中 $k=1,2,\cdots,n$.

定义 2.6 设 n 阶矩阵 $\boldsymbol{A}=(a_{ij})_{n\times n}$,如果 $\boldsymbol{A}^{\mathrm{T}}=\boldsymbol{A}$,即

$$a_{ij}=a_{ji},\quad i=1,2,\cdots,n;j=1,2,\cdots,n$$

则称 $\boldsymbol{A}$ 为对称矩阵.

对称矩阵的元素以主对角线为对称轴对应相等.

如,矩阵

$$\boldsymbol{A}=\begin{bmatrix}-3 & 0 & -2\\ 0 & 5 & 4\\ -2 & 4 & -1\end{bmatrix}$$

是一个三阶对称矩阵.

对称矩阵具有下述性质：

(1) 如果 $\boldsymbol{A},\boldsymbol{B}$ 是同阶对称矩阵，则 $\boldsymbol{A}+\boldsymbol{B}$ 及 $\boldsymbol{A}-\boldsymbol{B}$ 也为对称矩阵；

(2) 数 k 与对称矩阵 $\boldsymbol{A}$ 的乘积 $k\boldsymbol{A}$ 仍是对称矩阵.

定义 2.7 设 n 阶矩阵 $\boldsymbol{A}=(a_{ij})_{n\times n}$，如果 $\boldsymbol{A}^{\mathrm{T}}=-\boldsymbol{A}$，即

$$a_{ij}=-a_{ji},\quad i=1,2,\cdots,n;j=1,2,\cdots,n$$

则称 $\boldsymbol{A}$ 为反对称矩阵.

反对称矩阵主对角线上的元素一定为0.

如，矩阵

$$\boldsymbol{A}=\begin{bmatrix}0 & -3 & 5\\ 3 & 0 & -2\\ -5 & 2 & 0\end{bmatrix}$$

是一个三阶反对称矩阵.

反对称矩阵具有下述性质：

(1) 如果 $\boldsymbol{A},\boldsymbol{B}$ 是同阶反对称矩阵，则 $\boldsymbol{A}+\boldsymbol{B}$ 及 $\boldsymbol{A}-\boldsymbol{B}$ 也是反对称矩阵；

(2) 数 k 与反对称矩阵 $\boldsymbol{A}$ 的乘积 $k\boldsymbol{A}$ 仍为反对称矩阵.

2.2.5 方阵的行列式

定义 2.8 由 n 阶方阵 $\boldsymbol{A}$ 的元素按原有位置不变所构成的行列式，称为方阵 $\boldsymbol{A}$ 的行列式，记作 $|\boldsymbol{A}|$ 或 $\det\boldsymbol{A}$.

注意，方阵与行列式是两个不同的概念，n 阶方阵是 n^2 个数按一定方式排成的数表，而 n 阶行列式则是这些数按一定的运算法则所确定的一个数.

方阵的行列式满足下述运算规律（$\boldsymbol{A},\boldsymbol{B}$ 为 n 阶方阵）：

(1) $|\boldsymbol{A}^{\mathrm{T}}|=|\boldsymbol{A}|$；

(2) $|\lambda\boldsymbol{A}|=\lambda^n|\boldsymbol{A}|$，其中 λ 为非零数；

(3) $|\boldsymbol{A}\boldsymbol{B}|=|\boldsymbol{A}||\boldsymbol{B}|$.

2.3 逆矩阵

在数的乘法中，如果常数 $a\neq 0$，则存在 $a^{-1}=\dfrac{1}{a}$，使得 $aa^{-1}=a^{-1}a=1$，从而当 $a\neq 0$ 时，一元一次线性方程 $ax=b$ 的解为 $x=a^{-1}b$，其中 b 为常数. 在矩阵的乘法中，单位矩阵 $\boldsymbol{E}$ 起着数1在数的乘法中类似的作用. 对于 n 阶矩阵 $\boldsymbol{A}$，是否也存在 $\boldsymbol{A}^{-1}$，使得 $\boldsymbol{A}\boldsymbol{A}^{-1}=\boldsymbol{A}^{-1}\boldsymbol{A}=\boldsymbol{E}$，当 $|\boldsymbol{A}|\neq 0$ 时，对于**矩阵方程** $\boldsymbol{A}\boldsymbol{X}=\boldsymbol{B}$，其中 $\boldsymbol{A}$ 为 n 阶矩阵，$\boldsymbol{X},\boldsymbol{B}$ 均为 $n\times m$ 矩阵，又是否有 $\boldsymbol{X}=\boldsymbol{A}^{-1}\boldsymbol{B}$？由此引入逆矩阵的定义.

2.3.1 逆矩阵

定义 2.9 对于 n 阶矩阵 $\boldsymbol{A}$,若存在一个 n 阶矩阵 $\boldsymbol{B}$,使得

$$\boldsymbol{AB}=\boldsymbol{BA}=\boldsymbol{E}$$

则称矩阵 $\boldsymbol{A}$ 是可逆的,并把矩阵 $\boldsymbol{B}$ 称为矩阵 $\boldsymbol{A}$ 的逆矩阵,记作 $\boldsymbol{A}^{-1}=\boldsymbol{B}$.

若矩阵 $\boldsymbol{A}$ 是可逆的,则它的逆矩阵是唯一的. 因为设 $\boldsymbol{B},\boldsymbol{C}$ 都是 $\boldsymbol{A}$ 的逆矩阵,则有

$$\boldsymbol{B}=\boldsymbol{BE}=\boldsymbol{B}(\boldsymbol{AC})=(\boldsymbol{BA})\boldsymbol{C}=\boldsymbol{EC}=\boldsymbol{C}$$

所以矩阵 $\boldsymbol{A}$ 的逆矩阵是唯一的.

在定义 2.9 中,矩阵 $\boldsymbol{A},\boldsymbol{B}$ 的地位是平等的,即若 $\boldsymbol{BA}=\boldsymbol{AB}=\boldsymbol{E}$,则 $\boldsymbol{B}$ 也可逆,且 $\boldsymbol{B}^{-1}=\boldsymbol{A}$.

定理 2.1 若矩阵 $\boldsymbol{A}$ 可逆,则 $|\boldsymbol{A}|\neq 0$.

证明 若 $\boldsymbol{A}$ 可逆,则存在 $\boldsymbol{A}^{-1}$,使 $\boldsymbol{AA}^{-1}=\boldsymbol{E}$,所以 $|\boldsymbol{A}||\boldsymbol{A}^{-1}|=|\boldsymbol{E}|=1$,故 $|\boldsymbol{A}|\neq 0$.

定义 2.10 设 n 阶矩阵 $\boldsymbol{A}=(a_{ij})$,A_{ij} 是 $|\boldsymbol{A}|$ 中元素 $a_{ij}(i=1,2,\cdots,n;j=1,2,\cdots,n)$ 的代数余子式,将 a_{ij} 换成代数余子式再转置所得的矩阵

$$\boldsymbol{A}^{*}=\begin{bmatrix}A_{11}&A_{21}&\cdots&A_{n1}\\A_{12}&A_{22}&\cdots&A_{n2}\\\vdots&\vdots&&\vdots\\A_{1n}&A_{2n}&\cdots&A_{nn}\end{bmatrix}$$

称为矩阵 $\boldsymbol{A}$ 的伴随矩阵.

定理 2.2 设 $\boldsymbol{A}=(a_{ij})_{n\times n}$,若 $|\boldsymbol{A}|\neq 0$,则矩阵 $\boldsymbol{A}$ 可逆,且

$$\boldsymbol{A}^{-1}=\frac{1}{|\boldsymbol{A}|}\boldsymbol{A}^{*} \tag{2.6}$$

其中 $\boldsymbol{A}^{*}$ 为 $\boldsymbol{A}$ 的伴随矩阵.

证明 因为 $|\boldsymbol{A}|\neq 0$,故有

$$\boldsymbol{A}\frac{1}{|\boldsymbol{A}|}\boldsymbol{A}^{*}=\frac{1}{|\boldsymbol{A}|}\begin{bmatrix}a_{11}&a_{12}&\cdots&a_{1n}\\a_{21}&a_{22}&\cdots&a_{2n}\\\vdots&\vdots&&\vdots\\a_{n1}&a_{n2}&\cdots&a_{nn}\end{bmatrix}\begin{bmatrix}A_{11}&A_{21}&\cdots&A_{n1}\\A_{12}&A_{22}&\cdots&A_{n2}\\\vdots&\vdots&&\vdots\\A_{1n}&A_{2n}&\cdots&A_{nn}\end{bmatrix}=$$

$$\frac{1}{|\boldsymbol{A}|}\begin{bmatrix}|\boldsymbol{A}|&0&\cdots&0\\0&|\boldsymbol{A}|&\cdots&0\\\vdots&\vdots&&\vdots\\0&0&\cdots&|\boldsymbol{A}|\end{bmatrix}=\begin{bmatrix}1&0&\cdots&0\\0&1&\cdots&0\\\vdots&\vdots&&\vdots\\0&0&\cdots&1\end{bmatrix}=\boldsymbol{E}$$

即

$$A\frac{1}{|A|}A^{*}=E$$

同理

$$\frac{1}{|A|}A^{*}A=E$$

所以,按定义2.9可知A可逆,且有

$$A^{-1}=\frac{1}{|A|}A^{*}$$

当$|A|=0$时,称A为**奇异矩阵**,否则称A为**非奇异矩阵**. 由上面两个定理可知:A可逆的充分必要条件是$|A|\neq 0$,即可逆矩阵为非奇异矩阵. 同时,它还提供了一种求逆矩阵的方法,即利用伴随矩阵求逆矩阵.

可逆矩阵具有如下性质:

(1) 若A可逆,则A^{-1}也可逆,且$(A^{-1})^{-1}=A$;

(2) 若A可逆,数$\lambda\neq 0$,则λA也可逆,且$(\lambda A)^{-1}=\frac{1}{\lambda}A^{-1}$;

(3) 若A,B为同阶可逆矩阵,则AB也可逆,且$(AB)^{-1}=B^{-1}A^{-1}$.

证明 因为

$$(AB)(B^{-1}A^{-1})=A(BB^{-1})A^{-1}=AEA^{-1}=AA^{-1}=E$$

所以AB也可逆,且$(AB)^{-1}=B^{-1}A^{-1}$.

(4) 若A可逆,则A^{T}也可逆,且$(A^{\mathrm{T}})^{-1}=(A^{-1})^{\mathrm{T}}$.

证明 因为

$$A^{\mathrm{T}}(A^{-1})^{\mathrm{T}}=(A^{-1}A)^{\mathrm{T}}=E^{\mathrm{T}}=E$$

所以A^{T}可逆,且$(A^{\mathrm{T}})^{-1}=(A^{-1})^{\mathrm{T}}$.

若$|A|\neq 0$,还可以定义

$$A^{0}=E,\quad A^{-k}=(A^{-1})^{k}$$

【例2.8】 求矩阵

$$A=\begin{bmatrix}a & b\\ c & d\end{bmatrix},\quad ad-bc\neq 0$$

的逆矩阵.

解 因$|A|=\begin{vmatrix}a & b\\ c & d\end{vmatrix}=ad-bc\neq 0$,所以$A$可逆. 又$A^{*}=\begin{bmatrix}d & -b\\ -c & a\end{bmatrix}$,故

$$A^{-1}=\frac{1}{|A|}A^{*}=\frac{1}{ad-bc}\begin{bmatrix}d & -b\\ -c & a\end{bmatrix}$$

如

$$\begin{bmatrix}3 & 5\\4 & 2\end{bmatrix}^{-1}=-\frac{1}{14}\begin{bmatrix}2 & -5\\-4 & 3\end{bmatrix}$$

【例 2.9】 求矩阵

$$\boldsymbol{A}=\begin{bmatrix}2 & 1 & -1\\2 & 1 & 0\\1 & -1 & 1\end{bmatrix}$$

的逆矩阵.

解 因为

$$|\boldsymbol{A}|=\begin{vmatrix}2 & 1 & -1\\2 & 1 & 0\\1 & -1 & 1\end{vmatrix}=3\neq 0$$

所以 $\boldsymbol{A}$ 可逆,又

$$A_{11}=(-1)^{1+1}\begin{vmatrix}1 & 0\\-1 & 1\end{vmatrix}=1,\quad A_{12}=(-1)^{1+2}\begin{vmatrix}2 & 0\\1 & 1\end{vmatrix}=-2,\quad A_{13}=(-1)^{1+3}\begin{vmatrix}2 & 1\\1 & -1\end{vmatrix}=-3$$

$$A_{21}=(-1)^{2+1}\begin{vmatrix}1 & -1\\-1 & 1\end{vmatrix}=0,\quad A_{22}=(-1)^{2+2}\begin{vmatrix}2 & -1\\1 & 1\end{vmatrix}=3,\quad A_{23}=(-1)^{2+3}\begin{vmatrix}2 & 1\\1 & -1\end{vmatrix}=3$$

$$A_{31}=(-1)^{3+1}\begin{vmatrix}1 & -1\\1 & 0\end{vmatrix}=1,\quad A_{32}=(-1)^{3+2}\begin{vmatrix}2 & -1\\2 & 0\end{vmatrix}=-2,\quad A_{33}=(-1)^{3+3}\begin{vmatrix}2 & 1\\2 & 1\end{vmatrix}=0$$

故

$$\boldsymbol{A}^*=\begin{bmatrix}1 & 0 & 1\\-2 & 3 & -2\\-3 & 3 & 0\end{bmatrix}$$

所以

$$\boldsymbol{A}^{-1}=\frac{1}{|\boldsymbol{A}|}\boldsymbol{A}^*=\frac{1}{3}\begin{bmatrix}1 & 0 & 1\\-2 & 3 & -2\\-3 & 3 & 0\end{bmatrix}$$

注意:(1) $|\boldsymbol{A}|$与 $\boldsymbol{A}$ 的区别;

(2)A_{ij} 为$|\boldsymbol{A}|$中 a_{ij} 的代数余子式;

(3)$\boldsymbol{A}^*$ 中元素 A_{ij} 位于 $\boldsymbol{A}^*$ 的第 j 行第 i 列($i=1,2,\cdots,n;j=1,2,\cdots,n$).

【例 2.10】 若 $\boldsymbol{A}$ 为 n 阶矩阵,且满足 $\boldsymbol{A}^2-\boldsymbol{A}-2\boldsymbol{E}=\boldsymbol{O}$,其中 $\boldsymbol{E}$ 为 n 阶单位矩阵,证明 $\boldsymbol{A}$,$\boldsymbol{A}+2\boldsymbol{E}$ 均可逆,并求 $\boldsymbol{A}^{-1}$ 及$(\boldsymbol{A}+2\boldsymbol{E})^{-1}$.

证明 因为 $\boldsymbol{A}^2-\boldsymbol{A}-2\boldsymbol{E}=\boldsymbol{O}$,则 $\boldsymbol{A}(\boldsymbol{A}-\boldsymbol{E})=2\boldsymbol{E}$,即

$$\boldsymbol{A}\left[\frac{1}{2}(\boldsymbol{A}-\boldsymbol{E})\right]=\boldsymbol{E}$$

同理$\left[\frac{1}{2}(\boldsymbol{A}-\boldsymbol{E})\right]\boldsymbol{A}=\boldsymbol{E}$,所以$\boldsymbol{A}$可逆,且$\boldsymbol{A}^{-1}=\frac{1}{2}(\boldsymbol{A}-\boldsymbol{E})$.

由$\boldsymbol{A}^2-\boldsymbol{A}-2\boldsymbol{E}=\boldsymbol{O}$,也可得$\boldsymbol{A}^2-\boldsymbol{A}-6\boldsymbol{E}=-4\boldsymbol{E}$,故

$$(\boldsymbol{A}+2\boldsymbol{E})(\boldsymbol{A}-3\boldsymbol{E})=-4\boldsymbol{E}$$

即

$$(\boldsymbol{A}+2\boldsymbol{E})\left[-\frac{1}{4}(\boldsymbol{A}-3\boldsymbol{E})\right]=\boldsymbol{E}$$

同理

$$\left[-\frac{1}{4}(\boldsymbol{A}-3\boldsymbol{E})\right](\boldsymbol{A}+2\boldsymbol{E})=\boldsymbol{E}$$

所以$\boldsymbol{A}+2\boldsymbol{E}$也可逆,且$(\boldsymbol{A}+2\boldsymbol{E})^{-1}=-\frac{1}{4}(\boldsymbol{A}-3\boldsymbol{E})$.

2.3.2　初等矩阵

1. 初等变换

定义2.11　下面三种变换称为矩阵$\boldsymbol{A}_{m\times n}$的初等行变换:

(1) 对调矩阵的某两行(对调第i,j两行,记作$r_i\leftrightarrow r_j$);

(2) 以非零常数k乘矩阵某一行的各元素(第i行乘k,记作$r_i\times k$);

(3) 将某一行所有元素的k倍加到另一行对应的元素上去(第j行的k倍加到第i行上,记作r_i+kr_j,其中$i=1,2,\cdots,m;j=1,2,\cdots,m$).

把定义中的“行”换成“列”,即得矩阵的初等列变换的定义(所用记号是将“r”换成“c”).

矩阵的初等行变换和初等列变换,统称为**初等变换**. 如果矩阵$\boldsymbol{A}$经过有限次初等变换变成矩阵$\boldsymbol{B}$,称**矩阵$\boldsymbol{A}$与$\boldsymbol{B}$等价**.

利用初等行变换,把一个矩阵化为行阶梯形矩阵和行最简形矩阵,是一种非常重要的运算. 对于行阶梯形矩阵再进行初等列变换,可变成一种形状更简单的矩阵,称为标准形矩阵,简称标准形.

对于$m\times n$矩阵$\boldsymbol{A}$,总可以经过初等变换把它化为**标准形**

$$\boldsymbol{F}=\begin{bmatrix}\boldsymbol{E}_r & \boldsymbol{O}\\ \boldsymbol{O} & \boldsymbol{O}\end{bmatrix}_{m\times n}$$

其中$r(r\leqslant m)$就是行阶梯形矩阵中非零行的行数.

2. 初等矩阵

定义2.12　由n阶单位矩阵$\boldsymbol{E}$经过一次初等变换得到的矩阵,称为n阶初等矩阵.

三种初等变换对应着三种初等矩阵.

(1) 对调n阶单位矩阵$\boldsymbol{E}$的第i,j两行(列),得到初等矩阵

$$
\boldsymbol{E}(i,j)=\begin{bmatrix}
1 & & & & & & & \\
& \ddots & & & & & & \\
& & 0 & \cdots & \cdots & \cdots & 1 & & \\
& & \vdots & 1 & & & \vdots & & \\
& & \vdots & & \ddots & & \vdots & & \\
& & \vdots & & & 1 & \vdots & & \\
& & 1 & \cdots & \cdots & \cdots & 0 & & \\
& & & & & & & \ddots & \\
& & & & & & & & 1
\end{bmatrix}
\begin{matrix} \\ \\ 第\,i\,行 \\ \\ \\ \\ 第\,j\,行 \\ \\ \\ \end{matrix}
$$

(2) 以数 $k\neq 0$ 乘单位矩阵 $\boldsymbol{E}$ 的第 i 行(或第 i 列),得到初等矩阵

$$
\boldsymbol{E}[i(k)]=\begin{bmatrix}
1 & & & & & & \\
& \ddots & & & & & \\
& & 1 & & & & \\
& & & k & & & \\
& & & & 1 & & \\
& & & & & \ddots & \\
& & & & & & 1
\end{bmatrix}
\begin{matrix} \\ \\ \\ 第\,i\,行 \\ \\ \\ \\ \end{matrix}
$$

(3) 用数 k 乘单位矩阵 $\boldsymbol{E}$ 的第 j 行加到第 i 行上(用数 k 乘 $\boldsymbol{E}$ 的第 i 列加到第 j 列上) 得到初等矩阵

$$
\boldsymbol{E}[i,j(k)]=\begin{bmatrix}
1 & & & & & & \\
& \ddots & & & & & \\
& & 1 & \cdots & k & & \\
& & & \ddots & \vdots & & \\
& & & & 1 & & \\
& & & & & \ddots & \\
& & & & & & 1
\end{bmatrix}
\begin{matrix} \\ \\ 第\,i\,行 \\ \\ 第\,j\,行 \\ \\ \\ \end{matrix}
$$

因为初等矩阵都是单位矩阵经过一次初等变换得到的,所以初等矩阵的行列式都不等于零,因此初等矩阵都是可逆矩阵,并且

$$[\boldsymbol{E}(i,j)]^{-1}=\boldsymbol{E}(i,j)$$

$$\{\boldsymbol{E}[i(k)]\}^{-1}=\boldsymbol{E}[i(k^{-1})]$$

$$\{\boldsymbol{E}[i,j(k)]\}^{-1}=\boldsymbol{E}[i,j(-k)]$$

3. 初等变换和初等矩阵的关系

定理 2.3 设 $\boldsymbol{A}$ 是一个 $m\times n$ 矩阵,对 $\boldsymbol{A}$ 施以一次初等行变换,相当于在 $\boldsymbol{A}$ 的左边乘以相应的 m 阶初等矩阵,对 $\boldsymbol{A}$ 施以一次初等列变换,相当于在 $\boldsymbol{A}$ 的右边乘以相应的 n 阶初等矩阵.

证明略.

2.3.3　利用初等行变换求逆矩阵

定理2.4　n阶矩阵$\boldsymbol{A}$可逆的充分必要条件是存在有限个初等矩阵$\boldsymbol{P}_1,\boldsymbol{P}_2,\cdots,\boldsymbol{P}_k$,使得$\boldsymbol{A}=\boldsymbol{P}_1\boldsymbol{P}_2\cdots\boldsymbol{P}_k$.

证明　**必要性**　设n阶矩阵$\boldsymbol{A}$可逆,且$\boldsymbol{A}$的标准形矩阵为$\boldsymbol{F}$,可知存在有限个初等矩阵$\boldsymbol{P}_1,\boldsymbol{P}_2,\cdots,\boldsymbol{P}_k$,使得

$$\boldsymbol{A}=\boldsymbol{P}_1\boldsymbol{P}_2\cdots\boldsymbol{P}_l\boldsymbol{F}\boldsymbol{P}_{l+1}\cdots\boldsymbol{P}_k$$

因为矩阵$\boldsymbol{A}$及初等矩阵$\boldsymbol{P}_1,\boldsymbol{P}_2,\cdots,\boldsymbol{P}_k$均可逆,故标准形矩阵$\boldsymbol{F}$可逆. 假设

$$\boldsymbol{F}=\begin{bmatrix}\boldsymbol{E}_r & \boldsymbol{O}\\ \boldsymbol{O} & \boldsymbol{O}\end{bmatrix}_{n\times n}$$

中的$r<n$,则$|\boldsymbol{F}|=0$,与$\boldsymbol{F}$可逆矛盾,故必有$r=n$,即$\boldsymbol{F}=\boldsymbol{E}$,所以

$$\boldsymbol{A}=\boldsymbol{P}_1\boldsymbol{P}_2\cdots\boldsymbol{P}_k$$

充分性　设$\boldsymbol{A}=\boldsymbol{P}_1\boldsymbol{P}_2\cdots\boldsymbol{P}_k$,因初等矩阵可逆,故有限个初等矩阵的乘积仍可逆,所以n阶矩阵$\boldsymbol{A}$可逆.

由定理2.4可得如下推论:

推论1　n阶矩阵$\boldsymbol{A}$可逆的充分必要条件是$\boldsymbol{A}$经过有限次初等行变换可化为n阶单位矩阵$\boldsymbol{E}$.

推论2　$m\times n$矩阵$\boldsymbol{A}$经过有限次初等变换化为$m\times n$矩阵$\boldsymbol{B}$的充分必要条件是存在m阶可逆矩阵$\boldsymbol{P}$及n阶可逆矩阵$\boldsymbol{Q}$,使得$\boldsymbol{PAQ}=\boldsymbol{B}$.

根据定理2.4及其推论1和推论2,可以推出用初等行变换求逆矩阵的方法. 若$\boldsymbol{A}$为可逆矩阵,则存在初等矩阵$\boldsymbol{P}_1,\boldsymbol{P}_2,\cdots,\boldsymbol{P}_k$,使$\boldsymbol{A}=\boldsymbol{P}_1\boldsymbol{P}_2\cdots\boldsymbol{P}_k$,即

$$\boldsymbol{P}_k^{-1}\boldsymbol{P}_{k-1}^{-1}\cdots\boldsymbol{P}_1^{-1}\boldsymbol{A}=\boldsymbol{E} \tag{2.7}$$

在上式两端分别右乘$\boldsymbol{A}^{-1}$,得

$$\boldsymbol{P}_k^{-1}\boldsymbol{P}_{k-1}^{-1}\cdots\boldsymbol{P}_1^{-1}\boldsymbol{E}=\boldsymbol{A}^{-1} \tag{2.8}$$

式(2.7)与(2.8)表明,若对矩阵$\boldsymbol{A}$施以初等行变换把$\boldsymbol{A}$化为$\boldsymbol{E}$,则对单位矩阵$\boldsymbol{E}$施以完全相同的初等行变换,就可以得到$\boldsymbol{A}^{-1}$. 因此,可以按下述步骤求$\boldsymbol{A}$的逆矩阵:

(1) 构造$n\times 2n$矩阵$[\boldsymbol{A}\mid\boldsymbol{E}]$;

(2) 对$[\boldsymbol{A}\mid\boldsymbol{E}]$进行一系列初等行变换,使$\boldsymbol{A}$化为单位矩阵$\boldsymbol{E}$,这时$\boldsymbol{E}$就化成了$\boldsymbol{A}^{-1}$,即

$$[\boldsymbol{A}\mid\boldsymbol{E}]\xrightarrow{\text{初等行变换}}[\boldsymbol{E}\mid\boldsymbol{A}^{-1}]$$

类似地,利用初等列变换也可求矩阵的逆,即

$$\begin{bmatrix} \boldsymbol{A} \\ --- \\ \boldsymbol{E} \end{bmatrix} \xrightarrow{\text{初等列变换}} \begin{bmatrix} \boldsymbol{E} \\ --- \\ \boldsymbol{A}^{-1} \end{bmatrix}$$

【例 2.11】 设矩阵

$$\boldsymbol{A}=\begin{bmatrix} 2 & 2 & 3 \\ 1 & -1 & 0 \\ -1 & 2 & 1 \end{bmatrix}$$

求 $\boldsymbol{A}^{-1}$.

解 对矩阵$[\boldsymbol{A} \mid \boldsymbol{E}]$施以初等行变换

$$[\boldsymbol{A} \mid \boldsymbol{E}]=\begin{bmatrix} 2 & 2 & 3 & 1 & 0 & 0 \\ 1 & -1 & 0 & 0 & 1 & 0 \\ -1 & 2 & 1 & 0 & 0 & 1 \end{bmatrix} \xrightarrow{r_1 \leftrightarrow r_2} \begin{bmatrix} 1 & -1 & 0 & 0 & 1 & 0 \\ 2 & 2 & 3 & 1 & 0 & 0 \\ -1 & 2 & 1 & 0 & 0 & 1 \end{bmatrix} \xrightarrow[r_3+r_1]{r_2-2r_1}$$

$$\begin{bmatrix} 1 & -1 & 0 & 0 & 1 & 0 \\ 0 & 4 & 3 & 1 & -2 & 0 \\ 0 & 1 & 1 & 0 & 1 & 1 \end{bmatrix} \xrightarrow{r_2 \leftrightarrow r_3} \begin{bmatrix} 1 & -1 & 0 & 0 & 1 & 0 \\ 0 & 1 & 1 & 0 & 1 & 1 \\ 0 & 4 & 3 & 1 & -2 & 0 \end{bmatrix} \xrightarrow{r_3-4r_2}$$

$$\begin{bmatrix} 1 & -1 & 0 & 0 & 1 & 0 \\ 0 & 1 & 1 & 0 & 1 & 1 \\ 0 & 0 & -1 & 1 & -6 & -4 \end{bmatrix} \xrightarrow[(-1)r_3]{\substack{r_2+r_3 \\ r_1+r_2}} \begin{bmatrix} 1 & 0 & 0 & 1 & -4 & -3 \\ 0 & 1 & 0 & 1 & -5 & -3 \\ 0 & 0 & 1 & -1 & 6 & 4 \end{bmatrix}$$

所以

$$\boldsymbol{A}^{-1}=\begin{bmatrix} 1 & -4 & -3 \\ 1 & -5 & -3 \\ -1 & 6 & 4 \end{bmatrix}$$

当 $\boldsymbol{A}$ 为 n 阶可逆矩阵时,求解矩阵方程 $\boldsymbol{A}_{n\times n}\boldsymbol{X}_{n\times m}=\boldsymbol{B}_{n\times m}$,可以先构造 $n\times(n+m)$ 矩阵$[\boldsymbol{A} \mid \boldsymbol{B}]$,并对矩阵$[\boldsymbol{A} \mid \boldsymbol{B}]$施以初等行变换,使矩阵 $\boldsymbol{A}$ 化为单位矩阵,这时 $\boldsymbol{B}$ 就化为 $\boldsymbol{A}^{-1}\boldsymbol{B}$,即

$$[\boldsymbol{A} \mid \boldsymbol{B}] \xrightarrow{\text{初等行变换}} [\boldsymbol{E} \mid \boldsymbol{A}^{-1}\boldsymbol{B}]$$

【例 2.12】 已知矩阵方程 $\boldsymbol{AX}=\boldsymbol{A}+2\boldsymbol{X}$,其中

$$\boldsymbol{A}=\begin{bmatrix} 3 & 0 & 1 \\ 1 & 1 & 0 \\ 0 & 1 & 4 \end{bmatrix}$$

求矩阵 $\boldsymbol{X}$.

解 由 $\boldsymbol{AX}=\boldsymbol{A}+2\boldsymbol{X}$,得$(\boldsymbol{A}-2\boldsymbol{E})\boldsymbol{X}=\boldsymbol{A}$,又

$$\boldsymbol{A}-2\boldsymbol{E}=\begin{bmatrix} 1 & 0 & 1 \\ 1 & -1 & 0 \\ 0 & 1 & 2 \end{bmatrix}$$

所以

$$[A-2E \mid A]=\begin{bmatrix}1&0&1&3&0&1\\1&-1&0&1&1&0\\0&1&2&0&1&4\end{bmatrix}\xrightarrow[r_3+r_2]{r_2-r_1}\begin{bmatrix}1&0&1&3&0&1\\0&-1&-1&-2&1&-1\\0&0&1&-2&2&3\end{bmatrix}\xrightarrow[r_1-r_3]{r_2+r_3}$$

$$\begin{bmatrix}1&0&0&5&-2&-2\\0&-1&0&-4&3&2\\0&0&1&-2&2&3\end{bmatrix}\xrightarrow{(-1)\times r_2}\begin{bmatrix}1&0&0&5&-2&-2\\0&1&0&4&-3&-2\\0&0&1&-2&2&3\end{bmatrix}$$

所以

$$X=\begin{bmatrix}5&-2&-2\\4&-3&-2\\-2&2&3\end{bmatrix}$$

2.4 矩阵的秩

2.4.1 矩阵的秩

定义 2.13 在 $m\times n$ 矩阵 A 中,任取 k 行 k 列($k\leqslant\min\{m,n\}$),位于这些行和列交叉处的 k^2 个元素按原位置次序所构成的行列式,称为矩阵 A 的 k 阶子式.

如,矩阵

$$A=\begin{bmatrix}1&3&1&4\\2&-3&8&2\\1&6&-1&6\end{bmatrix}$$

选取其第 1 行和第 2 行,第 1 列和第 3 列,则交叉处的元素按原来位置构成的二阶行列式

$$\begin{vmatrix}1&1\\2&8\end{vmatrix}=6$$

即为矩阵 A 的二阶子式.

矩阵 A 的全部三阶子式为

$$\begin{vmatrix}1&3&1\\2&-3&8\\1&6&-1\end{vmatrix}=0,\qquad\begin{vmatrix}1&3&4\\2&-3&2\\1&6&6\end{vmatrix}=0$$

$$\begin{vmatrix}3&1&4\\-3&8&2\\6&-1&6\end{vmatrix}=0,\qquad\begin{vmatrix}1&1&4\\2&8&2\\1&-1&6\end{vmatrix}=0$$

m 行 n 列的矩阵 $\boldsymbol{A}$ 的 k 阶子式共有 $C_m^k C_n^k$ 个,其中不为 0 的子式称为**非零子式**.

定义 2.14 若在矩阵 $\boldsymbol{A}$ 中有一个 r 阶非零子式 D,且所有的 $r+1$ 阶子式(若存在)全都为 0,那么 D 称为矩阵 $\boldsymbol{A}$ 的最高阶非零子式,数 r 称为矩阵 $\boldsymbol{A}$ 的秩,记作 $r(\boldsymbol{A})$,即 $r(\boldsymbol{A})=r$.

由此定义可知,上例中 $r(\boldsymbol{A})=2$.

因为 $r(\boldsymbol{A})$ 为矩阵 $\boldsymbol{A}$ 的非零子式的最高阶数,所以若矩阵 $\boldsymbol{A}$ 中有某个 s 阶子式不为 0,则 $r(\boldsymbol{A})\geqslant s$,若 $\boldsymbol{A}$ 中所有 t 阶子式全为 0,则 $r(\boldsymbol{A})<t$. 从而易知,对任意 $\boldsymbol{A}_{m\times n}$ 矩阵,有 $0\leqslant r(\boldsymbol{A})\leqslant \min\{m,n\}$. 因为 n 阶矩阵 $\boldsymbol{A}$ 的 n 阶子式只有一个即 $|\boldsymbol{A}|$,故当 $|\boldsymbol{A}|\neq 0$ 时,$r(\boldsymbol{A})=n$,当 $|\boldsymbol{A}|=0$ 时,$r(\boldsymbol{A})<n$. 可见可逆矩阵的秩等于矩阵的阶数,所以可逆矩阵又称**满秩矩阵**. 并规定零矩阵的秩为 0.

【例 2.13】 求下列矩阵的秩:

$$(1)\boldsymbol{A}=\begin{bmatrix}1 & 2 & 3 & -1\\ 3 & -1 & 2 & 1\\ 6 & -2 & 4 & 2\end{bmatrix};\qquad (2)\boldsymbol{B}=\begin{bmatrix}3 & -2 & 0 & 1 & -3\\ 0 & 0 & -4 & 2 & 5\\ 0 & 0 & 0 & -5 & 2\\ 0 & 0 & 0 & 0 & 0\end{bmatrix}$$

解 (1) 矩阵 $\boldsymbol{A}$ 的二阶子式 $\begin{vmatrix}1 & 2\\ 3 & -1\end{vmatrix}=-7\neq 0$,其所有的三阶子式如下

$$\begin{vmatrix}1 & 2 & 3\\ 3 & -1 & 2\\ 6 & -2 & 4\end{vmatrix}=0,\qquad \begin{vmatrix}1 & 2 & -1\\ 3 & -1 & 1\\ 6 & -2 & 2\end{vmatrix}=0$$

$$\begin{vmatrix}1 & 3 & -1\\ 3 & 2 & 1\\ 6 & 4 & 2\end{vmatrix}=0,\qquad \begin{vmatrix}2 & 3 & -1\\ -1 & 2 & 1\\ -2 & 4 & 2\end{vmatrix}=0$$

因此 $r(\boldsymbol{A})=2$.

(2) $\boldsymbol{B}$ 为一个行阶梯形矩阵,其非零行有三行,所以矩阵 $\boldsymbol{B}$ 的所有四阶子式均为 0,但其存在一个三阶子式

$$\begin{vmatrix}-2 & 0 & 1\\ 0 & -4 & 2\\ 0 & 0 & -5\end{vmatrix}=-40\neq 0$$

所以 $r(\boldsymbol{B})=3$.

2.4.2 利用初等变换求矩阵的秩

从例 2.13 (1) 可知,当行数和列数较高时,按定义求矩阵的秩要算大量的行列式,比较繁琐,而从例 2.13 (2) 可知,行阶梯形矩阵的秩就等于其非零行的行数,下面将介绍一种应用广泛而简便的求矩阵秩的方法,即用初等行变换求矩阵的秩.

定理2.5　矩阵的初等变换不改变矩阵的秩. 即若 $\boldsymbol{A}$ 与 $\boldsymbol{B}$ 等价,则 $r(\boldsymbol{A})=r(\boldsymbol{B})$.

证明略.

根据定理2.5,为求矩阵的秩,只要把矩阵经过初等行变换化为行阶梯形矩阵,行阶梯形矩阵中非零行的行数即为该矩阵的秩. 列变换也如此.

【例2.14】　设矩阵

$$\boldsymbol{A}=\begin{bmatrix}1 & 3 & -7 & -2\\ 2 & -1 & 2 & 3\\ 3 & 2 & 1 & 1\\ 1 & -4 & 9 & 5\end{bmatrix}$$

求 $r(\boldsymbol{A})$.

解　对 $\boldsymbol{A}$ 进行初等行变换化为阶梯形

$$\boldsymbol{A}=\begin{bmatrix}1 & 3 & -7 & -2\\ 2 & -1 & 2 & 3\\ 3 & 2 & 1 & 1\\ 1 & -4 & 9 & 5\end{bmatrix}\xrightarrow[r_4-r_1]{\substack{r_2-2r_1\\ r_3-3r_1}}\begin{bmatrix}1 & 3 & -7 & -2\\ 0 & -7 & 16 & 7\\ 0 & -7 & 22 & 7\\ 0 & -7 & 16 & 7\end{bmatrix}\xrightarrow{\substack{r_3-r_2\\ r_4-r_2}}\begin{bmatrix}1 & 3 & -7 & -2\\ 0 & -7 & 16 & 7\\ 0 & 0 & 6 & 0\\ 0 & 0 & 0 & 0\end{bmatrix}$$

所以 $r(\boldsymbol{A})=3$.

2.5　分块矩阵

2.5.1　分块矩阵

在理论研究和一些实际问题中,经常遇到行数和列数较高且结构特殊的矩阵,为了便于分析计算,常常把所讨论的矩阵用若干条横线或纵线分成一些小矩阵,这些小矩阵称为原矩阵的**子阵**或**子块**. 原矩阵分块后称为**分块矩阵**.

如,设矩阵

$$\boldsymbol{A}=\begin{bmatrix}a_{11} & a_{12} & a_{13}\\ a_{21} & a_{22} & a_{23}\\ a_{31} & a_{32} & a_{33}\\ a_{41} & a_{42} & a_{43}\end{bmatrix}$$

若令

$$\boldsymbol{A}_1=\begin{bmatrix}a_{11} & a_{12}\\ a_{21} & a_{22}\end{bmatrix},\quad \boldsymbol{A}_2=\begin{bmatrix}a_{13}\\ a_{23}\end{bmatrix},\quad \boldsymbol{A}_3=\begin{bmatrix}a_{31} & a_{32}\\ a_{41} & a_{42}\end{bmatrix},\quad \boldsymbol{A}_4=\begin{bmatrix}a_{33}\\ a_{43}\end{bmatrix}$$

则 $\boldsymbol{A}$ 可分块为

$$A = \begin{bmatrix} A_1 & A_2 \\ A_3 & A_4 \end{bmatrix}$$

若令

$$\boldsymbol{\alpha}_1 = [a_{11}, a_{12}, a_{13}], \quad \boldsymbol{\alpha}_2 = [a_{21}, a_{22}, a_{23}], \quad \boldsymbol{\alpha}_3 = [a_{31}, a_{32}, a_{33}], \quad \boldsymbol{\alpha}_4 = [a_{41}, a_{42}, a_{43}]$$

则 A 可分块为

$$A = \begin{bmatrix} \boldsymbol{\alpha}_1 \\ \boldsymbol{\alpha}_2 \\ \boldsymbol{\alpha}_3 \\ \boldsymbol{\alpha}_4 \end{bmatrix}$$

若令

$$\boldsymbol{\beta}_1 = \begin{bmatrix} a_{11} \\ a_{21} \\ a_{31} \\ a_{41} \end{bmatrix}, \quad \boldsymbol{\beta}_2 = \begin{bmatrix} a_{12} \\ a_{22} \\ a_{32} \\ a_{42} \end{bmatrix}, \quad \boldsymbol{\beta}_3 = \begin{bmatrix} a_{13} \\ a_{23} \\ a_{33} \\ a_{43} \end{bmatrix}$$

则 A 可分块为

$$A = [\boldsymbol{\beta}_1 \quad \boldsymbol{\beta}_2 \quad \boldsymbol{\beta}_3]$$

又如,设矩阵

$$A = \begin{bmatrix} 1 & 0 & 0 & 0 \\ 0 & 1 & 0 & 0 \\ 5 & 3 & -1 & 0 \\ -1 & 2 & 0 & -1 \end{bmatrix}$$

若令

$$A_1 = \begin{bmatrix} 5 & 3 \\ -1 & 2 \end{bmatrix}, \quad E_2 = \begin{bmatrix} 1 & 0 \\ 0 & 1 \end{bmatrix}, \quad O = \begin{bmatrix} 0 & 0 \\ 0 & 0 \end{bmatrix}$$

则原矩阵 A 可分块为

$$A = \begin{bmatrix} E_2 & O \\ A_1 & -E_2 \end{bmatrix}$$

2.5.2 分块矩阵的运算

分块矩阵的运算法则与普通矩阵的运算有类似之处,但要注意参与运算的矩阵的分块方式.

1. 分块矩阵的加法

设矩阵 A 与 B 是同型矩阵,且两矩阵的分块方式完全相同,有

$$\boldsymbol{A}=\begin{bmatrix}\boldsymbol{A}_{11} & \boldsymbol{A}_{12} & \cdots & \boldsymbol{A}_{1s}\\ \boldsymbol{A}_{21} & \boldsymbol{A}_{22} & \cdots & \boldsymbol{A}_{2s}\\ \vdots & \vdots & & \vdots\\ \boldsymbol{A}_{r1} & \boldsymbol{A}_{r2} & \cdots & \boldsymbol{A}_{rs}\end{bmatrix},\quad \boldsymbol{B}=\begin{bmatrix}\boldsymbol{B}_{11} & \boldsymbol{B}_{12} & \cdots & \boldsymbol{B}_{1s}\\ \boldsymbol{B}_{21} & \boldsymbol{B}_{22} & \cdots & \boldsymbol{B}_{2s}\\ \vdots & \vdots & & \vdots\\ \boldsymbol{B}_{r1} & \boldsymbol{B}_{r2} & \cdots & \boldsymbol{B}_{rs}\end{bmatrix}$$

其中 $\boldsymbol{A}_{ij}$ 与 $\boldsymbol{B}_{ij}$ 同型且分别为 $\boldsymbol{A},\boldsymbol{B}$ 的子块($i=1,2,\cdots,r;j=1,2,\cdots,s$),则

$$\boldsymbol{A}+\boldsymbol{B}=\begin{bmatrix}\boldsymbol{A}_{11}+\boldsymbol{B}_{11} & \boldsymbol{A}_{12}+\boldsymbol{B}_{12} & \cdots & \boldsymbol{A}_{1s}+\boldsymbol{B}_{1s}\\ \boldsymbol{A}_{21}+\boldsymbol{B}_{21} & \boldsymbol{A}_{22}+\boldsymbol{B}_{22} & \cdots & \boldsymbol{A}_{1s}+\boldsymbol{B}_{1s}\\ \vdots & \vdots & & \vdots\\ \boldsymbol{A}_{r1}+\boldsymbol{B}_{r1} & \boldsymbol{A}_{r2}+\boldsymbol{B}_{r2} & \cdots & \boldsymbol{A}_{rs}+\boldsymbol{B}_{rs}\end{bmatrix}$$

2. 数乘分块矩阵

用数 λ 乘一个分块矩阵时,等于用数 λ 去乘矩阵的每一个子块

$$\lambda\boldsymbol{A}=\lambda\begin{bmatrix}\boldsymbol{A}_{11} & \boldsymbol{A}_{12} & \cdots & \boldsymbol{A}_{1s}\\ \boldsymbol{A}_{21} & \boldsymbol{A}_{22} & \cdots & \boldsymbol{A}_{2s}\\ \vdots & \vdots & & \vdots\\ \boldsymbol{A}_{r1} & \boldsymbol{A}_{r2} & \cdots & \boldsymbol{A}_{rs}\end{bmatrix}=\begin{bmatrix}\lambda\boldsymbol{A}_{11} & \lambda\boldsymbol{A}_{12} & \cdots & \lambda\boldsymbol{A}_{1s}\\ \lambda\boldsymbol{A}_{21} & \lambda\boldsymbol{A}_{22} & \cdots & \lambda\boldsymbol{A}_{2s}\\ \vdots & \vdots & & \vdots\\ \lambda\boldsymbol{A}_{r1} & \lambda\boldsymbol{A}_{r2} & \cdots & \lambda\boldsymbol{A}_{rs}\end{bmatrix}$$

3. 分块矩阵的乘法

设 $\boldsymbol{A}$ 为 $m\times l$ 矩阵,$\boldsymbol{B}$ 为 $l\times n$ 矩阵,可分块成

$$\boldsymbol{A}=\begin{bmatrix}\boldsymbol{A}_{11} & \boldsymbol{A}_{12} & \cdots & \boldsymbol{A}_{1t}\\ \boldsymbol{A}_{21} & \boldsymbol{A}_{22} & \cdots & \boldsymbol{A}_{2t}\\ \vdots & \vdots & & \vdots\\ \boldsymbol{A}_{r1} & \boldsymbol{A}_{r2} & \cdots & \boldsymbol{A}_{rt}\end{bmatrix},\quad \boldsymbol{B}=\begin{bmatrix}\boldsymbol{B}_{11} & \boldsymbol{B}_{12} & \cdots & \boldsymbol{B}_{1s}\\ \boldsymbol{B}_{21} & \boldsymbol{B}_{22} & \cdots & \boldsymbol{B}_{2s}\\ \vdots & \vdots & & \vdots\\ \boldsymbol{B}_{t1} & \boldsymbol{B}_{t2} & \cdots & \boldsymbol{B}_{ts}\end{bmatrix}$$

其中 $\boldsymbol{A}_{i1},\boldsymbol{A}_{i2},\cdots,\boldsymbol{A}_{it}(i=1,2,\cdots,r)$ 的列数分别等于 $\boldsymbol{B}_{1j},\boldsymbol{B}_{2j},\cdots,\boldsymbol{B}_{tj}(j=1,2,\cdots,s)$ 的行数,则

$$\boldsymbol{AB}=\begin{bmatrix}\boldsymbol{C}_{11} & \boldsymbol{C}_{12} & \cdots & \boldsymbol{C}_{1s}\\ \boldsymbol{C}_{21} & \boldsymbol{C}_{22} & \cdots & \boldsymbol{C}_{2s}\\ \vdots & \vdots & & \vdots\\ \boldsymbol{C}_{r1} & \boldsymbol{C}_{r2} & \cdots & \boldsymbol{C}_{rs}\end{bmatrix}$$

其中 $\boldsymbol{C}_{ij}=\sum\limits_{k=1}^{t}\boldsymbol{A}_{ik}\boldsymbol{B}_{kj}(i=1,2,\cdots,r;j=1,2,\cdots,s)$.

4. 分块矩阵的转置

设矩阵 $\boldsymbol{A}$ 可分块为

$$\boldsymbol{A}=\begin{bmatrix}\boldsymbol{A}_{11} & \boldsymbol{A}_{12} & \cdots & \boldsymbol{A}_{1t}\\ \boldsymbol{A}_{21} & \boldsymbol{A}_{22} & \cdots & \boldsymbol{A}_{2t}\\ \vdots & \vdots & & \vdots\\ \boldsymbol{A}_{r1} & \boldsymbol{A}_{r2} & \cdots & \boldsymbol{A}_{rt}\end{bmatrix}$$

则矩阵 $\boldsymbol{A}$ 的转置矩阵 $\boldsymbol{A}^{\mathrm{T}}$ 为

$$\boldsymbol{A}^{\mathrm{T}}=\begin{bmatrix}\boldsymbol{A}_{11}^{\mathrm{T}} & \boldsymbol{A}_{21}^{\mathrm{T}} & \cdots & \boldsymbol{A}_{r1}^{\mathrm{T}}\\ \boldsymbol{A}_{12}^{\mathrm{T}} & \boldsymbol{A}_{22}^{\mathrm{T}} & \cdots & \boldsymbol{A}_{r2}^{\mathrm{T}}\\ \vdots & \vdots & & \vdots\\ \boldsymbol{A}_{1t}^{\mathrm{T}} & \boldsymbol{A}_{2t}^{\mathrm{T}} & \cdots & \boldsymbol{A}_{rt}^{\mathrm{T}}\end{bmatrix}$$

5. 分块对角矩阵

设 $\boldsymbol{A}$ 为 n 阶矩阵,若 $\boldsymbol{A}$ 的分块矩阵只在对角线上有非零子块,其余子块都为零矩阵,且在对角线上的子块都是方阵,即

$$\boldsymbol{A}=\begin{bmatrix}\boldsymbol{A}_1 & & & \\ & \boldsymbol{A}_2 & & \\ & & \ddots & \\ & & & \boldsymbol{A}_s\end{bmatrix}$$

其中 $\boldsymbol{A}_i(i=1,2,\cdots,s)$ 都是方阵,那么称 $\boldsymbol{A}$ 为**分块对角矩阵**.

分块对角矩阵的行列式具有下述性质:

$$|\boldsymbol{A}|=|\boldsymbol{A}_1||\boldsymbol{A}_2|\cdots|\boldsymbol{A}_s|$$

由此性质可知,若 $|\boldsymbol{A}_i|\neq 0(i=1,2,\cdots,s)$,则 $|\boldsymbol{A}|\neq 0$,并有

$$\boldsymbol{A}^{-1}=\begin{bmatrix}\boldsymbol{A}_1^{-1} & & & \\ & \boldsymbol{A}_2^{-1} & & \\ & & \ddots & \\ & & & \boldsymbol{A}_s^{-1}\end{bmatrix}$$

【例 2.15】 设矩阵

$$\boldsymbol{A}=\begin{bmatrix}1 & 0 & -2 & 0\\ 0 & 1 & 0 & -2\\ 0 & 0 & 5 & 3\end{bmatrix},\quad \boldsymbol{B}=\begin{bmatrix}3 & 0 & -2\\ 1 & 2 & 0\\ 0 & 1 & 0\\ 0 & 0 & 1\end{bmatrix}$$

将矩阵适当分块后计算 $\boldsymbol{AB}$.

解 令 $\boldsymbol{A}_1=[5,3]$,则 $\boldsymbol{A}$ 可分块为

$$A=\begin{bmatrix}E_2 & -2E_2\\ O_{1\times 2} & A_1\end{bmatrix}$$

其中 E_2 为二阶单位矩阵, $O_{1\times 2}$ 为 1×2 的零矩阵.

令 $B_1=\begin{bmatrix}3\\1\end{bmatrix}$, $B_2=\begin{bmatrix}0 & -2\\2 & 0\end{bmatrix}$,则 B 可分块为

$$B=\begin{bmatrix}B_1 & B_2\\ O_{2\times 1} & E_2\end{bmatrix}$$

所以

$$AB=\begin{bmatrix}B_1 & B_2-2E_2\\ O_{1\times 1} & A_1\end{bmatrix}=\begin{bmatrix}3 & -2 & -2\\1 & 2 & -2\\0 & 5 & 3\end{bmatrix}$$

【例 2.16】 设有分块矩阵

$$Q=\begin{bmatrix}A & C\\ O & B\end{bmatrix}$$

其中 A 为 m 阶可逆矩阵, C 为 $m\times n$ 矩阵, O 为 $n\times m$ 矩阵, B 为 n 阶可逆矩阵,证明矩阵 Q 可逆,并求 Q^{-1}.

证明 因为 $|A|\neq 0$, $|B|\neq 0$,所以

$$|Q|=\begin{vmatrix}A & C\\ O & B\end{vmatrix}=|A||B|\neq 0$$

故 Q 可逆,设

$$Q^{-1}=\begin{bmatrix}X & Y\\ Z & W\end{bmatrix}$$

其中 X,W 分别为与 A,B 同阶的方阵,则由

$$QQ^{-1}=\begin{bmatrix}A & C\\ O & B\end{bmatrix}\begin{bmatrix}X & Y\\ Z & W\end{bmatrix}=E$$

即

$$\begin{bmatrix}AX+CZ & AY+CW\\ BZ & BW\end{bmatrix}=\begin{bmatrix}E_m & O_{m\times n}\\ O_{n\times m} & E_n\end{bmatrix}$$

所以

$$\begin{cases}AX+CZ=E_m\\ AY+CW=O_{m\times n}\\ BZ=O_{n\times m}\\ BW=E_n\end{cases}$$

易知

$$\begin{cases} \boldsymbol{X} = \boldsymbol{A}^{-1} \\ \boldsymbol{Y} = -\boldsymbol{A}^{-1}\boldsymbol{C}\boldsymbol{B}^{-1} \\ \boldsymbol{Z} = \boldsymbol{O} \\ \boldsymbol{W} = \boldsymbol{B}^{-1} \end{cases}$$

因此

$$\boldsymbol{Q}^{-1} = \begin{bmatrix} \boldsymbol{A}^{-1} & -\boldsymbol{A}^{-1}\boldsymbol{C}\boldsymbol{B}^{-1} \\ \boldsymbol{O} & \boldsymbol{B}^{-1} \end{bmatrix}$$

特别地,如果 $\boldsymbol{C}_{m\times n} = \boldsymbol{O}_{m\times n}$,则

$$\begin{bmatrix} \boldsymbol{A} & \boldsymbol{O}_{m\times n} \\ \boldsymbol{O}_{n\times m} & \boldsymbol{B} \end{bmatrix}^{-1} = \begin{bmatrix} \boldsymbol{A}^{-1} & \boldsymbol{O}_{m\times n} \\ \boldsymbol{O}_{n\times m} & \boldsymbol{B}^{-1} \end{bmatrix}$$

【例 2.17】 设

$$\boldsymbol{A} = \begin{bmatrix} 5 & 2 & 0 & 0 \\ 2 & 1 & 0 & 0 \\ 0 & 0 & 1 & -2 \\ 0 & 0 & 1 & 1 \end{bmatrix}$$

求 $\boldsymbol{A}^{-1}$.

解 矩阵 $\boldsymbol{A}$ 可分块为$\begin{bmatrix} \boldsymbol{A}_1 & \boldsymbol{O} \\ \boldsymbol{O} & \boldsymbol{B}_1 \end{bmatrix}$,其中

$$\boldsymbol{A}_1 = \begin{bmatrix} 5 & 2 \\ 2 & 1 \end{bmatrix}, \quad \boldsymbol{B}_1 = \begin{bmatrix} 1 & -2 \\ 1 & 1 \end{bmatrix}, \quad \boldsymbol{O} = \begin{bmatrix} 0 & 0 \\ 0 & 0 \end{bmatrix}$$

易得

$$\boldsymbol{A}_1^{-1} = \begin{bmatrix} 1 & -2 \\ -2 & 5 \end{bmatrix}, \quad \boldsymbol{B}_1^{-1} = \begin{bmatrix} \frac{1}{3} & \frac{2}{3} \\ -\frac{1}{3} & \frac{1}{3} \end{bmatrix}$$

所以

$$\boldsymbol{A}^{-1} = \begin{bmatrix} 1 & -2 & 0 & 0 \\ -2 & 5 & 0 & 0 \\ 0 & 0 & \frac{1}{3} & \frac{2}{3} \\ 0 & 0 & -\frac{1}{3} & \frac{1}{3} \end{bmatrix}$$

仿照例2.16,对于分块矩阵 $\boldsymbol{P}=\begin{bmatrix}\boldsymbol{A} & \boldsymbol{O}\\ \boldsymbol{C} & \boldsymbol{B}\end{bmatrix}$,其中 $\boldsymbol{A}$ 为 m 阶可逆矩阵,$\boldsymbol{C}$ 为 $n\times m$ 矩阵,$\boldsymbol{O}$ 为 $m\times n$ 矩阵,$\boldsymbol{B}$ 为 n 阶可逆矩阵,则 $\boldsymbol{P}$ 一定可逆,并可求出

$$\boldsymbol{P}^{-1}=\begin{bmatrix}\boldsymbol{A}^{-1} & \boldsymbol{O}\\ -\boldsymbol{B}^{-1}\boldsymbol{C}\boldsymbol{A}^{-1} & \boldsymbol{B}^{-1}\end{bmatrix}$$

2.6　经济应用实例:城市通达与信息编码问题

2.6.1　不同地点(城市)的通达问题

矩阵的运算还可以表示不同地点(城市)的通达情况. 在国际象棋里,马在棋盘上是走"L"步的,它可以水平走2格,垂直走1格;或者垂直走2格,水平走1格. 假设马被限制在以下9个编号的格子里.

1	2	3
4	5	6
7	8	9

若马可以从第 i 格走到第 j 格中去,则令 $m_{ij}=1$,否则令 $m_{ij}=0(i=1,2,\cdots,9;j=1,2,\cdots,9)$. 由于马既可以前进,又可以后退,则 $\boldsymbol{M}$ 是对称矩阵. 即

$$\boldsymbol{M}=\begin{bmatrix}0&0&0&0&0&1&0&1&0\\0&0&0&0&0&0&1&0&1\\0&0&0&1&0&0&0&1&0\\0&0&1&0&0&0&0&0&1\\0&0&0&0&0&0&0&0&0\\1&0&0&0&0&0&1&0&0\\0&1&0&0&0&1&0&0&0\\1&0&1&0&0&0&0&0&0\\0&1&0&1&0&0&0&0&0\end{bmatrix}$$

则 $\boldsymbol{M}^2$ 表示马可经2步间接到达的情况,$\boldsymbol{M}^3$ 表示马可经3步间接到达的情况,…,$\boldsymbol{M}^k$ 表示马可经 $k(k=1,2,\cdots)$ 步间接到达的情况,则 $\boldsymbol{M}+\boldsymbol{M}^2$ 表示马经2步可以直接和间接到达的情况,$\boldsymbol{M}+\boldsymbol{M}^2+\boldsymbol{M}^3$ 表示马经3步可以直接和间接到达的情况,…,$\boldsymbol{M}+\boldsymbol{M}^2+\boldsymbol{M}^3+\cdots+\boldsymbol{M}^k(k=1,2,\cdots)$ 表示马经 k 步可以直接和间接到达的情况,其中位于第 i 行第 j 列的数字表示在 k 步内马

可以从第 i 格到第 j 格的不同(直接和间接)走法. 经计算

$$M+M^2+M^3=\begin{bmatrix}2&1&1&1&0&4&1&4&0\\1&2&1&1&0&1&4&0&4\\1&1&2&4&0&1&0&4&1\\1&1&4&2&0&0&1&1&4\\0&0&0&0&0&0&0&0&0\\4&1&1&0&0&2&4&1&1\\1&4&0&1&0&4&2&1&1\\4&0&4&1&0&1&1&2&1\\0&4&1&4&0&1&1&1&2\end{bmatrix}$$

这说明,在3步内,除了格子5之外,还有格子之间不可互相到达. 但是

$$M+M^2+M^3+M^4=\begin{bmatrix}8&1&5&1&0&4&5&4&2\\1&8&1&5&0&5&4&2&4\\5&1&8&4&0&1&2&4&5\\1&5&4&8&0&2&1&5&4\\0&0&0&0&0&0&0&0&0\\4&5&1&2&0&8&4&5&1\\5&4&2&1&0&4&8&1&5\\4&2&4&5&0&5&1&8&1\\2&4&5&4&0&1&5&1&8\end{bmatrix}$$

这说明,在4步内除了格子5之外,其余格子均互相到达,对应的数字表示达到的通路数目. 由于 M,M^2,M^3,M^4 中第5行与第5列的元素全为0,再继续计算下去 M^5 中第5行与第5列的元素也全为0,因此格子5与其他格子不能通达;其实由 M 中第5行与第5列的元素全为0,可以推得对任意整数 $k\geqslant 0$,都有 M^k 中第5行与第5列的元素全为0,进而 $M+M^2+M^3+\cdots+M^k$ $(k=1,2,\cdots)$ 中第5行与第5列的元素全为0,故格子5与其他格子不能通达. 因此,这种方法也可以用来研究一般交通路线的通达情况.

2.6.2 逆矩阵的应用

密码法是信息编码与解码的技巧,其中有一种是基于逆矩阵的方法. 如,先在26个英文字母与数字间建立如下对应关系

$$\begin{matrix}A&B&C&\cdots&X&Y&Z\\\updownarrow&\updownarrow&\updownarrow&\cdots&\updownarrow&\updownarrow&\updownarrow\\1&2&3&\cdots&24&25&26\end{matrix}$$

若要发出信息 finish,使用上述代码,则此信息的编码是:6,9,14,9,19,8.

可以写成两个向量 $\boldsymbol{b}_1=\begin{bmatrix}6\\9\\14\end{bmatrix}$，$\boldsymbol{b}_2=\begin{bmatrix}9\\19\\8\end{bmatrix}$，或者写成一个矩阵 $\boldsymbol{B}=\begin{bmatrix}6&9\\9&19\\14&8\end{bmatrix}$.

设矩阵

$$\boldsymbol{A}=\begin{bmatrix}2&2&3\\1&-1&0\\-1&2&1\end{bmatrix}$$

于是，将要发出的信息向量（或矩阵）经乘以 $\boldsymbol{A}$ 变成“密码”后发出

$$\boldsymbol{A}\boldsymbol{b}_1=\begin{bmatrix}2&2&3\\1&-1&0\\-1&2&1\end{bmatrix}\begin{bmatrix}6\\9\\14\end{bmatrix}=\begin{bmatrix}72\\-3\\26\end{bmatrix},\quad \boldsymbol{A}\boldsymbol{b}_2=\begin{bmatrix}2&2&3\\1&-1&0\\-1&2&1\end{bmatrix}\begin{bmatrix}9\\19\\8\end{bmatrix}=\begin{bmatrix}80\\-10\\37\end{bmatrix}$$

或者

$$\boldsymbol{A}\boldsymbol{B}=\begin{bmatrix}2&2&3\\1&-1&0\\-1&2&1\end{bmatrix}\begin{bmatrix}6&9\\9&19\\14&8\end{bmatrix}=\begin{bmatrix}72&80\\-3&-10\\26&37\end{bmatrix}$$

在收到信息 $\begin{bmatrix}72&80\\-3&-10\\26&37\end{bmatrix}$ 后，可予以解码（这里可逆矩阵 $\boldsymbol{A}$ 是事先约定好的，称 $\boldsymbol{A}$ 为解密的钥匙，或者称为“密匙”）. 即 $\boldsymbol{A}$ 的逆矩阵

$$\boldsymbol{A}^{-1}=\begin{bmatrix}1&-4&-3\\1&-5&-3\\-1&6&4\end{bmatrix}$$

从密码中恢复明码

$$\boldsymbol{A}^{-1}\begin{bmatrix}72\\-3\\26\end{bmatrix}=\begin{bmatrix}1&-4&-3\\1&-5&-3\\-1&6&4\end{bmatrix}\begin{bmatrix}72\\-3\\26\end{bmatrix}=\begin{bmatrix}6\\9\\14\end{bmatrix},\quad \boldsymbol{A}^{-1}\begin{bmatrix}80\\-10\\37\end{bmatrix}=\begin{bmatrix}1&-4&-3\\1&-5&-3\\-1&6&4\end{bmatrix}\begin{bmatrix}80\\-10\\37\end{bmatrix}=\begin{bmatrix}9\\19\\8\end{bmatrix}$$

或者

$$\boldsymbol{A}^{-1}\begin{bmatrix}72&80\\-3&-10\\26&37\end{bmatrix}=\begin{bmatrix}1&-4&-3\\1&-5&-3\\-1&6&4\end{bmatrix}\begin{bmatrix}72&80\\-3&-10\\26&37\end{bmatrix}=\begin{bmatrix}6&9\\9&19\\14&8\end{bmatrix}$$

反过来查表

$$\begin{array}{ccccccc}1&2&3&\cdots&24&25&26\\\updownarrow&\updownarrow&\updownarrow&\cdots&\updownarrow&\updownarrow&\updownarrow\\\text{A}&\text{B}&\text{C}&\cdots&\text{X}&\text{Y}&\text{Z}\end{array}$$

即可得到信息 finish.

延伸阅读1:矩阵理论发展简史

矩阵是数学中的一个重要的基本概念,是代数学的一个主要研究对象,也是数学研究和应用的一个重要工具."矩阵"这个词是由詹姆士·西尔维斯特(J. Sylvester,1814 ~ 1897)首先使用的,他是为了将数字的矩形阵列区别于行列式而发明了这个述语.而实际上,矩阵这个课题在诞生之前就已经发展得很好了.从行列式的大量工作中明显地表现出来,不管行列式的值是否与问题有关,方阵本身都可以研究和使用,矩阵的许多基本性质也是在行列式的发展中建立起来的.在逻辑上,矩阵的概念应先于行列式的概念,然而在历史上次序正好相反.

英国数学家凯莱*(A. Cayley,1821 ~ 1895)一般被公认为是矩阵论的创立者,因为他首先把矩阵作为一个独立的数学概念提出来,并首先发表了关于这个题目的一系列文章.凯莱同研究线性变换下的不变量相结合,首先引进矩阵以简化记号. 1858年,他发表了关于这一课题的第一篇论文《矩阵论的研究报告》,系统地阐述了关于矩阵的理论.文中他定义了矩阵的相等、矩阵的运算法则、矩阵的转置以及矩阵的逆等一系列基本概念,指出了矩阵加法的可交换性与可结合性.另外,凯莱还给出了方阵的特征方程和特征根(特征值)以及有关矩阵的一些基本结果.

1855年,法国数学家埃尔米特(C. Hermite,1822 ~ 1901)证明了别的数学家发现的一些矩阵类的特征根的特殊性质,如现在称为埃尔米特矩阵的特征根性质等.后来,克莱布什(A. Clebsch,1833 ~ 1872)、布克海姆(A. Buchheim)等证明了对称矩阵的特征根性质.泰伯

---

* **数学家小传**

凯莱(A. Cayley,1821 ~ 1895),英国数学家,英国纯粹数学的近代学派带头人,被公认为矩阵论的创立者.1821年8月16日生于萨里郡里士满,1895年1月26日卒于剑桥.1839年入剑桥大学三一学院学习,1842年毕业,1846年入林肯法律协会学习并于1849年成为律师.在这段作为大律师的时间里,他发表了近300篇数学论文,其中许多工作现在看来仍是第一流和具有开创性的.1863年他被任为剑桥大学纯粹数学的第一个萨德勒教授,直至逝世.

凯莱作为矩阵论的创立者,他首先把矩阵作为独立的数学概念提出,并发表了此课题的系列文章.他在1855年引入了矩阵的概念,定义了矩阵的运算,零矩阵和单位矩阵,逆矩阵等;在1858年发表了关于这个课题的第一篇重要文章《矩阵论的研究报告》,系统地阐述了关于矩阵的理论.另外,凯莱还给出了方阵的特征方程和特征根(特征值)以及有关矩阵的一些基本结果.

凯莱是极丰产的数学家,在数学、理论力学、天文学方面发表了近千篇论文,他的数学论文几乎涉及纯粹数学的所有理论,收集在共有14卷的《凯莱数学论文集》中,并著有《椭圆函数专论》一书.凯莱在劝说剑桥大学接受女学生中起了很大作用,他一生中得到过他那个时代一个科学家可能得到的每一个荣誉.

(H. Taber) 引入了矩阵的迹的概念并给出了一些有关的结论.

在矩阵论的发展史上,弗罗伯纽斯(G. Frobenius,1849 ~ 1917) 的贡献是不可磨灭的. 他讨论了最小多项式问题,引进了矩阵的秩、不变因子和初等因子、正交矩阵、矩阵的相似变换、合同矩阵等概念,以合乎逻辑的形式整理了不变因子和初等因子的理论,并讨论了正交矩阵与合同矩阵的一些重要性质. 1854 年, 约当研究了矩阵化为标准形的问题. 1892 年, 梅茨勒(H. Metzler) 引进了矩阵的超越函数概念并将其写成矩阵的幂级数的形式. 傅里叶、西尔和庞加莱的著作中还讨论了无限阶矩阵问题,这主要是适用方程发展的需要而开始的.

矩阵本身所具有的性质依赖于元素的性质,矩阵由最初作为一种工具经过两个多世纪的发展,现在已成为独立的一门数学分支 —— 矩阵论. 随着现代数字计算机的发展,矩阵又有了新的含义,矩阵及其理论现已广泛地应用于现代科技的各个领域.

延伸阅读 2:幻方

幻方在传统上视为趣味数学,幻方在我国最早记载于公元前约 650 年,据说夏禹治水时,河南洛阳附近的大河浮出一只乌龟,背上有一个很奇怪的图形,视为吉祥,这个图案视为"洛书",将"洛书"上的星点图案用数字表出,形成所谓的九宫格或九宫数、九宫洛书蕴含遁甲的布阵之道,九宫之数源于易经.

幻方的定义是,若用$\{1, 2, \cdots, n^2\}$组成一个$n \times n$的方阵,记为M_n,使得M_n的n个行和全部相等,n个列和也全部相等,同时要求主对角线元素的和及副对角线元素的和均等于行(列) 和,满足上面条件的矩阵M_n称为幻方. 著名的洛书方为$\begin{bmatrix} 4 & 9 & 2 \\ 3 & 5 & 7 \\ 8 & 1 & 6 \end{bmatrix}$,它的行和、列和、对角线元素和及副对角线元素和均为 15.

由幻方的定义,一个n阶幻方的行(列) 和等于$\frac{1}{n}(1 + 2 + \cdots + n^2) = \frac{n(n^2 + 1)}{2}$.

理论已证明,除了$n = 2$之外,一切自然数n都存在相应的幻方,且对于给定的n,对应的幻方不唯一. 如:

$$\begin{bmatrix} 2 & 7 & 6 \\ 9 & 5 & 1 \\ 4 & 3 & 8 \end{bmatrix}, \begin{bmatrix} 6 & 1 & 8 \\ 7 & 5 & 3 \\ 2 & 9 & 4 \end{bmatrix}, \begin{bmatrix} 8 & 3 & 4 \\ 1 & 5 & 9 \\ 6 & 7 & 2 \end{bmatrix}, \begin{bmatrix} 4 & 9 & 2 \\ 3 & 5 & 7 \\ 8 & 1 & 6 \end{bmatrix}$$

$$\begin{bmatrix} 4 & 3 & 8 \\ 9 & 5 & 1 \\ 2 & 7 & 6 \end{bmatrix}, \begin{bmatrix} 2 & 9 & 4 \\ 7 & 5 & 3 \\ 6 & 1 & 8 \end{bmatrix}, \begin{bmatrix} 6 & 7 & 2 \\ 1 & 5 & 9 \\ 8 & 3 & 4 \end{bmatrix}, \begin{bmatrix} 8 & 1 & 6 \\ 3 & 5 & 7 \\ 4 & 9 & 2 \end{bmatrix}$$

从上面三阶幻方,可以发现:

(1) 数字“5”永远在矩阵的中心,它是1,2,…,9的中心数.

(2) 幻方的四个角的数字均为偶数;中心行和中心列的元素均为奇数.

幻方的这些神奇特性,不仅引起数学家的重视,而且与易经的研究有关,著名中国古代数学家杨辉称幻方为“纵横图”,给出了构造幻方的方法,并编制出3~10阶幻方,记录在他1257年编写的《续古摘听算法》一书中.由于幻方起源于中国,中国人对它有特殊的兴趣,近代成立了“中国幻方研究协会”,出版了《中国幻方》专刊.

世界上其他国家对幻方的奇妙特性也十分崇拜.在伊朗的石碑上发现从中国元代(1206~1368)流传过去的6阶幻方.在印度的寺庙中发现有3阶和4阶的幻方,后者为

$$\begin{bmatrix} 16 & 3 & 2 & 13 \\ 5 & 10 & 11 & 8 \\ 9 & 6 & 7 & 12 \\ 4 & 15 & 14 & 1 \end{bmatrix}$$

欧洲最早的幻方是在德国文艺复兴时代著名画家杜勒(Albrecht Dure)的《忧郁》名画中,上面有一个4阶幻方,幻方中的1514正好是这幅画制作的年代.

习题二

1. 设

$$\boldsymbol{A}=\begin{bmatrix} 5 & -2 & 3 \\ 1 & -3 & 4 \end{bmatrix},\quad \boldsymbol{B}=\begin{bmatrix} 1 & 2 & -1 \\ 3 & 4 & -2 \end{bmatrix}$$

求(1)$2\boldsymbol{A}+\boldsymbol{B}$;(2)$3\boldsymbol{A}-2\boldsymbol{B}$.

2. 已知

$$\boldsymbol{A}=\begin{bmatrix} 3 & -1 & 2 \\ 1 & 5 & 7 \\ 5 & 4 & -3 \end{bmatrix},\quad \boldsymbol{B}=\begin{bmatrix} 7 & 5 & -4 \\ 5 & 1 & 9 \\ 3 & -2 & 1 \end{bmatrix}$$

且$\boldsymbol{A}+2\boldsymbol{X}=\boldsymbol{B}$,求$\boldsymbol{X}$.

3. 设

$$\boldsymbol{A}=\begin{bmatrix} 2 & -2 & 4 \\ 0 & 3 & 1 \\ 1 & 2 & 5 \end{bmatrix},\quad \boldsymbol{B}=\begin{bmatrix} -3 & 1 & 0 \\ 2 & 0 & 1 \\ 0 & -1 & 3 \end{bmatrix}$$

求(1)$2\boldsymbol{A}+3\boldsymbol{B}$;(2)$\boldsymbol{A}^{\mathrm{T}}\boldsymbol{B}$.

4. 计算下列矩阵的乘积:

(1) $\begin{bmatrix} 1 & 2 \\ 4 & 3 \\ -1 & 2 \end{bmatrix} \begin{bmatrix} -2 & 0 \\ 3 & 4 \end{bmatrix}$;　　(2) $\begin{bmatrix} 3 \\ 2 \\ 1 \end{bmatrix} [1,2,3]$;

(3) $\begin{bmatrix} 1 & -1 & 1 \\ 2 & 0 & 1 \\ 3 & 1 & -2 \end{bmatrix} \begin{bmatrix} 1 & 1 \\ 0 & 1 \\ 1 & 0 \end{bmatrix}$;　　(4) $\begin{bmatrix} 1 & 0 & 0 \\ -2 & 3 & 2 \\ 4 & 1 & 5 \end{bmatrix} \begin{bmatrix} -3 & 1 & 0 \\ 2 & 0 & 1 \\ 0 & -1 & 3 \end{bmatrix}$;

(5) $\begin{bmatrix} 1 & -2 & -3 \\ 2 & -1 & 0 \end{bmatrix} \begin{bmatrix} 2 & 3 \\ 1 & -2 \\ 3 & 1 \end{bmatrix}$;　　(6) $[1,-1,2] \begin{bmatrix} -1 & 2 & 0 \\ 0 & 1 & 1 \\ 3 & 0 & 1 \end{bmatrix} \begin{bmatrix} 2 \\ -1 \\ 2 \end{bmatrix}$;

(7) $\begin{bmatrix} 2 & 1 & 2 \\ 3 & 0 & 1 \\ -1 & -1 & 1 \end{bmatrix}^2$;　　(8) $\begin{bmatrix} 3 & 0 & 0 \\ 0 & -2 & 0 \\ 0 & 0 & 4 \end{bmatrix}^3$.

5. 四个工厂均能生产甲、乙、丙三种产品,其单位成本见表 2.2.

表 2.2　四个工厂 3 种产品的单位成本　　元

工厂＼产品	甲	乙	丙
1	2	4	7
2	3	5	6
3	4	5	8
4	3	4	6

现要生产甲产品 400 件,乙产品 500 件,丙产品 300 件,问由哪个工厂生产总成本最低?

6. 设 $\boldsymbol{A} = \begin{bmatrix} 1 & 1 & 0 & 0 \\ 0 & 1 & 1 & 0 \\ 0 & 0 & 1 & 1 \\ 0 & 0 & 0 & 1 \end{bmatrix}$,求 $\boldsymbol{A}^2, \boldsymbol{A}^3$.

7. 设 $\boldsymbol{A} = \begin{bmatrix} 1 & 0 \\ -1 & 1 \end{bmatrix}$,验证 $\boldsymbol{A}^2 = 2\boldsymbol{A} - \boldsymbol{E}_2$,并求 $\boldsymbol{A}^{100}$.

8. 计算下列矩阵的乘方,其中 n 为正整数,且 $abc \neq 0$:

(1) $\begin{bmatrix} 1 & 0 \\ 1 & 1 \end{bmatrix}^n$;　　(2) $\begin{bmatrix} a & 0 & 0 \\ 0 & -b & 0 \\ 0 & 0 & c \end{bmatrix}^n$.

9. 设 $\boldsymbol{A} = \begin{bmatrix} 1 & 1 \\ 0 & 1 \end{bmatrix}$,求所有与 $\boldsymbol{A}$ 可交换的矩阵.

10. 某公司为了技术更新,计划对职工进行脱产轮训. 已知该公司现有2 000人正在脱产轮训,而不脱产职工有8 000人. 若每年从不脱产职工中抽调30% 的人脱产轮训,同时又有60%脱产轮训职工结业回到生产岗位. 设职工总数不变,问一年后不脱产职工与脱产职工各多少人? 两年后又如何?

11. 设某港口在10月份出口到三个地区的两种货物及两种货物的单位价格、单位质量、单位体积见表2.3.

表2.3 某港口10月份出口货物情况

地区 / 货物	出口量/件			单位价格/万元	单位质量/吨	单位体积/立方米
	美国	英国	法国			
1	2 000	1 000	1 600	0.2	0.03	0.12
2	1 200	1 300	1 500	0.4	0.05	0.18

利用矩阵乘法计算经该港口出口到三个地区的货物总价值、总质量、总体积各为多少?

12. 设$\boldsymbol{A}$与$\boldsymbol{B}$均为n阶方阵,且满足

$$\boldsymbol{A}^2=\boldsymbol{A},\quad \boldsymbol{B}^2=\boldsymbol{B},\quad (\boldsymbol{A}+\boldsymbol{B})^2=\boldsymbol{A}+\boldsymbol{B}$$

证明$\boldsymbol{AB}=\boldsymbol{O}$.

13. 设$\boldsymbol{A},\boldsymbol{B}$为$n$阶对称矩阵,证明$2\boldsymbol{A}+3\boldsymbol{B},\boldsymbol{A}^2,\boldsymbol{B}^2$皆为对称矩阵.

14. 设$\boldsymbol{A},\boldsymbol{B}$为$n$阶对称矩阵,证明$\boldsymbol{AB}$是对称矩阵的充分必要条件是$\boldsymbol{AB}=\boldsymbol{BA}$.

15. 已知

$$\boldsymbol{A}=\begin{bmatrix}1 & 2 & 3 & 4\\ -2 & 1 & -4 & 3\\ -3 & 4 & 1 & -2\\ -4 & -3 & 2 & 1\end{bmatrix}$$

求(1)$\boldsymbol{AA}^{\mathrm{T}}$;(2)$|\boldsymbol{A}|$.

16. 设$\boldsymbol{A},\boldsymbol{B},\boldsymbol{C}$为$n$阶矩阵,$\boldsymbol{E}$为$n$阶单位矩阵,判断下述结果是否正确,如果正确,请证明;如果不正确,请举出反例.

(1)$\boldsymbol{A}^2-\boldsymbol{E}=(\boldsymbol{A}+\boldsymbol{E})(\boldsymbol{A}-\boldsymbol{E})$;

(2) 如果$\boldsymbol{CA}=\boldsymbol{CB}$,且$\boldsymbol{C}\neq\boldsymbol{O}$,则$\boldsymbol{A}=\boldsymbol{B}$;

(3) 如果$\boldsymbol{A}^2=\boldsymbol{A}$,则$\boldsymbol{A}=\boldsymbol{O}$或$\boldsymbol{A}=\boldsymbol{E}$;

(4) $(\boldsymbol{AB})^k=\boldsymbol{A}^k\boldsymbol{B}^k$;

(5) $|(\boldsymbol{AB})^k|=|\boldsymbol{A}|^k\,|\boldsymbol{B}|^k$;

(6) $|\boldsymbol{A}^{\mathrm{T}}+\boldsymbol{B}^{\mathrm{T}}|=|\boldsymbol{A}+\boldsymbol{B}|$;

(7) $|-\boldsymbol{A}|=-|\boldsymbol{A}|$;

(8) $r(\boldsymbol{A}) = r(\boldsymbol{A}^{\mathrm{T}})$.

17. 设 $\boldsymbol{A} = \begin{bmatrix} 2 & 1 \\ 3 & 4 \end{bmatrix}$, $\boldsymbol{B} = \begin{bmatrix} -2 & -3 \\ 1 & 2 \end{bmatrix}$, 验证 $(\boldsymbol{AB})^{-1} = \boldsymbol{B}^{-1}\boldsymbol{A}^{-1}$.

18. 求下列矩阵的逆矩阵:

(1) $\begin{bmatrix} 0 & 1 \\ 1 & 2 \end{bmatrix}$; (2) $\begin{bmatrix} 3 & 2 & 1 \\ 3 & 1 & 5 \\ 3 & 2 & 3 \end{bmatrix}$; (3) $\begin{bmatrix} 2 & 2 & 3 \\ 1 & -1 & 0 \\ -1 & -2 & 1 \end{bmatrix}$;

(4) $\begin{bmatrix} 3 & -1 & 0 \\ -2 & 1 & 1 \\ 2 & -1 & 4 \end{bmatrix}$; (5) $\begin{bmatrix} 0 & 2 & 1 \\ 1 & 1 & 2 \\ -1 & -1 & -1 \end{bmatrix}$; (6) $\begin{bmatrix} 1 & 0 & 0 & 0 \\ 1 & 2 & 0 & 0 \\ 2 & 1 & 3 & 0 \\ 1 & 2 & 1 & 3 \end{bmatrix}$.

19. 今有甲、乙两种产品销往A、B两地. 已知销售量、总价值与总利润如表2.4所示, 求甲、乙两种产品的单位价格与单位利润.

表2.4 产品的销售量、总价值与总利润

销售量/吨		销售地		总价值/万元	总利润/万元
		A	B		
产品	甲	200	240	600	68
	乙	350	300	870	95

20. 设矩阵 $\boldsymbol{A} = \begin{bmatrix} 4 & 2 & 3 \\ 1 & 1 & 0 \\ -1 & 2 & 3 \end{bmatrix}$ 且 $\boldsymbol{AB} = \boldsymbol{A} + 2\boldsymbol{B}$, 求矩阵 $\boldsymbol{B}$.

21. 解下列矩阵方程:

(1) $\boldsymbol{X}\begin{bmatrix} 1 & 1 & -1 \\ 0 & 2 & 2 \\ 1 & -1 & 0 \end{bmatrix} = \begin{bmatrix} 1 & -1 & 1 \\ 1 & 1 & 0 \end{bmatrix}$; (2) $\begin{bmatrix} 0 & 1 & 0 \\ 1 & 0 & 0 \\ 0 & 0 & 1 \end{bmatrix}\boldsymbol{X}\begin{bmatrix} 1 & 0 & 0 \\ 0 & 0 & 1 \\ 0 & 1 & 0 \end{bmatrix} = \begin{bmatrix} 1 & -4 & 3 \\ 2 & 0 & -1 \\ 1 & -2 & 0 \end{bmatrix}$.

22. 已知 $\boldsymbol{A} = \begin{bmatrix} 1 & 0 & 1 \\ 0 & 2 & 0 \\ 3 & 0 & 1 \end{bmatrix}$ 满足 $\boldsymbol{BA} - 2\boldsymbol{E} = \boldsymbol{B} - 2\boldsymbol{A}^2$, 求矩阵 $\boldsymbol{B}$.

23. 求下列矩阵的秩:

(1) $\begin{bmatrix} 1 & -1 & 2 & -1 \\ 1 & 3 & -4 & 4 \\ 3 & 1 & 0 & 2 \end{bmatrix}$; (2) $\begin{bmatrix} 2 & -3 & 0 & 7 & 5 \\ 2 & 1 & 8 & 3 & 7 \\ 3 & -2 & 5 & 8 & 0 \\ 1 & 0 & 3 & 2 & 0 \end{bmatrix}$; (3) $\begin{bmatrix} 1 & -2 & -1 & 0 & 2 \\ -2 & 4 & 2 & 6 & -6 \\ 2 & -1 & 0 & 2 & 3 \\ 3 & 3 & 3 & 3 & 4 \end{bmatrix}$.

24. 将下列矩阵适当分块后计算:

(1) $\begin{bmatrix} -1 & 2 & 0 & 0 \\ 3 & 1 & 0 & 0 \\ 0 & 0 & 1 & 2 \\ 0 & 0 & -2 & 1 \end{bmatrix}\begin{bmatrix} 1 & 3 & 0 & 0 \\ 4 & -1 & 0 & 0 \\ 0 & 0 & 2 & 1 \\ 0 & 0 & 3 & 4 \end{bmatrix}$; (2) $\begin{bmatrix} 1 & -1 & 0 & 0 \\ 2 & 3 & 0 & 0 \\ 0 & 1 & 0 & 0 \\ 0 & 0 & 1 & 4 \end{bmatrix}\begin{bmatrix} 1 & 0 & 0 \\ -2 & 0 & 0 \\ 0 & 3 & 2 \\ 0 & 4 & 3 \end{bmatrix}$.

25. 设 $\boldsymbol{A}$ 为 n 阶方阵,且满足

$$\boldsymbol{A}^2 - 2\boldsymbol{A} - 3\boldsymbol{E} = \boldsymbol{O}$$

证明 $\boldsymbol{A}$ 及 $\boldsymbol{A}-\boldsymbol{E}$ 都可逆,并求 $\boldsymbol{A}^{-1}$ 及 $(\boldsymbol{A}-\boldsymbol{E})^{-1}$.

26. 设 $\boldsymbol{A},\boldsymbol{B}$ 为 4 阶方阵,$|\boldsymbol{A}|=2$,$|\boldsymbol{B}|=2$,求 $|(\boldsymbol{A}^*\boldsymbol{B}^{-1})^2\boldsymbol{A}^{\mathrm{T}}|$.

27. 设 $\boldsymbol{A}$ 为 3 阶方阵,$|\boldsymbol{A}|=\dfrac{1}{3}$,求 $|(2\boldsymbol{A})^{-1}-3\boldsymbol{A}^*|$.

28. 设 n 阶方阵

$$\boldsymbol{A}=\begin{bmatrix} a & 1 & \cdots & 1 \\ 1 & a & \cdots & 1 \\ \vdots & \vdots & & \vdots \\ 1 & 1 & \cdots & a \end{bmatrix}$$

求 $\boldsymbol{A}$ 的秩.

29. 证明若 $\boldsymbol{A},\boldsymbol{B}$ 为同阶可逆矩阵,则 $(\boldsymbol{AB})^* = \boldsymbol{B}^*\boldsymbol{A}^*$.

30. 已知 $\boldsymbol{A}=\boldsymbol{E}+\boldsymbol{B}$,$\boldsymbol{B}^2=\boldsymbol{B}$,证明 $\boldsymbol{A}$ 可逆,并求 $\boldsymbol{A}^{-1}$.

31. 设 n 阶方阵 $\boldsymbol{A}$ 满足 $\boldsymbol{A}^2+2\boldsymbol{A}+3\boldsymbol{E}=\boldsymbol{O}$,证明对任意实数 λ,矩阵 $\boldsymbol{A}+\lambda\boldsymbol{E}$ 是可逆的,并求其逆矩阵.

第3章

Chapter 3

线性方程组

学习目标和要求

1. 熟练掌握高斯消元法,会判别线性方程组解的情况.

2. 理解 n 维向量的概念,掌握向量的基本运算.

3. 掌握向量组的线性相关性(包括线性表出、线性相关、线性无关及向量组的等价)的概念,会判断向量组的线性相关性.

4. 理解向量组的极大无关组与秩的概念,会求给定向量组的秩和极大无关组.

5. 理解齐次线性方程组的基础解系的概念,并会刻画线性方程组的解的结构,表示通解.

6. 了解线性方程组及向量组的线性相关性在实际问题中的应用.

由于科学技术和经济管理中大量的实际问题均可以归结为线性方程组,因此对于线性方程组的研究就显得非常重要. 通常假定线性方程组是某数域 F 上的,即所有系数属于 F. 第1章中利用行列式的知识给出了当系数阵可逆时解线性方程组的克莱姆法则,本章则要研究线性方程组的一般理论,包括有解的条件、解法、解的分类及解的结构. 为了在理论上深入地讨论这些问题,还需引入 n 维向量的概念,研究向量间的线性关系和有关性质. 最后,本章给出几个应用实例,说明线性方程组在实际问题中具有广泛的应用.

3.1 高斯消元法

下面考虑一般线性方程组

$$\begin{cases} a_{11}x_1 + a_{12}x_2 + \cdots + a_{1n}x_n = b_1 \\ a_{21}x_1 + a_{22}x_2 + \cdots + a_{2n}x_n = b_2 \\ \quad\cdots \quad \cdots \quad \cdots \\ a_{m1}x_1 + a_{m2}x_2 + \cdots + a_{mn}x_n = b_m \end{cases} \tag{3.1}$$

若令

$$\boldsymbol{A}_{m\times n} = \begin{bmatrix} a_{11} & a_{12} & \cdots & a_{1n} \\ a_{21} & a_{22} & \cdots & a_{2n} \\ \vdots & \vdots & & \vdots \\ a_{m1} & a_{m2} & \cdots & a_{mn} \end{bmatrix}, \quad \boldsymbol{x} = \begin{bmatrix} x_1 \\ x_2 \\ \vdots \\ x_n \end{bmatrix}, \quad \boldsymbol{b} = \begin{bmatrix} b_1 \\ b_2 \\ \vdots \\ b_m \end{bmatrix}$$

则方程组(3.1)可以等价地写成如下的矩阵形式

$$\boldsymbol{A}_{m\times n}\boldsymbol{x} = \boldsymbol{b} \tag{3.2}$$

令 $\widetilde{\boldsymbol{A}} = [\boldsymbol{A} \quad \boldsymbol{b}]$ 由线性方程组 $\boldsymbol{A}_{m\times n}\boldsymbol{x} = \boldsymbol{b}$ 的系数矩阵 $\boldsymbol{A}$ 及常数列 $\boldsymbol{b}$ 构成,称为**方程组(3.2)的增广矩阵**.

在中学代数中,已经学过用消元法解简单线性方程组,高斯*消元法即是这种方法的延续.其基本思想是对线性方程组进行同解变形,简化未知量的系数,从而得到与原方程组同解且易直接求解的行阶梯形方程组(称为**消元过程**);求解该方程组(称为**回代过程**),即获得原方程组的解.下面用一个具体例子介绍这种方法.

---

* **数学家小传**

高斯(C－F. Gauss,1777 ～ 1855),德国著名数学家、物理学家、天文学家、大地测量学家.1777年4月30日生于布伦瑞克,1855年2月23日卒于哥根廷.高斯是近代数学奠基者之一,被认为是历史上最重要的数学家之一,并享有"数学王子"之称.高斯和阿基米德、牛顿并列为世界三大数学家.一生成就极为丰硕,以他的名字"高斯"命名的成果达110个,属数学家中之最.他对数论、代数、统计、分析、微分几何、大地测量学、地球物理学、力学、静电学、天文学、矩阵理论和光学皆有贡献.

高斯对代数学的重要贡献是证明了代数基本定理,他的存在性证明开创了数学研究的新途径.事实上在高斯之前有许多数学家认为已给出了这个结果的证明,可是其中没有一个证明是严密的.高斯把前人证明的缺失一一指出来,然后提出自己的见解,他一生中一共给出了四个不同的证明.高斯在1816年左右就得出非欧几何的原理.他还深入研究复变函数,建立了一些基本概念,发现了著名的柯西积分定理.他还发现椭圆函数的双周期性,但这些工作在他生前并未发表.

【例3.1】 解线性方程组

$$\begin{cases} x_1 + 3x_2 - 2x_3 = 4 \\ 3x_1 + 2x_2 - 5x_3 = 11 \\ 2x_1 + x_2 + x_3 = 3 \end{cases}$$

解　将上述方程组中第一个方程分别乘以(－3)和(－2)加于第二个和第三个方程,得

$$\begin{cases} x_1 + 3x_2 - 2x_3 = 4 \\ -7x_2 + x_3 = -1 \\ -5x_2 + 5x_3 = -5 \end{cases} \qquad ①$$

将①中第三个方程乘以(－1/5),得

$$\begin{cases} x_1 + 3x_2 - 2x_3 = 4 \\ -7x_2 + x_3 = -1 \\ x_2 - x_3 = 1 \end{cases} \qquad ②$$

交换②中的第二、三个方程,得

$$\begin{cases} x_1 + 3x_2 - 2x_3 = 4 \\ x_2 - x_3 = 1 \\ -7x_2 + x_3 = -1 \end{cases} \qquad ③$$

再将③中第二个方程乘以7加于第三个方程,得

$$\begin{cases} x_1 + 3x_2 - 2x_3 = 4 \\ x_2 - x_3 = 1 \\ -6x_3 = 6 \end{cases} \qquad ④$$

将④中第三个方程乘以(－1/6)并分别代入第一个和第二个方程,得

$$\begin{cases} x_1 + 3x_2 = 2 \\ x_2 = 0 \\ x_3 = -1 \end{cases} \qquad ⑤$$

最后将⑤中第二个方程代入第一个方程,得

$$\begin{cases} x_1 = 2 \\ x_2 = 0 \\ x_3 = -1 \end{cases}$$

这种解线性方程组的方法称为**高斯消元法**.

事实上,上面的求解过程可以用原方程组的增广矩阵的初等行变换表示

$$\widetilde{A}=\begin{bmatrix}1&3&-2&4\\3&2&-5&11\\2&1&1&3\end{bmatrix}\to\begin{bmatrix}1&3&-2&4\\0&-7&1&-1\\0&-5&5&-5\end{bmatrix}\to\begin{bmatrix}1&3&-2&4\\0&-7&1&-1\\0&1&-1&1\end{bmatrix}\to$$

$$\begin{bmatrix}1&3&-2&4\\0&1&-1&1\\0&0&-6&6\end{bmatrix}\to\begin{bmatrix}1&3&0&2\\0&1&0&0\\0&0&1&-1\end{bmatrix}\to\begin{bmatrix}1&0&0&2\\0&1&0&0\\0&0&1&-1\end{bmatrix}$$

由最后一个矩阵可得到原方程组的解为

$$x_1=2,\quad x_2=0,\quad x_3=-1$$

由例3.1可以看出,用高斯消元法解线性方程组的过程,实质上就是对该方程组的增广矩阵施以初等行变换的过程,所以解线性方程组时,为了书写方便,只写出方程组的增广矩阵的初等行变换的过程即可.

【例3.2】 解线性方程组

$$\begin{cases}x_1-2x_2+3x_3-x_4+2x_5=2\\3x_1-x_2+5x_3-3x_4+x_5=6\\2x_1+x_2+2x_3-2x_4-x_5=8\end{cases}$$

解 对方程组的增广矩阵施以初等行变换有

$$\widetilde{A}=\begin{bmatrix}1&-2&3&-1&2&2\\3&-1&5&-3&1&6\\2&1&2&-2&-1&8\end{bmatrix}\to\begin{bmatrix}1&-2&3&-1&2&2\\0&5&-4&0&-5&0\\0&5&-4&0&-5&4\end{bmatrix}\to$$

$$\begin{bmatrix}1&-2&3&-1&2&2\\0&5&-4&0&-5&0\\0&0&0&0&0&4\end{bmatrix}$$

由最后一个矩阵可知,其对应的方程组为

$$\begin{cases}x_1-2x_2+3x_3-x_4+2x_5=2\\5x_2-4x_3-5x_5=0\\0=4\end{cases}$$

这是一个矛盾方程组,无解.所以原方程组也无解.

【例3.3】 解线性方程组

$$\begin{cases}x_1+5x_2-x_3-x_4=-1\\x_1-2x_2+x_3+3x_4=3\\3x_1+8x_2-x_3+x_4=1\\x_1-9x_2+3x_3+7x_4=7\end{cases}$$

解 对方程组的增广矩阵施以初等行变换有

$$\widetilde{A}=\begin{bmatrix}1&5&-1&-1&-1\\1&-2&1&3&3\\3&8&-1&1&1\\1&-9&3&7&7\end{bmatrix}\to\begin{bmatrix}1&5&-1&-1&-1\\0&-7&2&4&4\\0&-7&2&4&4\\0&-14&4&8&8\end{bmatrix}\to\begin{bmatrix}1&5&-1&-1&-1\\0&-7&2&4&4\\0&0&0&0&0\\0&0&0&0&0\end{bmatrix}\to$$

$$\begin{bmatrix}1&5&-1&-1&-1\\0&1&-\frac{2}{7}&-\frac{4}{7}&-\frac{4}{7}\\0&0&0&0&0\\0&0&0&0&0\end{bmatrix}\to\begin{bmatrix}1&0&\frac{3}{7}&\frac{13}{7}&\frac{13}{7}\\0&1&-\frac{2}{7}&-\frac{4}{7}&-\frac{4}{7}\\0&0&0&0&0\\0&0&0&0&0\end{bmatrix}$$

由最后一个矩阵知,其对应的方程组为

$$\begin{cases}x_1+\frac{3}{7}x_3+\frac{13}{7}x_4=\frac{13}{7}\\x_2-\frac{2}{7}x_3-\frac{4}{7}x_4=-\frac{4}{7}\end{cases}$$

即

$$\begin{cases}x_1=\frac{13}{7}-\frac{3}{7}x_3-\frac{13}{7}x_4\\x_2=-\frac{4}{7}+\frac{2}{7}x_3+\frac{4}{7}x_4\end{cases},\quad x_3,x_4\text{ 可任意取值}$$

令 $x_3=c_1,x_4=c_2$,其中 c_1,c_2 为任意常数,则得到原方程组的解为

$$\begin{cases}x_1=\frac{13}{7}-\frac{3}{7}c_1-\frac{13}{7}c_2\\x_2=-\frac{4}{7}+\frac{2}{7}c_1+\frac{4}{7}c_2,\quad c_1,c_2\text{ 为任意常数}\\x_3=c_1\\x_4=c_2\end{cases}$$

由上面的例3.1至例3.3可知线性方程组解的情况可能为(1)有唯一解;(2)无解;(3)有无穷多解.高斯消元法解线性方程组的过程即对方程组的增广矩阵施以初等行变换,将原方程组变为一个新的方程组.下面两个引理就一般的线性方程组(3.1)说明新方程组与原方程组是同解方程组.

引理3.1 设 $\boldsymbol{D}$ 为可逆的 m 阶方阵,则线性方程组 $\boldsymbol{A}_{m\times n}\boldsymbol{x}=\boldsymbol{b}$ 与 $\boldsymbol{D}\boldsymbol{A}_{m\times n}\boldsymbol{x}=\boldsymbol{D}\boldsymbol{b}$ 同解.

证明 以下不特别说明,简记 $\boldsymbol{A}_{m\times n}$ 为 $\boldsymbol{A}$. 设 $\boldsymbol{x}_0$ 是 $\boldsymbol{A}\boldsymbol{x}=\boldsymbol{b}$ 的解,则 $\boldsymbol{A}\boldsymbol{x}_0=\boldsymbol{b}$,从而 $\boldsymbol{D}\boldsymbol{A}\boldsymbol{x}_0=\boldsymbol{D}\boldsymbol{b}$. 即 $\boldsymbol{x}_0$ 是 $\boldsymbol{D}\boldsymbol{A}\boldsymbol{x}=\boldsymbol{D}\boldsymbol{b}$ 的解. 反之,若 $\boldsymbol{D}\boldsymbol{A}\boldsymbol{x}_0=\boldsymbol{D}\boldsymbol{b}$,两边左乘 $\boldsymbol{D}^{-1}$ 有 $\boldsymbol{A}\boldsymbol{x}_0=\boldsymbol{b}$,即 $\boldsymbol{x}_0$ 是 $\boldsymbol{A}\boldsymbol{x}=\boldsymbol{b}$ 的解.

由于可逆矩阵可以写成一系列初等矩阵的乘积,所以显然有:

引理3.2 设$\widetilde{A}=[A \quad b]$经一系列初等行变换化成$[A_1 \quad b_1]$,则$Ax=b$与$A_1x=b_1$同解.

证明略.

下面利用系数矩阵A的秩和增广矩阵$\widetilde{A}$的秩的关系讨论线性方程组$Ax=b$的解的分类情况.

不妨设$r(A)=r$,线性方程组(3.2)的增广矩阵$\widetilde{A}$经过一系列的初等行变换(必要时重新排列未知量的顺序)化为如下的行最简形

$$\begin{bmatrix} 1 & 0 & \cdots & 0 & \hat{a}_{1,r+1} & \cdots & \hat{a}_{1n} & d_1 \\ 0 & 1 & \cdots & 0 & \hat{a}_{2,r+1} & \cdots & \hat{a}_{2n} & d_2 \\ \vdots & \vdots & & \vdots & \vdots & & \vdots & \vdots \\ 0 & 0 & \cdots & 1 & \hat{a}_{r,r+1} & \cdots & \hat{a}_{rn} & d_r \\ 0 & 0 & \cdots & 0 & 0 & \cdots & 0 & d_{r+1} \\ 0 & 0 & \cdots & 0 & 0 & \cdots & 0 & 0 \\ \vdots & \vdots & & \vdots & \vdots & & \vdots & \vdots \\ 0 & 0 & \cdots & 0 & 0 & \cdots & 0 & 0 \end{bmatrix} \tag{3.3}$$

其对应的行最简方程组为

$$\begin{cases} x_1 + 0x_2 + \cdots + 0x_r + \hat{a}_{1,r+1}x_{r+1} + \cdots + \hat{a}_{1n}x_n = d_1 \\ \qquad x_2 + \cdots + 0x_r + \hat{a}_{2,r+1}x_{r+1} + \cdots + \hat{a}_{2n}x_n = d_2 \\ \qquad\qquad \cdots \quad \cdots \quad \cdots \\ \qquad\qquad x_r + \hat{a}_{r,r+1}x_{r+1} + \cdots + \hat{a}_{rn}x_n = d_r \\ 0 = d_{r+1} \\ 0 = 0 \\ \quad \vdots \\ 0 = 0 \end{cases} \tag{3.4}$$

(1) 若$d_{r+1}\neq 0$,则方程组(3.4)中第$r+1$个方程为“$0=d_{r+1}$”,这是一个矛盾方程,因此方程组(3.4)无解,从而方程组(3.2)无解.

(2) 若$d_{r+1}=0$,分两种情况讨论:

① 若$r=n$,则(3.3)中的$\hat{a}_{ij}(i=1,2,\cdots,r;j=r+1,r+2,\cdots,n)$不出现,从而(3.3)变为

$$\begin{bmatrix} 1 & 0 & \cdots & 0 & d_1 \\ 0 & 1 & \cdots & 0 & d_2 \\ \vdots & \vdots & & \vdots & \vdots \\ 0 & 0 & \cdots & 1 & d_n \\ 0 & 0 & \cdots & 0 & 0 \\ \vdots & \vdots & & \vdots & \vdots \\ 0 & 0 & \cdots & 0 & 0 \end{bmatrix} \tag{*}$$

其对应的方程组为

$$\begin{cases} x_1 = d_1 \\ x_2 = d_2 \\ \quad \vdots \\ x_n = d_n \end{cases}$$

故方程组(3.2)有唯一解.

②若 $r < n$,则(3.3)对应的方程组为

$$\begin{cases} x_1 = -\hat{a}_{1,r+1}x_{r+1} - \cdots - \hat{a}_{1n}x_n + d_1 \\ x_2 = -\hat{a}_{2,r+1}x_{r+1} - \cdots - \hat{a}_{2n}x_n + d_2 \\ \qquad \cdots \qquad \cdots \qquad \cdots \\ x_r = -\hat{a}_{r,r+1}x_{r+1} - \cdots - \hat{a}_{rn}x_n + d_r \end{cases} \tag{3.5}$$

其中 $x_{r+1},x_{r+2},\cdots,x_n$ 任意取定一组值,就可以唯一地确定一组 $x_1,x_2,\cdots,x_r$ 的值,从而得到方程组(3.5)的一个解,因此方程组(3.5)有无穷多个解,即方程组(3.2)有无穷多个解. 若令 $x_{r+1} = c_1,\cdots,x_n = c_{n-r}$,方程组的含有 $n-r$ 个参数的解可表示为

$$\begin{cases} x_1 = -c_1\hat{a}_{1,r+1} - \cdots - c_{n-r}\hat{a}_{1n} + d_1 \\ x_2 = -c_1\hat{a}_{2,r+1} - \cdots - c_{n-r}\hat{a}_{2n} + d_2 \\ \qquad \cdots \qquad \cdots \qquad \cdots \\ x_r = -c_1\hat{a}_{r,r+1} - \cdots - c_{n-r}\hat{a}_{rn} + d_r \\ x_{r+1} = c_1 \\ \qquad \cdots \qquad \cdots \qquad \cdots \\ x_n = c_{n-r} \end{cases} \tag{3.6}$$

其中 $c_1,c_2,\cdots,c_{n-r}$ 为任意常数. 式(3.6)称为**方程组(3.2)的通解或一般解**.

综合上面讨论可以得到如下解的情况分类结果,同时也可以看出用初等行变换求解线性方程组的步骤.

定理 3.1 考虑 n 元线性方程组 $\boldsymbol{A}_{m\times n}\boldsymbol{x}=\boldsymbol{b}$($\boldsymbol{A}$ 的增广矩阵为 $\widetilde{\boldsymbol{A}}$):

(1)$\boldsymbol{Ax}=\boldsymbol{b}$ 有解当且仅当 $r(\boldsymbol{A})=r(\widetilde{\boldsymbol{A}})$;

(2)$\boldsymbol{Ax}=\boldsymbol{b}$ 有唯一解当且仅当 $r(\boldsymbol{A})=r(\widetilde{\boldsymbol{A}})=n$;

(3)$\boldsymbol{Ax}=\boldsymbol{b}$ 有无穷多解当且仅当 $r(\boldsymbol{A})=r(\widetilde{\boldsymbol{A}})<n$.

高斯消元法解线性方程组的步骤:

(1) 将非齐次线性方程组 $\boldsymbol{A}_{m\times n}\boldsymbol{x}=\boldsymbol{b}$ 的增广矩阵 $\widetilde{\boldsymbol{A}}$ 化成行阶梯形,判别 $r(\boldsymbol{A})$ 与 $r(\widetilde{\boldsymbol{A}})$ 是否相等,若 $r(\boldsymbol{A})\neq r(\widetilde{\boldsymbol{A}})$,方程组无解;

(2) 若 $r(\boldsymbol{A})=r(\widetilde{\boldsymbol{A}})$,则进一步将 $\widetilde{\boldsymbol{A}}$ 化为行最简形;

(3) 若 $r(\boldsymbol{A})=r(\widetilde{\boldsymbol{A}})=r=n$,方程组有唯一解 $x_1=d_1,x_2=d_2,\cdots,x_n=d_n$;

(4) 若 $r(\boldsymbol{A})=r(\widetilde{\boldsymbol{A}})=r<n$,一般将行最简形中 r 个非零首元所对应未知数以外的可以任意取值的 $n-r$ 个未知数称为**自由未知量**,并令其分别等于 $c_1,c_2,\cdots,c_{n-r}$,则由行最简形可写出方程组的通解. 当然,自由未知量的选取方式不唯一.

注 在(2)中①的情况下,若 $\boldsymbol{A}$ 为 n 阶方阵,即 $m=n$,那么 $\boldsymbol{A}$ 为可逆阵. 此时方程组 $\boldsymbol{Ax}=\boldsymbol{b}$ 的解

$$\boldsymbol{x}=\boldsymbol{A}^{-1}\boldsymbol{b}$$

可通过初等行变换求解,式(*)即为

$$\begin{bmatrix}1 & 0 & \cdots & 0 & d_1\\0 & 1 & \cdots & 0 & d_2\\\vdots & \vdots & & \vdots & \vdots\\0 & 0 & \cdots & 1 & d_n\end{bmatrix}$$

解 $\boldsymbol{x}=\boldsymbol{A}^{-1}\boldsymbol{b}$ 即为

$$\boldsymbol{x}=\begin{bmatrix}d_1\\d_2\\\vdots\\d_n\end{bmatrix}$$

在方程组(3.1)中,若所有常数项 $b_i=0(i=1,2,\cdots,m)$,则称该方程组为齐次线性方程组,其一般形式为

$$\begin{cases} a_{11}x_1 + a_{12}x_2 + \cdots + a_{1n}x_n = 0 \\ a_{21}x_1 + a_{22}x_2 + \cdots + a_{2n}x_n = 0 \\ \qquad \cdots \quad \cdots \quad \cdots \\ a_{m1}x_1 + a_{m2}x_2 + \cdots + a_{mn}x_n = 0 \end{cases} \tag{3.7}$$

方程组(3.7)的矩阵形式为

$$\boldsymbol{A}_{m\times n}\boldsymbol{x} = \boldsymbol{0}$$

因为齐次线性方程组一定有零解,所以将定理3.1应用到方程组(3.7)中有下面的结论:

定理3.2　考虑 n 元齐次线性方程组 $\boldsymbol{A}_{m\times n}\boldsymbol{x} = \boldsymbol{0}$:

(1) $\boldsymbol{Ax} = \boldsymbol{0}$ 仅有零解当且仅当 $r(\boldsymbol{A}) = n$;

(2) $\boldsymbol{Ax} = \boldsymbol{0}$ 有非零解当且仅当 $r(\boldsymbol{A}) < n$.

特别地,当 $m = n$ 时,

(3) $\boldsymbol{Ax} = \boldsymbol{0}$ 仅有零解当且仅当 $|\boldsymbol{A}| \neq 0$;

(4) $\boldsymbol{Ax} = \boldsymbol{0}$ 有非零解当且仅当 $|\boldsymbol{A}| = 0$.

【例3.4】　解线性方程组

$$\begin{cases} 2x_1 + 4x_2 - x_3 + x_4 = 0 \\ x_1 - 3x_2 + 2x_3 + 3x_4 = 0 \\ 3x_1 + x_2 + x_3 + 4x_4 = 0 \end{cases}$$

解　对系数矩阵 $\boldsymbol{A}$ 施以初等行变换化为行最简形

$$\boldsymbol{A} = \begin{bmatrix} 2 & 4 & -1 & 1 \\ 1 & -3 & 2 & 3 \\ 3 & 1 & 1 & 4 \end{bmatrix} \to \begin{bmatrix} 1 & -3 & 2 & 3 \\ 2 & 4 & -1 & 1 \\ 3 & 1 & 1 & 4 \end{bmatrix} \to \begin{bmatrix} 1 & -3 & 2 & 3 \\ 0 & 10 & -5 & -5 \\ 0 & 10 & -5 & -5 \end{bmatrix} \to$$

$$\begin{bmatrix} 1 & -3 & 2 & 3 \\ 0 & 1 & -\frac{1}{2} & -\frac{1}{2} \\ 0 & 0 & 0 & 0 \end{bmatrix} \to \begin{bmatrix} 1 & 0 & \frac{1}{2} & \frac{3}{2} \\ 0 & 1 & -\frac{1}{2} & -\frac{1}{2} \\ 0 & 0 & 0 & 0 \end{bmatrix}$$

显然 $r(\boldsymbol{A}) = 2 < 4$,方程组有非零解. 即得

$$\begin{cases} x_1 = -\frac{1}{2}x_3 - \frac{3}{2}x_4 \\ x_2 = \frac{1}{2}x_3 + \frac{1}{2}x_4 \end{cases}$$

取 x_3, x_4 为自由未知量,并令 $x_3 = c_1, x_4 = c_2$,可得原方程组的通解为

$$\begin{cases} x_1 = -\dfrac{1}{2}c_1 - \dfrac{3}{2}c_2 \\ x_2 = \dfrac{1}{2}c_1 + \dfrac{1}{2}c_2 \\ x_3 = c_1 \\ x_4 = c_2 \end{cases}, \quad c_1, c_2 \text{ 为任意常数}$$

【例 3.5】 解线性方程组

$$\begin{cases} x_1 + 3x_2 - x_3 - x_4 = 6 \\ 3x_1 - x_2 + 5x_3 - 3x_4 = 6 \\ 2x_1 + x_2 + 2x_3 - 2x_4 = 8 \end{cases}$$

解 对增广矩阵 $\widetilde{A}$ 施以初等行变换化为如下行阶梯形

$$\widetilde{A} = \begin{bmatrix} 1 & 3 & -1 & -1 & 6 \\ 3 & -1 & 5 & -3 & 6 \\ 2 & 1 & 2 & -2 & 8 \end{bmatrix} \to \begin{bmatrix} 1 & 3 & -1 & -1 & 6 \\ 0 & -10 & 8 & 0 & -12 \\ 0 & -5 & 4 & 0 & -4 \end{bmatrix} \to$$

$$\begin{bmatrix} 1 & 3 & -1 & -1 & 6 \\ 0 & -10 & 8 & 0 & -12 \\ 0 & 0 & 0 & 0 & 2 \end{bmatrix}$$

可见,$r(A) = 2$,$r(\widetilde{A}) = 3$,故原方程组无解.

【例 3.6】 讨论 k 取何值时,方程组

$$\begin{cases} x_1 - 2x_2 - x_3 - x_4 = 2 \\ 2x_1 - 4x_2 + 5x_3 + 3x_4 = 0 \\ 3x_1 - 6x_2 + 4x_3 + 3x_4 = 3 \\ 4x_1 - 8x_2 + 17x_3 + 11x_4 = k \end{cases}$$

有解. 有解时,求其解.

解 对增广矩阵 $\widetilde{A}$ 施以初等行变换化为如下行阶梯形

$$\widetilde{A} = \begin{bmatrix} 1 & -2 & -1 & -1 & 2 \\ 2 & -4 & 5 & 3 & 0 \\ 3 & -6 & 4 & 3 & 3 \\ 4 & -8 & 17 & 11 & k \end{bmatrix} \to \begin{bmatrix} 1 & -2 & -1 & -1 & 2 \\ 0 & 0 & 7 & 5 & -4 \\ 0 & 0 & 7 & 6 & -3 \\ 0 & 0 & 21 & 15 & k-8 \end{bmatrix} \to$$

$$\begin{bmatrix} 1 & -2 & -1 & -1 & 2 \\ 0 & 0 & 7 & 5 & -4 \\ 0 & 0 & 0 & 1 & 1 \\ 0 & 0 & 0 & 0 & k+4 \end{bmatrix}$$

显然,当 $k=-4$ 时,$r(\boldsymbol{A})=r(\widetilde{\boldsymbol{A}})=3<4$,所以原方程组有无穷多解. 此时进一步将 $\widetilde{\boldsymbol{A}}$ 化为行最简形

$$\widetilde{\boldsymbol{A}} \to \begin{bmatrix} 1 & -2 & -1 & -1 & 2 \\ 0 & 0 & 1 & \frac{5}{7} & -\frac{4}{7} \\ 0 & 0 & 0 & 1 & 1 \\ 0 & 0 & 0 & 0 & 0 \end{bmatrix} \to \begin{bmatrix} 1 & -2 & -1 & 0 & 3 \\ 0 & 0 & 1 & 0 & -\frac{9}{7} \\ 0 & 0 & 0 & 1 & 1 \\ 0 & 0 & 0 & 0 & 0 \end{bmatrix} \to$$

$$\begin{bmatrix} 1 & -2 & 0 & 0 & \frac{12}{7} \\ 0 & 0 & 1 & 0 & -\frac{9}{7} \\ 0 & 0 & 0 & 1 & 1 \\ 0 & 0 & 0 & 0 & 0 \end{bmatrix}$$

即得

$$\begin{cases} x_1 = 2x_2 + \frac{12}{7} \\ x_3 = -\frac{9}{7} \\ x_4 = 1 \end{cases}$$

取 x_2 为自由未知量,并令 $x_2=c$,可得原方程组的通解为

$$\begin{cases} x_1 = 2c + \frac{12}{7} \\ x_2 = c \\ x_3 = -\frac{9}{7} \\ x_4 = 1 \end{cases}, \quad c \text{ 为任意常数}$$

【例 3.7】 已知线性方程组

$$\begin{cases} (1+\lambda)x_1 + x_2 + x_3 = 0 \\ x_1 + (1+\lambda)x_2 + x_3 = 3 \\ x_1 + x_2 + (1+\lambda)x_3 = \lambda \end{cases}$$

问 λ 取何值时,此方程组(1)有唯一解;(2)无解;(3)有无穷多解? 并在有无穷多解时求其通解.

解法1 考虑其增广矩阵 $\widetilde{A}$,对其施以初等行变换有

$$\widetilde{A}=\begin{bmatrix}1+\lambda & 1 & 1 & 0\\ 1 & 1+\lambda & 1 & 3\\ 1 & 1 & 1+\lambda & \lambda\end{bmatrix}\rightarrow\begin{bmatrix}1 & 1 & 1+\lambda & \lambda\\ 1 & 1+\lambda & 1 & 3\\ 1+\lambda & 1 & 1 & 0\end{bmatrix}\rightarrow$$

$$\begin{bmatrix}1 & 1 & 1+\lambda & \lambda\\ 0 & \lambda & -\lambda & 3-\lambda\\ 0 & -\lambda & -\lambda(2+\lambda) & -\lambda(1+\lambda)\end{bmatrix}\rightarrow\begin{bmatrix}1 & 1 & 1+\lambda & \lambda\\ 0 & \lambda & -\lambda & 3-\lambda\\ 0 & 0 & -\lambda(3+\lambda) & (1-\lambda)(3+\lambda)\end{bmatrix}$$

(1)$\lambda\neq 0$ 且 $\lambda\neq -3$ 时,$r(A)=r(\widetilde{A})=3$,方程组有唯一解;

(2)$\lambda=0$ 时,$r(A)<r(\widetilde{A})$,方程组无解;

(3)$\lambda=-3$ 时,$r(A)=r(\widetilde{A})=2<3$,方程组有无穷多解.

此时

$$\widetilde{A}\rightarrow\begin{bmatrix}1 & 1 & -2 & -3\\ 0 & -3 & 3 & 6\\ 0 & 0 & 0 & 0\end{bmatrix}\rightarrow\begin{bmatrix}1 & 0 & -1 & -1\\ 0 & 1 & -1 & -2\\ 0 & 0 & 0 & 0\end{bmatrix}$$

即得

$$\begin{cases}x_1=x_3-1\\ x_2=x_3-2\end{cases}$$

取 x_3 为自由未知量,并令 $x_3=c$,可得原方程组的通解为

$$\begin{cases}x_1=c-1\\ x_2=c-2, \quad c\text{ 为任意常数}\\ x_3=c\end{cases}$$

解法2 因为系数矩阵 A 为方阵,故方程组有唯一解当且仅当系数行列式 $|A|\neq 0$. 而

$$|A|=\begin{vmatrix}1+\lambda & 1 & 1\\ 1 & 1+\lambda & 1\\ 1 & 1 & 1+\lambda\end{vmatrix}=(\lambda+3)\begin{vmatrix}1 & 1 & 1\\ 1 & 1+\lambda & 1\\ 1 & 1 & 1+\lambda\end{vmatrix}=(\lambda+3)\begin{vmatrix}1 & 1 & 1\\ 0 & \lambda & 0\\ 0 & 0 & \lambda\end{vmatrix}=(\lambda+3)\lambda^2$$

因此,当 $\lambda\neq 0$ 且 $\lambda\neq -3$ 时,方程组有唯一解.

当 $\lambda=0$ 时,

$$\widetilde{A}=\begin{bmatrix}1 & 1 & 1 & 0\\ 1 & 1 & 1 & 3\\ 1 & 1 & 1 & 0\end{bmatrix}\rightarrow\begin{bmatrix}1 & 1 & 1 & 0\\ 0 & 0 & 0 & 1\\ 0 & 0 & 0 & 0\end{bmatrix}$$

因此，$\lambda=0$ 时，$r(\boldsymbol{A})=1$，$r(\widetilde{\boldsymbol{A}})=2$，方程组无解.

当 $\lambda=-3$ 时，

$$\widetilde{\boldsymbol{A}}=\begin{bmatrix}-2 & 1 & 1 & 0\\ 1 & -2 & 1 & 3\\ 1 & 1 & -2 & -3\end{bmatrix}\rightarrow\begin{bmatrix}1 & 0 & -1 & -1\\ 0 & 1 & -1 & -2\\ 0 & 0 & 0 & 0\end{bmatrix}$$

因此，$\lambda=-3$ 时，$r(\boldsymbol{A})=r(\widetilde{\boldsymbol{A}})=2<3$，方程组有无穷多解，且通解为

$$\begin{cases}x_1=c-1\\ x_2=c-2, \quad c\text{ 为任意常数}\\ x_3=c\end{cases}$$

比较解法1和解法2，显然解法2简单，但解法2只适用于系数矩阵为方阵的情形，而解法1更具有普遍性，可适用于任何含有参数的线性方程组解的讨论.

3.2　n 维向量

为了进一步研究线性方程组解的结构，有必要研究一类特殊的矩阵即单独一行或单独一列所构成的矩阵，也就是本节将要给出的 n 维向量. 它在数学的各个分支中有着广泛的应用.

定义3.1　由 n 个数 $a_1,a_2,\cdots,a_n$ 组成的有序数组称为 n 维向量，记为

$$[a_1,a_2,\cdots,a_n] \quad \text{或} \quad \begin{bmatrix}a_1\\ a_2\\ \vdots\\ a_n\end{bmatrix}$$

前者称为 n 维行向量，后者称为 n 维列向量（两种表达式的区别只是写法上的不同），这 n 个数称为该向量的 n 个分量，第 i 个数 a_i 称为第 $i(i=1,2,\cdots,n)$ 个分量.

分量全为实数的向量称为**实向量**，分量为复数的向量称为**复向量**. 本书中除特别指明外，一般只讨论 n 维实列向量.

向量一般用黑体希腊字母 $\boldsymbol{\alpha},\boldsymbol{\beta},\boldsymbol{\gamma},\cdots$ 表示，其分量用小写英文字母 $a,b,c,\cdots$ 表示，如，记

$$\boldsymbol{\alpha}=\begin{bmatrix}a_1\\ a_2\\ \vdots\\ a_n\end{bmatrix}, \quad \boldsymbol{\beta}=\begin{bmatrix}b_1\\ b_2\\ \vdots\\ b_n\end{bmatrix}$$

n 维行向量（列向量）也可以看成 $1\times n(n\times 1)$ 矩阵，反之亦然. 因此，n 维向量的运算可规定为与矩阵的运算一致. 如若 $\boldsymbol{\alpha}$ 是行向量，则 $\boldsymbol{\alpha}^{\mathrm{T}}$ 表示列向量；若 $\boldsymbol{\alpha}$ 表示列向量，则 $\boldsymbol{\alpha}^{\mathrm{T}}$ 表示行向

量.

分量全为零的向量称为**零向量**,记作 $\mathbf{0}$,否则称为**非零向量**.

若干(有限或无限)个同维数的列(行)向量组成的总体称为**向量组**.

【例 3.8】 设 A 为 $m\times n$ 矩阵,将其按列和行分块成 $A=[\boldsymbol{\alpha}_1\quad\boldsymbol{\alpha}_2\quad\cdots\quad\boldsymbol{\alpha}_n]$ 与 $A=\begin{bmatrix}\boldsymbol{\beta}_1\\\boldsymbol{\beta}_2\\\vdots\\\boldsymbol{\beta}_m\end{bmatrix}$.

则 $\boldsymbol{\alpha}_1,\boldsymbol{\alpha}_2,\cdots,\boldsymbol{\alpha}_n$ 和 $\boldsymbol{\beta}_1,\boldsymbol{\beta}_2,\cdots,\boldsymbol{\beta}_m$ 分别构成了 A 的含有 n 个 m 维列向量和 m 个 n 维行向量的列向量组与行向量组.

【例 3.9】 例如 $\mathbf{R}^3=\{[x,y,z]^{\mathrm{T}}\mid x,y,z\in\mathbf{R}\}$ 是含有无限多个三维列向量的列向量组.

【例 3.10】 设 $3\boldsymbol{\alpha}_1-2(\boldsymbol{\beta}+\boldsymbol{\alpha}_2)=\mathbf{0}$,求 $\boldsymbol{\beta}$. 其中

$$\boldsymbol{\alpha}_1=[-1,4,0,-2],\quad \boldsymbol{\alpha}_2=[-3,-1,2,5]$$

解 由已知条件得

$$\begin{aligned}2\boldsymbol{\beta}=3\boldsymbol{\alpha}_1-2\boldsymbol{\alpha}_2=&\\ &3[-1,4,0,-2]-2[-3,-1,2,5]=\\ &[3,14,-4,-16]\end{aligned}$$

于是

$$\boldsymbol{\beta}=[\frac{3}{2},7,-2,-8]$$

【例 3.11】 设 $2(\boldsymbol{\alpha}_1-\boldsymbol{\alpha})+3(\boldsymbol{\alpha}_2+\boldsymbol{\alpha})=4(\boldsymbol{\alpha}_3+\boldsymbol{\alpha})$,求 $\boldsymbol{\alpha}$. 其中

$$\boldsymbol{\alpha}_1=\begin{bmatrix}2\\0\\2\\1\end{bmatrix},\quad \boldsymbol{\alpha}_2=\begin{bmatrix}-1\\1\\0\\1\end{bmatrix},\quad \boldsymbol{\alpha}_3=\begin{bmatrix}1\\1\\0\\-1\end{bmatrix}$$

解 由已知条件得

$$\begin{aligned}3\boldsymbol{\alpha}=2\boldsymbol{\alpha}_1+3\boldsymbol{\alpha}_2-4\boldsymbol{\alpha}_3=&\\ &2\begin{bmatrix}2\\0\\2\\1\end{bmatrix}+3\begin{bmatrix}-1\\1\\0\\1\end{bmatrix}-4\begin{bmatrix}1\\1\\0\\-1\end{bmatrix}=\begin{bmatrix}-3\\-1\\4\\9\end{bmatrix}\end{aligned}$$

于是

$$\boldsymbol{\alpha}=\begin{bmatrix}-1\\-\frac{1}{3}\\\frac{4}{3}\\3\end{bmatrix}$$

【例 3.12】 考虑线性方程组(3.2). 若令

$$\boldsymbol{\alpha}_1=\begin{bmatrix}a_{11}\\a_{21}\\\vdots\\a_{m1}\end{bmatrix},\quad \boldsymbol{\alpha}_2=\begin{bmatrix}a_{12}\\a_{22}\\\vdots\\a_{m2}\end{bmatrix},\quad \cdots,\quad \boldsymbol{\alpha}_n=\begin{bmatrix}a_{1n}\\a_{2n}\\\vdots\\a_{mn}\end{bmatrix},\quad \boldsymbol{\beta}=\begin{bmatrix}b_1\\b_2\\\vdots\\b_m\end{bmatrix}$$

则方程组(3.2) 可表示为

$$[\boldsymbol{\alpha}_1\quad \boldsymbol{\alpha}_2\quad \cdots\quad \boldsymbol{\alpha}_n]\begin{bmatrix}x_1\\x_2\\\vdots\\x_n\end{bmatrix}=\begin{bmatrix}b_1\\b_2\\\vdots\\b_m\end{bmatrix}$$

即

$$x_1\boldsymbol{\alpha}_1+x_2\boldsymbol{\alpha}_2+\cdots+x_n\boldsymbol{\alpha}_n=\boldsymbol{\beta}$$

称其为方程组(3.2) 的**向量形式**.

3.3 向量组的线性相关性

3.3.1 线性表出

定义 3.2 对于给定的向量组 $\boldsymbol{\alpha}_1,\boldsymbol{\alpha}_2,\cdots,\boldsymbol{\alpha}_s$ 和向量 $\boldsymbol{\beta}$,若存在 s 个数 $k_1,k_2,\cdots,k_s$ 使得

$$\boldsymbol{\beta}=k_1\boldsymbol{\alpha}_1+k_2\boldsymbol{\alpha}_2+\cdots+k_s\boldsymbol{\alpha}_s$$

则称向量 $\boldsymbol{\beta}$ 是向量组 $\boldsymbol{\alpha}_1,\boldsymbol{\alpha}_2,\cdots,\boldsymbol{\alpha}_s$ 的线性组合,或称向量 $\boldsymbol{\beta}$ 可由向量组 $\boldsymbol{\alpha}_1,\boldsymbol{\alpha}_2,\cdots,\boldsymbol{\alpha}_s$ 线性表出,$k_1,k_2,\cdots,k_s$ 为表出系数.

特别地, 若向量 $\boldsymbol{\beta}_1,\boldsymbol{\beta}_2,\cdots,\boldsymbol{\beta}_t$ 均可由向量组 $\boldsymbol{\alpha}_1,\boldsymbol{\alpha}_2,\cdots,\boldsymbol{\alpha}_s$ 线性表出, 则称向量组 $\boldsymbol{\beta}_1,\boldsymbol{\beta}_2,\cdots,\boldsymbol{\beta}_t$ 可由向量组 $\boldsymbol{\alpha}_1,\boldsymbol{\alpha}_2,\cdots,\boldsymbol{\alpha}_s$ 线性表出. 设表出关系式为

$$\begin{cases}\boldsymbol{\beta}_1=k_{11}\boldsymbol{\alpha}_1+k_{21}\boldsymbol{\alpha}_2+\cdots+k_{s1}\boldsymbol{\alpha}_s\\\boldsymbol{\beta}_2=k_{12}\boldsymbol{\alpha}_1+k_{22}\boldsymbol{\alpha}_2+\cdots+k_{s2}\boldsymbol{\alpha}_s\\\qquad\qquad\cdots\qquad\cdots\qquad\cdots\\\boldsymbol{\beta}_t=k_{1t}\boldsymbol{\alpha}_1+k_{2t}\boldsymbol{\alpha}_2+\cdots+k_{st}\boldsymbol{\alpha}_s\end{cases}$$

写成矩阵乘积形式

$$[\boldsymbol{\beta}_1 \quad \boldsymbol{\beta}_2 \quad \cdots \quad \boldsymbol{\beta}_t] = [\boldsymbol{\alpha}_1 \quad \boldsymbol{\alpha}_2 \quad \cdots \quad \boldsymbol{\alpha}_s]\begin{bmatrix} k_{11} & k_{12} & \cdots & k_{1t} \\ k_{21} & k_{22} & \cdots & k_{2t} \\ \vdots & \vdots & & \vdots \\ k_{s1} & k_{s2} & \cdots & k_{st} \end{bmatrix}$$

其中 $\boldsymbol{K} = (k_{ij})_{s\times t}$ 称为**表出系数矩阵**.

【例 3.13】 n 维零向量可由任一 n 维向量组 $\boldsymbol{\alpha}_1,\boldsymbol{\alpha}_2,\cdots,\boldsymbol{\alpha}_s$ 线性表出.

事实上,取 $k_1 = k_2 = \cdots = k_s = 0$,则 $0 = 0\boldsymbol{\alpha}_1 + 0\boldsymbol{\alpha}_2 + \cdots + 0\boldsymbol{\alpha}_s$.

【例 3.14】 任一 n 维向量 $\boldsymbol{\alpha} = \begin{bmatrix} a_1 \\ a_2 \\ \vdots \\ a_n \end{bmatrix}$ 均可由 $\boldsymbol{\varepsilon}_1 = \begin{bmatrix} 1 \\ 0 \\ \vdots \\ 0 \end{bmatrix},\boldsymbol{\varepsilon}_2 = \begin{bmatrix} 0 \\ 1 \\ \vdots \\ 0 \end{bmatrix},\cdots,\boldsymbol{\varepsilon}_n = \begin{bmatrix} 0 \\ 0 \\ \vdots \\ 1 \end{bmatrix}$ (称其为 n 维**单位向量组**) 线性表出,即 $\boldsymbol{\alpha} = a_1\boldsymbol{\varepsilon}_1 + a_2\boldsymbol{\varepsilon}_2 + \cdots a_n\boldsymbol{\varepsilon}_n$.

如,三维向量 $\boldsymbol{\alpha} = \begin{bmatrix} 1 \\ 2 \\ 3 \end{bmatrix} = \begin{bmatrix} 1 \\ 0 \\ 0 \end{bmatrix} + 2\begin{bmatrix} 0 \\ 1 \\ 0 \end{bmatrix} + 3\begin{bmatrix} 0 \\ 0 \\ 1 \end{bmatrix}$.

【例 3.15】 判断向量 $\boldsymbol{\beta}$ 是否可由向量组 $\boldsymbol{\alpha}_1,\boldsymbol{\alpha}_2,\boldsymbol{\alpha}_3$ 线性表出? 其中

$$\boldsymbol{\alpha}_1 = \begin{bmatrix} 1 \\ -2 \\ 1 \end{bmatrix},\quad \boldsymbol{\alpha}_2 = \begin{bmatrix} 3 \\ 1 \\ 0 \end{bmatrix},\quad \boldsymbol{\alpha}_3 = \begin{bmatrix} -1 \\ -12 \\ 5 \end{bmatrix},\quad \boldsymbol{\beta} = \begin{bmatrix} 14 \\ -7 \\ 5 \end{bmatrix}$$

解 问题归结为是否存在数 k_1,k_2,k_3 使得 $\boldsymbol{\beta} = k_1\boldsymbol{\alpha}_1 + k_2\boldsymbol{\alpha}_2 + k_3\boldsymbol{\alpha}_3$. 写成矩阵形式

$$[\boldsymbol{\alpha}_1 \quad \boldsymbol{\alpha}_2 \quad \boldsymbol{\alpha}_3]\begin{bmatrix} k_1 \\ k_2 \\ k_3 \end{bmatrix} = \boldsymbol{\beta}$$

即

$$\begin{bmatrix} 1 & 3 & -1 \\ -2 & 1 & -12 \\ 1 & 0 & 5 \end{bmatrix}\begin{bmatrix} k_1 \\ k_2 \\ k_3 \end{bmatrix} = \begin{bmatrix} 14 \\ -7 \\ 5 \end{bmatrix}$$

从而问题就归结为上述方程组是否有解. 所以只需将其增广矩阵 $[\boldsymbol{\alpha}_1 \quad \boldsymbol{\alpha}_2 \quad \boldsymbol{\alpha}_3 \quad \boldsymbol{\beta}]$ 化为行阶梯形

$$\begin{bmatrix} 1 & 3 & -1 & 14 \\ 0 & 7 & -14 & 21 \\ 0 & 0 & 0 & 0 \end{bmatrix}$$

由此，$r[\boldsymbol{\alpha}_1 \quad \boldsymbol{\alpha}_2 \quad \boldsymbol{\alpha}_3] = r[\boldsymbol{\alpha}_1 \quad \boldsymbol{\alpha}_2 \quad \boldsymbol{\alpha}_3 \quad \boldsymbol{\beta}] = 2 < 3$. 故方程组有无穷多解，则 $\boldsymbol{\beta}$ 可由向量组 $\boldsymbol{\alpha}_1,\boldsymbol{\alpha}_2,\boldsymbol{\alpha}_3$ 线性表出.

有些问题要求求出具体的表出系数，可以解方程组求之. 例3.15中有无穷多解，说明 $\boldsymbol{\beta}$ 由向量组 $\boldsymbol{\alpha}_1,\boldsymbol{\alpha}_2,\boldsymbol{\alpha}_3$ 表出的方式也有无穷多种. 运用例3.15中的方法可以得到如下更一般的结果.

定理3.3　线性方程组 $\boldsymbol{Ax}=\boldsymbol{b}$ 有解的充分必要条件是 $\boldsymbol{b}$ 可由 $\boldsymbol{A}$ 的各列线性表出.

证明　若 $\boldsymbol{Ax}=\boldsymbol{b}$ 有解 $[x_1,x_2,\cdots,x_n]^{\mathrm{T}}$，将 $\boldsymbol{A}$ 按列分块写成 $[\boldsymbol{\alpha}_1 \quad \boldsymbol{\alpha}_2 \quad \cdots \quad \boldsymbol{\alpha}_n]$，由例3.12知 $\boldsymbol{Ax}=\boldsymbol{b}$ 可表示为

$$x_1\boldsymbol{\alpha}_1 + x_2\boldsymbol{\alpha}_2 + \cdots + x_n\boldsymbol{\alpha}_n = \boldsymbol{b}$$

即 $\boldsymbol{b}$ 可由 $\boldsymbol{A}$ 的各列线性表出. 反之可逆推回去.

【例3.16】　判断向量 $\boldsymbol{\beta}$ 是否可由 $\boldsymbol{\alpha}_1,\boldsymbol{\alpha}_2,\boldsymbol{\alpha}_3$ 线性表出，若能，写出它的一种表出方式. 其中

$$\boldsymbol{\alpha}_1=\begin{bmatrix}1\\1\\2\\2\end{bmatrix},\quad \boldsymbol{\alpha}_2=\begin{bmatrix}1\\2\\1\\3\end{bmatrix},\quad \boldsymbol{\alpha}_3=\begin{bmatrix}1\\-1\\4\\0\end{bmatrix},\quad \boldsymbol{\beta}=\begin{bmatrix}1\\0\\3\\1\end{bmatrix}$$

解　考虑是否存在 x_1,x_2,x_3 使得 $\boldsymbol{\beta}=x_1\boldsymbol{\alpha}_1+x_2\boldsymbol{\alpha}_2+x_3\boldsymbol{\alpha}_3$. 写成矩阵形式后化为方程组是否有解. 所以只需考虑其增广矩阵的行最简形

$$[\boldsymbol{\alpha}_1 \quad \boldsymbol{\alpha}_2 \quad \boldsymbol{\alpha}_3 \quad \boldsymbol{\beta}]=\begin{bmatrix}1&1&1&1\\1&2&-1&0\\2&1&4&3\\2&3&0&1\end{bmatrix}\to\begin{bmatrix}1&1&1&1\\0&1&-2&-1\\0&-1&2&1\\0&1&-2&-1\end{bmatrix}\to$$

$$\begin{bmatrix}1&1&1&1\\0&1&-2&-1\\0&0&0&0\\0&0&0&0\end{bmatrix}\to\begin{bmatrix}1&0&3&2\\0&1&-2&-1\\0&0&0&0\\0&0&0&0\end{bmatrix}$$

显然 $r[\boldsymbol{\alpha}_1 \quad \boldsymbol{\alpha}_2 \quad \boldsymbol{\alpha}_3]=r[\boldsymbol{\alpha}_1 \quad \boldsymbol{\alpha}_2 \quad \boldsymbol{\alpha}_3 \quad \boldsymbol{\beta}]=2<3$，故 $\boldsymbol{\beta}$ 可由 $\boldsymbol{\alpha}_1,\boldsymbol{\alpha}_2,\boldsymbol{\alpha}_3$ 线性表出，且由上述行最简形可得方程 $[\boldsymbol{\alpha}_1 \quad \boldsymbol{\alpha}_2 \quad \boldsymbol{\alpha}_3]\boldsymbol{x}=\boldsymbol{\beta}$ 的通解为

$$\begin{cases}x_1=-3c+2\\x_2=2c-1,\quad c\text{为任意常数}\\x_3=c\end{cases}$$

不妨令 $c=0$，得 $x_1=2,x_2=-1,x_3=0$. 即一种表出方式为 $\boldsymbol{\beta}=2\boldsymbol{\alpha}_1-\boldsymbol{\alpha}_2+0\boldsymbol{\alpha}_3$.

3.3.2 线性相关和线性无关

定义 3.3 对于给定的向量组 $\boldsymbol{\alpha}_1,\boldsymbol{\alpha}_2,\cdots,\boldsymbol{\alpha}_s$,若存在一组不全为零的数 $k_1,k_2,\cdots,k_s$ 使得

$$k_1\boldsymbol{\alpha}_1+k_2\boldsymbol{\alpha}_2+\cdots+k_s\boldsymbol{\alpha}_s=\mathbf{0} \tag{3.8}$$

则称向量组 $\boldsymbol{\alpha}_1,\boldsymbol{\alpha}_2,\cdots,\boldsymbol{\alpha}_s$ 线性相关,否则称向量组 $\boldsymbol{\alpha}_1,\boldsymbol{\alpha}_2,\cdots,\boldsymbol{\alpha}_s$ 线性无关,即当且仅当 $k_1=k_2=\cdots=k_s=0$ 时,式(3.8)才成立,则称向量组 $\boldsymbol{\alpha}_1,\boldsymbol{\alpha}_2,\cdots,\boldsymbol{\alpha}_s$ 线性无关.

【例 3.17】 含有零向量的任一向量组线性相关.

设此向量组为 $\mathbf{0},\boldsymbol{\alpha}_1,\boldsymbol{\alpha}_2,\cdots,\boldsymbol{\alpha}_s$,则取 $k\neq 0$,那么

$$k\mathbf{0}+0\boldsymbol{\alpha}_1+\cdots+0\boldsymbol{\alpha}_s=\mathbf{0}$$

因此,该向量组线性相关.

【例 3.18】 单个非零向量 $\boldsymbol{\alpha}$ 线性无关.

实际上,仅当 $k=0$ 时,$k\boldsymbol{\alpha}=\mathbf{0}(\boldsymbol{\alpha}\neq\mathbf{0})$ 才成立,所以单个非零向量线性无关.

【例 3.19】 n 维单位向量组 $\boldsymbol{\varepsilon}_1,\boldsymbol{\varepsilon}_2,\cdots,\boldsymbol{\varepsilon}_n$ 线性无关.

事实上,若存在 $k_1,k_2,\cdots,k_n$ 使得 $k_1\boldsymbol{\varepsilon}_1+k_2\boldsymbol{\varepsilon}_2+\cdots+k_n\boldsymbol{\varepsilon}_n=\mathbf{0}$. 则

$$\begin{bmatrix} k_1 \\ k_2 \\ \vdots \\ k_n \end{bmatrix}=\mathbf{0}$$

从而 $k_1=k_2=\cdots=k_n=0$.

由此可知当且仅当 $k_1=k_2=\cdots=k_n=0$ 时,$k_1\boldsymbol{\varepsilon}_1+k_2\boldsymbol{\varepsilon}_2+\cdots+k_n\boldsymbol{\varepsilon}_n=\mathbf{0}$ 才成立. 所以 n 维单位向量组 $\boldsymbol{\varepsilon}_1,\boldsymbol{\varepsilon}_2,\cdots,\boldsymbol{\varepsilon}_n$ 线性无关.

【例 3.20】 证明:若向量组 $\boldsymbol{\alpha}_1,\boldsymbol{\alpha}_2,\boldsymbol{\alpha}_3$ 线性无关,则向量组 $\boldsymbol{\alpha}_1+\boldsymbol{\alpha}_2,\boldsymbol{\alpha}_2+\boldsymbol{\alpha}_3,\boldsymbol{\alpha}_3+\boldsymbol{\alpha}_1$ 也线性无关.

证明 设存在数 k_1,k_2,k_3,使得

$$k_1(\boldsymbol{\alpha}_1+\boldsymbol{\alpha}_2)+k_2(\boldsymbol{\alpha}_2+\boldsymbol{\alpha}_3)+k_3(\boldsymbol{\alpha}_3+\boldsymbol{\alpha}_1)=\mathbf{0}$$

即

$$(k_1+k_3)\boldsymbol{\alpha}_1+(k_1+k_2)\boldsymbol{\alpha}_2+(k_2+k_3)\boldsymbol{\alpha}_3=\mathbf{0}$$

因为向量组 $\boldsymbol{\alpha}_1,\boldsymbol{\alpha}_2,\boldsymbol{\alpha}_3$ 线性无关,所以必有

$$\begin{cases} k_1+k_3=0 \\ k_1+k_2=0 \\ k_2+k_3=0 \end{cases}$$

由于该齐次线性方程组的系数行列式

$$\begin{vmatrix} 1 & 0 & 1 \\ 1 & 1 & 0 \\ 0 & 1 & 1 \end{vmatrix} = 2 \neq 0$$

因此该齐次线性方程组只有零解 $k_1 = k_2 = k_3 = 0$,即向量组 $\boldsymbol{\alpha}_1 + \boldsymbol{\alpha}_2, \boldsymbol{\alpha}_2 + \boldsymbol{\alpha}_3, \boldsymbol{\alpha}_3 + \boldsymbol{\alpha}_1$ 线性无关.

判断线性表出问题最终归结到线性方程组,自然考虑到判断线性相关性可否也归结到这呢?事实上,判断 $\boldsymbol{\alpha}_1, \boldsymbol{\alpha}_2, \cdots, \boldsymbol{\alpha}_s$ 是否线性相关,即判断是否存在不全为零的数 $x_1, x_2, \cdots, x_s$ 使 $x_1\boldsymbol{\alpha}_1 + x_2\boldsymbol{\alpha}_2 + \cdots + x_s\boldsymbol{\alpha}_s = \mathbf{0}$ 成立. 即齐次线性方程组 $[\boldsymbol{\alpha}_1 \quad \boldsymbol{\alpha}_2 \quad \cdots \quad \boldsymbol{\alpha}_s]\begin{bmatrix} x_1 \\ x_2 \\ \vdots \\ x_s \end{bmatrix} = \mathbf{0}$ 是否有非零解. 由定理 3.2,只需判断 $r[\boldsymbol{\alpha}_1 \quad \boldsymbol{\alpha}_2 \quad \cdots \quad \boldsymbol{\alpha}_s]$ 与 s 的大小关系. 所以有下述定理:

定理 3.4　设 $\boldsymbol{A} = [\boldsymbol{\alpha}_1 \quad \boldsymbol{\alpha}_2 \quad \cdots \quad \boldsymbol{\alpha}_s]$,$\boldsymbol{\alpha}_1, \boldsymbol{\alpha}_2, \cdots, \boldsymbol{\alpha}_s$ 均为 m 维列向量. 则下述结论等价,

(1)$\boldsymbol{\alpha}_1, \boldsymbol{\alpha}_2, \cdots, \boldsymbol{\alpha}_s$ 线性相关;

(2)$\boldsymbol{Ax} = \mathbf{0}$ 有非零解;

(3)$r(\boldsymbol{A}) < s$.

而线性无关恰为线性相关的对立面,所以关于线性无关,有下述定理:

定理 3.5　设 $\boldsymbol{A} = [\boldsymbol{\alpha}_1 \quad \boldsymbol{\alpha}_2 \quad \cdots \quad \boldsymbol{\alpha}_s]$,$\boldsymbol{\alpha}_1, \boldsymbol{\alpha}_2, \cdots, \boldsymbol{\alpha}_s$ 均为 m 维列向量. 则下述结论等价,

(1)$\boldsymbol{\alpha}_1, \boldsymbol{\alpha}_2, \cdots, \boldsymbol{\alpha}_s$ 线性无关;

(2)$\boldsymbol{Ax} = \mathbf{0}$ 只有零解;

(3)$r(\boldsymbol{A}) = s$.

【例 3.21】　判断向量组 $\boldsymbol{\alpha}_1, \boldsymbol{\alpha}_2, \boldsymbol{\alpha}_3$ 是否线性相关,其中

$$\boldsymbol{\alpha}_1 = \begin{bmatrix} 1 \\ 0 \\ -1 \\ 2 \end{bmatrix}, \quad \boldsymbol{\alpha}_2 = \begin{bmatrix} -1 \\ -1 \\ 2 \\ -4 \end{bmatrix}, \quad \boldsymbol{\alpha}_3 = \begin{bmatrix} 2 \\ 3 \\ -5 \\ 10 \end{bmatrix}$$

解　考虑

$$[\boldsymbol{\alpha}_1 \quad \boldsymbol{\alpha}_2 \quad \boldsymbol{\alpha}_3] = \begin{bmatrix} 1 & -1 & 2 \\ 0 & -1 & 3 \\ -1 & 2 & -5 \\ 2 & -4 & 10 \end{bmatrix} \to \begin{bmatrix} 1 & -1 & 2 \\ 0 & -1 & 3 \\ 0 & 1 & -3 \\ 0 & -2 & 6 \end{bmatrix} \to \begin{bmatrix} 1 & -1 & 2 \\ 0 & -1 & 3 \\ 0 & 0 & 0 \\ 0 & 0 & 0 \end{bmatrix}$$

所以,$r[\boldsymbol{\alpha}_1 \quad \boldsymbol{\alpha}_2 \quad \boldsymbol{\alpha}_3] = 2 < 3$,即 $\boldsymbol{\alpha}_1, \boldsymbol{\alpha}_2, \boldsymbol{\alpha}_3$ 线性相关.

【例 3.22】　$n + 1$ 个 n 维向量必线性相关.

由定理 3.4,显然成立.

下面给出向量间线性表出、线性相关及线性无关三个概念之间的内在联系.

定理3.6 若一个向量组中的部分向量线性相关,则整个向量组也线性相关.

证明 不妨设向量组 $\boldsymbol{\alpha}_1,\boldsymbol{\alpha}_2,\cdots,\boldsymbol{\alpha}_s$ 中的部分向量 $\boldsymbol{\alpha}_1,\boldsymbol{\alpha}_2,\cdots,\boldsymbol{\alpha}_r(r<s)$ 线性相关,则存在不全为零的数 $k_1,k_2,\cdots,k_r$,有

$$k_1\boldsymbol{\alpha}_1+k_2\boldsymbol{\alpha}_2+\cdots+k_r\boldsymbol{\alpha}_r=\mathbf{0}$$

若取 $k_{r+1}=k_{r+2}=\cdots=k_s=0$,就有

$$k_1\boldsymbol{\alpha}_1+k_2\boldsymbol{\alpha}_2+\cdots+k_r\boldsymbol{\alpha}_r+k_{r+1}\boldsymbol{\alpha}_{r+1}+\cdots+k_s\boldsymbol{\alpha}_s=\mathbf{0}$$

其中 $k_1,k_2,\cdots,k_s$ 不全为零. 所以整个向量组 $\boldsymbol{\alpha}_1,\boldsymbol{\alpha}_2,\cdots,\boldsymbol{\alpha}_s$ 线性相关.

推论1 若一个向量组线性无关,则它的任意一个部分组也线性无关.

定理3.7 向量组 $\boldsymbol{\alpha}_1,\boldsymbol{\alpha}_2,\cdots,\boldsymbol{\alpha}_s(s\geqslant 2)$ 线性相关的充分必要条件是其中至少存在一个向量可由其余向量线性表出.

证明 充分性显然,移项即可. 现假定 $\boldsymbol{\alpha}_1,\boldsymbol{\alpha}_2,\cdots,\boldsymbol{\alpha}_s$ 线性相关,由定义3.3可知存在不全为零的数 $k_1,k_2,\cdots,k_s$,使得

$$k_1\boldsymbol{\alpha}_1+k_2\boldsymbol{\alpha}_2+\cdots+k_s\boldsymbol{\alpha}_s=\mathbf{0}$$

设 $k_i\neq 0$,则由上式可得

$$\boldsymbol{\alpha}_i=-\frac{k_1}{k_i}\boldsymbol{\alpha}_1-\frac{k_2}{k_i}\boldsymbol{\alpha}_2-\cdots-\frac{k_{i-1}}{k_i}\boldsymbol{\alpha}_{i-1}-\frac{k_{i+1}}{k_i}\boldsymbol{\alpha}_{i+1}-\cdots-\frac{k_s}{k_i}\boldsymbol{\alpha}_s$$

即 $\boldsymbol{\alpha}_i$ 可由其余向量线性表出.

推论2 向量组 $\boldsymbol{\alpha}_1,\boldsymbol{\alpha}_2,\cdots,\boldsymbol{\alpha}_s(s\geqslant 2)$ 线性无关的充分必要条件是向量组中的每个向量都不能由其余向量线性表出.

定理3.8 若向量组 $\boldsymbol{\alpha}_1,\boldsymbol{\alpha}_2,\cdots,\boldsymbol{\alpha}_s$ 线性无关,但向量组 $\boldsymbol{\alpha}_1,\boldsymbol{\alpha}_2,\cdots,\boldsymbol{\alpha}_s,\boldsymbol{\beta}$ 线性相关,则向量 $\boldsymbol{\beta}$ 可由向量组 $\boldsymbol{\alpha}_1,\boldsymbol{\alpha}_2,\cdots,\boldsymbol{\alpha}_s$ 线性表出,且表达式唯一.

证明 由于向量组 $\boldsymbol{\alpha}_1,\boldsymbol{\alpha}_2,\cdots,\boldsymbol{\alpha}_s,\boldsymbol{\beta}$ 线性相关,所以存在不全为零的数 $k_1,k_2,\cdots,k_s$ 和 k 使得

$$k_1\boldsymbol{\alpha}_1+k_2\boldsymbol{\alpha}_2+\cdots+k_s\boldsymbol{\alpha}_s+k\boldsymbol{\beta}=\mathbf{0} \tag{3.9}$$

由此可得 $k\neq 0$(事实上,若 $k=0$,则式(3.9)变为 $k_1\boldsymbol{\alpha}_1+k_2\boldsymbol{\alpha}_2+\cdots+k_s\boldsymbol{\alpha}_s=\mathbf{0}$,并且 $k_1,k_2,\cdots,k_s$ 不全为零,于是 $\boldsymbol{\alpha}_1,\boldsymbol{\alpha}_2,\cdots,\boldsymbol{\alpha}_s$ 线性相关,与已知矛盾). 从而由式(3.9)可得

$$\boldsymbol{\beta}=-\frac{k_1}{k}\boldsymbol{\alpha}_1-\frac{k_2}{k}\boldsymbol{\alpha}_2-\cdots-\frac{k_s}{k}\boldsymbol{\alpha}_s$$

即向量 $\boldsymbol{\beta}$ 可由向量组 $\boldsymbol{\alpha}_1,\boldsymbol{\alpha}_2,\cdots,\boldsymbol{\alpha}_s$ 线性表出.

下面证明唯一性. 不妨设

$$\boldsymbol{\beta}=l_1\boldsymbol{\alpha}_1+l_2\boldsymbol{\alpha}_2+\cdots+l_s\boldsymbol{\alpha}_s$$

$$\boldsymbol{\beta}=l_1'\boldsymbol{\alpha}_1+l_2'\boldsymbol{\alpha}_2+\cdots+l_s'\boldsymbol{\alpha}_s$$

两式相减得

$$(l_1-l_1')\boldsymbol{\alpha}_1+(l_2-l_2')\boldsymbol{\alpha}_2+\cdots+(l_s-l_s')\boldsymbol{\alpha}_s=\mathbf{0}$$

于是由 $\boldsymbol{\alpha}_1,\boldsymbol{\alpha}_2,\cdots,\boldsymbol{\alpha}_s$ 线性无关可知 $l_1=l_1',l_2=l_2',\cdots,l_s=l_s'$. 即向量 $\boldsymbol{\beta}$ 可由向量组 $\boldsymbol{\alpha}_1,\boldsymbol{\alpha}_2,\cdots,\boldsymbol{\alpha}_s$ 唯一线性表出.

3.3.3　向量组的等价

定义 3.4　若向量组 $\boldsymbol{\alpha}_1,\boldsymbol{\alpha}_2,\cdots,\boldsymbol{\alpha}_s$ 与 $\boldsymbol{\beta}_1,\boldsymbol{\beta}_2,\cdots,\boldsymbol{\beta}_t$ 可以互相线性表出,则称两个向量组等价,记 $\{\boldsymbol{\alpha}_1,\boldsymbol{\alpha}_2,\cdots,\boldsymbol{\alpha}_s\}\cong\{\boldsymbol{\beta}_1,\boldsymbol{\beta}_2,\cdots,\boldsymbol{\beta}_t\}$.

如若 $\boldsymbol{\beta}_1=\boldsymbol{\alpha}_1+\boldsymbol{\alpha}_2,\boldsymbol{\beta}_2=\boldsymbol{\alpha}_1-\boldsymbol{\alpha}_2$,即 $\boldsymbol{\beta}_1,\boldsymbol{\beta}_2$ 可由 $\boldsymbol{\alpha}_1,\boldsymbol{\alpha}_2$ 线性表出. 变形后 $\boldsymbol{\alpha}_1=\frac{1}{2}(\boldsymbol{\beta}_1+\boldsymbol{\beta}_2)$, $\boldsymbol{\alpha}_2=\frac{1}{2}(\boldsymbol{\beta}_1-\boldsymbol{\beta}_2)$, $\boldsymbol{\alpha}_1,\boldsymbol{\alpha}_2$ 也可由 $\boldsymbol{\beta}_1,\boldsymbol{\beta}_2$ 线性表出. 所以 $\boldsymbol{\alpha}_1,\boldsymbol{\alpha}_2$ 与 $\boldsymbol{\beta}_1,\boldsymbol{\beta}_2$ 等价.

等价的向量组之间有重要的结论:

定理 3.9　若向量组 $\{\boldsymbol{\alpha}_1,\boldsymbol{\alpha}_2,\cdots,\boldsymbol{\alpha}_s\}\cong\{\boldsymbol{\beta}_1,\boldsymbol{\beta}_2,\cdots,\boldsymbol{\beta}_t\}$,记 $\boldsymbol{A}=[\boldsymbol{\alpha}_1\quad\boldsymbol{\alpha}_2\quad\cdots\quad\boldsymbol{\alpha}_s]$, $\boldsymbol{B}=[\boldsymbol{\beta}_1\quad\boldsymbol{\beta}_2\quad\cdots\quad\boldsymbol{\beta}_t]$,那么 $r(\boldsymbol{A})=r(\boldsymbol{B})$.

证明　由 $\{\boldsymbol{\alpha}_1,\boldsymbol{\alpha}_2,\cdots,\boldsymbol{\alpha}_s\}\cong\{\boldsymbol{\beta}_1,\boldsymbol{\beta}_2,\cdots,\boldsymbol{\beta}_t\}$,存在矩阵 $\boldsymbol{C},\boldsymbol{D}$ 使得

$$\boldsymbol{A}=\boldsymbol{BC},\quad \boldsymbol{B}=\boldsymbol{AD}$$

从而 $r(\boldsymbol{A})\leqslant r(\boldsymbol{B})$ 且 $r(\boldsymbol{A})\geqslant r(\boldsymbol{B})$,即 $r(\boldsymbol{A})=r(\boldsymbol{B})$.

定理 3.10　等价的线性无关的向量组所含向量个数相等.

证明　设 $\{\boldsymbol{\alpha}_1,\boldsymbol{\alpha}_2,\cdots,\boldsymbol{\alpha}_s\}\cong\{\boldsymbol{\beta}_1,\boldsymbol{\beta}_2,\cdots,\boldsymbol{\beta}_t\}$. 由定理 3.9 有

$$r[\boldsymbol{\alpha}_1\quad\boldsymbol{\alpha}_2\quad\cdots\quad\boldsymbol{\alpha}_s]=r[\boldsymbol{\beta}_1\quad\boldsymbol{\beta}_2\quad\cdots\quad\boldsymbol{\beta}_t]$$

又由定理 3.5

$$r[\boldsymbol{\alpha}_1\quad\boldsymbol{\alpha}_2\quad\cdots\quad\boldsymbol{\alpha}_s]=s,\quad r[\boldsymbol{\beta}_1\quad\boldsymbol{\beta}_2\quad\cdots\quad\boldsymbol{\beta}_t]=t$$

故 $t=s$,即结论得证.

3.4　向量组的秩

对于给定的一个向量组可能是线性相关的,也可能是线性无关的. 当向量组线性相关时,更需关注其线性无关部分组中最多含有多少个向量? 这在理论上和实际应用中都十分重要.

定义 3.5　若向量组 $\boldsymbol{\alpha}_1,\boldsymbol{\alpha}_2,\cdots,\boldsymbol{\alpha}_s$ 的一个部分组 $\boldsymbol{\alpha}_{j_1},\boldsymbol{\alpha}_{j_2},\cdots,\boldsymbol{\alpha}_{j_r}$ 满足条件

(1) $\boldsymbol{\alpha}_{j_1},\boldsymbol{\alpha}_{j_2},\cdots,\boldsymbol{\alpha}_{j_r}$ 线性无关;

(2) 向量组 $\boldsymbol{\alpha}_1,\boldsymbol{\alpha}_2,\cdots,\boldsymbol{\alpha}_s$ 中的任意向量都可由此部分组 $\boldsymbol{\alpha}_{j_1},\boldsymbol{\alpha}_{j_2},\cdots,\boldsymbol{\alpha}_{j_r}$ 线性表出.

则部分组 $\boldsymbol{\alpha}_{j_1},\boldsymbol{\alpha}_{j_2},\cdots,\boldsymbol{\alpha}_{j_r}$ 称为此向量组的一个极大无关组.

【**例 3.23**】　考虑向量组 $\boldsymbol{\alpha}_1,\boldsymbol{\alpha}_2,\boldsymbol{\alpha}_3$. 其中

$$\boldsymbol{\alpha}_1=\begin{bmatrix}1\\0\\1\end{bmatrix},\quad \boldsymbol{\alpha}_2=\begin{bmatrix}0\\1\\1\end{bmatrix},\quad \boldsymbol{\alpha}_3=\begin{bmatrix}1\\-1\\0\end{bmatrix}$$

由于$r[\boldsymbol{\alpha}_1\quad \boldsymbol{\alpha}_2]=2$,所以$\boldsymbol{\alpha}_1,\boldsymbol{\alpha}_2$线性无关. 又$r[\boldsymbol{\alpha}_1\quad \boldsymbol{\alpha}_2\quad \boldsymbol{\alpha}_3]=2<3$,于是$\boldsymbol{\alpha}_1,\boldsymbol{\alpha}_2,\boldsymbol{\alpha}_3$线性相关,从而$\boldsymbol{\alpha}_3$可由$\boldsymbol{\alpha}_1,\boldsymbol{\alpha}_2$线性表出. 由定义 3.5 知$\boldsymbol{\alpha}_1,\boldsymbol{\alpha}_2$是其一个极大无关组. 不难看出$\boldsymbol{\alpha}_2,\boldsymbol{\alpha}_3$和$\boldsymbol{\alpha}_1,\boldsymbol{\alpha}_3$也是其极大无关组. 例 3.23 说明一个向量组的极大无关组未必唯一.

为了给出求极大无关组的一般化方法,首先看下面定理:

定理 3.11 初等行(列) 变换不改变矩阵$\boldsymbol{A}$的列(行) 之间的线性相关性.

证明 设$\boldsymbol{A}=[\boldsymbol{\alpha}_1\quad \boldsymbol{\alpha}_2\quad \cdots\quad \boldsymbol{\alpha}_s]$,其中$\boldsymbol{\alpha}_1,\boldsymbol{\alpha}_2,\cdots,\boldsymbol{\alpha}_s$是$\boldsymbol{A}$的各列对应的向量. 下面分两种情况讨论.

情况 1 若$\boldsymbol{\alpha}_1,\boldsymbol{\alpha}_2,\cdots,\boldsymbol{\alpha}_s$线性相关,则存在不全为零的数$k_1,k_2,\cdots,k_s$使得

$$\sum_{i=1}^{s}k_i\boldsymbol{\alpha}_i=\mathbf{0}$$

而对$\boldsymbol{A}$进行一系列的初等行变换相当于对$\boldsymbol{A}$左乘可逆阵$\boldsymbol{T}$,于是$\boldsymbol{\alpha}_1,\boldsymbol{\alpha}_2,\cdots,\boldsymbol{\alpha}_s$变成了$\boldsymbol{T\alpha}_1,\boldsymbol{T\alpha}_2,\cdots,\boldsymbol{T\alpha}_s$,从而

$$\sum_{i=1}^{s}k_i(\boldsymbol{T\alpha}_i)=\boldsymbol{T}\left(\sum_{i=1}^{s}k_i\boldsymbol{\alpha}_i\right)=\boldsymbol{T}\cdot\mathbf{0}=\mathbf{0}$$

这说明$\boldsymbol{T\alpha}_1,\boldsymbol{T\alpha}_2,\cdots,\boldsymbol{T\alpha}_s$仍线性相关.

情况 2 若$\boldsymbol{\alpha}_1,\boldsymbol{\alpha}_2,\cdots,\boldsymbol{\alpha}_s$线性无关,对$\boldsymbol{A}$进行一系列的初等行变换相当于对$\boldsymbol{A}$左乘可逆阵$\boldsymbol{T}$,于是$\boldsymbol{\alpha}_1,\boldsymbol{\alpha}_2,\cdots,\boldsymbol{\alpha}_s$变为$\boldsymbol{T\alpha}_1,\boldsymbol{T\alpha}_2,\cdots,\boldsymbol{T\alpha}_s$. 设存在$k_1,k_2,\cdots,k_s$使得$\sum\limits_{i=1}^{s}k_i(\boldsymbol{T\alpha}_i)=\mathbf{0}$. 那么$\boldsymbol{T}\left(\sum\limits_{i=1}^{s}k_i\boldsymbol{\alpha}_i\right)=\mathbf{0}$. 从而$\sum\limits_{i=1}^{s}k_i\boldsymbol{\alpha}_i=\mathbf{0}$. 由$\boldsymbol{\alpha}_1,\boldsymbol{\alpha}_2,\cdots,\boldsymbol{\alpha}_s$线性无关,必有$k_1=k_2=\cdots=k_s=0$,从而$\boldsymbol{T\alpha}_1,\boldsymbol{T\alpha}_2,\cdots,\boldsymbol{T\alpha}_s$仍线性无关.

类似可证关于行的结论.

【例 3.24】 求向量组$\boldsymbol{\alpha}_1,\boldsymbol{\alpha}_2,\boldsymbol{\alpha}_3,\boldsymbol{\alpha}_4$的一个极大无关组并将其余向量用此极大无关组线性表出. 其中

$$\boldsymbol{\alpha}_1=\begin{bmatrix}1\\-1\\2\\1\\0\end{bmatrix},\quad \boldsymbol{\alpha}_2=\begin{bmatrix}2\\-2\\4\\-2\\0\end{bmatrix},\quad \boldsymbol{\alpha}_3=\begin{bmatrix}3\\0\\6\\-1\\1\end{bmatrix},\quad \boldsymbol{\alpha}_4=\begin{bmatrix}0\\3\\0\\0\\1\end{bmatrix}$$

解 将$\boldsymbol{\alpha}_1,\boldsymbol{\alpha}_2,\boldsymbol{\alpha}_3,\boldsymbol{\alpha}_4$作为矩阵$\boldsymbol{A}$的各列,对$\boldsymbol{A}=[\boldsymbol{\alpha}_1\quad \boldsymbol{\alpha}_2\quad \boldsymbol{\alpha}_3\quad \boldsymbol{\alpha}_4]$进行初等行变换化为如下行阶梯形

$$A=[\boldsymbol{\alpha}_1\quad\boldsymbol{\alpha}_2\quad\boldsymbol{\alpha}_3\quad\boldsymbol{\alpha}_4]=\begin{bmatrix}1&2&3&0\\-1&-2&0&3\\2&4&6&0\\1&-2&-1&0\\0&0&1&1\end{bmatrix}\rightarrow$$

$$\begin{bmatrix}1&2&3&0\\0&0&3&3\\0&0&0&0\\0&-4&-4&0\\0&0&1&1\end{bmatrix}\rightarrow\begin{bmatrix}1&2&3&0\\0&1&1&0\\0&0&1&1\\0&0&0&0\\0&0&0&0\end{bmatrix}$$

因为对 $\boldsymbol{A}$ 的各列施行初等行变换不改变各列对应向量之间的线性相关性，因此由上面的行阶梯形矩阵可知 $\boldsymbol{\alpha}_1,\boldsymbol{\alpha}_2,\boldsymbol{\alpha}_3$ 线性无关，$\boldsymbol{\alpha}_1,\boldsymbol{\alpha}_2,\boldsymbol{\alpha}_3,\boldsymbol{\alpha}_4$ 线性相关. 由定义 3.5 可知 $\boldsymbol{\alpha}_1,\boldsymbol{\alpha}_2,\boldsymbol{\alpha}_3$ 为一极大无关组.

下面对上述的行阶梯形继续进行初等行变换化为行最简形

$$\begin{bmatrix}1&2&3&0\\0&1&1&0\\0&0&1&1\\0&0&0&0\\0&0&0&0\end{bmatrix}\rightarrow\begin{bmatrix}1&2&0&-3\\0&1&0&-1\\0&0&1&1\\0&0&0&0\\0&0&0&0\end{bmatrix}\rightarrow\begin{bmatrix}1&0&0&-1\\0&1&0&-1\\0&0&1&1\\0&0&0&0\\0&0&0&0\end{bmatrix}$$

故由行最简形矩阵观察可得

$$\boldsymbol{\alpha}_4=-\boldsymbol{\alpha}_1-\boldsymbol{\alpha}_2+\boldsymbol{\alpha}_3$$

由上例不难看出对于给定向量组 $\boldsymbol{\alpha}_1,\boldsymbol{\alpha}_2,\cdots,\boldsymbol{\alpha}_s$，求其一个极大无关组的一般步骤：

(1) 用初等行变换化$[\boldsymbol{\alpha}_1\quad\boldsymbol{\alpha}_2\quad\cdots\quad\boldsymbol{\alpha}_s]$为行阶梯形；

(2) 行阶梯形中非零行的个数即为极大无关组中所含向量的个数，而非零行的非零首元所在的列对应的向量即为该向量组的一个极大无关组. 接下来对行阶梯形继续进行初等行变换化为行最简形，其余向量的表出系数即可通过行最简形矩阵观察而得.

现在，从理论上尚需弄清楚一个 n 维向量组是否存在极大无关组？若存在，那么极大无关组之间的关系到底如何？下面将回答这些问题.

定理 3.12　在 n 维向量组 S 中，若 $\boldsymbol{\alpha}_1,\boldsymbol{\alpha}_2,\cdots,\boldsymbol{\alpha}_t$ 是线性无关的但不是 S 的极大无关组，则 $\boldsymbol{\alpha}_1,\boldsymbol{\alpha}_2,\cdots,\boldsymbol{\alpha}_t$ 可扩充为 $\boldsymbol{\alpha}_1,\boldsymbol{\alpha}_2,\cdots,\boldsymbol{\alpha}_t,\cdots,\boldsymbol{\alpha}_r$ 使之成为 S 的一个极大无关组.

证明留作习题，感兴趣的读者自行证明.

定理 3.13　含有非零向量的一个 n 维向量组必有极大无关组，且它任意两个极大无关组所含向量个数相等.

证明　设 $\boldsymbol{\alpha}\neq\mathbf{0}$，则 $\boldsymbol{\alpha}$ 线性无关，由定理 3.12 可知由 $\boldsymbol{\alpha}$ 可扩充得到一个极大无关组. 同一

个向量组的两个极大无关组,按其定义,它们分别线性无关且可以互相线性表出,从而等价.而等价的线性无关组所含向量的个数相等,故结论成立.

定义 3.6 一个向量组若有极大无关组,则称极大无关组所含向量的个数为该向量组的秩.若向量组只含零向量,规定该向量组的秩为零.

这样,将上节的定理 3.9 用新的语言来描述,即

定理 3.14 等价的向量组的秩相等.

【例 3.25】 求向量组 $\boldsymbol{\alpha}_1,\boldsymbol{\alpha}_2,\boldsymbol{\alpha}_3,\boldsymbol{\alpha}_4,\boldsymbol{\alpha}_5$ 的秩和一个极大无关组,并将其余向量用此极大无关组线性表出.其中 $\boldsymbol{\alpha}_1=[2,1,4,3]$,$\boldsymbol{\alpha}_2=[-1,1,-6,6]$,$\boldsymbol{\alpha}_3=[-1,-2,2,-9]$,$\boldsymbol{\alpha}_4=[1,1,-2,7]$,$\boldsymbol{\alpha}_5=[2,4,4,9]$.

解 将 $\boldsymbol{\alpha}_1^{\mathrm{T}},\boldsymbol{\alpha}_2^{\mathrm{T}},\boldsymbol{\alpha}_3^{\mathrm{T}},\boldsymbol{\alpha}_4^{\mathrm{T}},\boldsymbol{\alpha}_5^{\mathrm{T}}$ 作为矩阵 $\boldsymbol{A}$ 的各列,对矩阵 $\boldsymbol{A}$ 进行初等行变换化为阶梯形

$$\boldsymbol{A}=[\boldsymbol{\alpha}_1^{\mathrm{T}}\quad\boldsymbol{\alpha}_2^{\mathrm{T}}\quad\boldsymbol{\alpha}_3^{\mathrm{T}}\quad\boldsymbol{\alpha}_4^{\mathrm{T}}\quad\boldsymbol{\alpha}_5^{\mathrm{T}}]=\begin{bmatrix}2&-1&-1&1&2\\1&1&-2&1&4\\4&-6&2&-2&4\\3&6&-9&7&9\end{bmatrix}\to\begin{bmatrix}1&1&-2&1&4\\2&-1&-1&1&2\\4&-6&2&-2&4\\3&6&-9&7&9\end{bmatrix}\to$$

$$\begin{bmatrix}1&1&-2&1&4\\0&-3&3&-1&-6\\0&-10&10&-6&-12\\0&3&-3&4&-3\end{bmatrix}\to\begin{bmatrix}1&1&-2&1&4\\0&-3&3&-1&-6\\0&0&0&-\frac{8}{3}&8\\0&0&0&3&-9\end{bmatrix}\to$$

$$\begin{bmatrix}1&1&-2&1&4\\0&1&-1&\frac{1}{3}&2\\0&0&0&1&-3\\0&0&0&0&0\end{bmatrix}$$

因为初等行变换不改变列之间的线性关系,故非零首元所在列对应的原向量 $\boldsymbol{\alpha}_1,\boldsymbol{\alpha}_2,\boldsymbol{\alpha}_4$ 线性无关,所以 $r[\boldsymbol{\alpha}_1\quad\boldsymbol{\alpha}_2\quad\boldsymbol{\alpha}_3\quad\boldsymbol{\alpha}_4\quad\boldsymbol{\alpha}_5]=3$,$\boldsymbol{\alpha}_1,\boldsymbol{\alpha}_2,\boldsymbol{\alpha}_4$ 为一个极大无关组.

下面对上述矩阵继续进行初等行变换化为行最简形

$$\begin{bmatrix}1&1&-2&1&4\\0&1&-1&\frac{1}{3}&2\\0&0&0&1&-3\\0&0&0&0&0\end{bmatrix}\to\begin{bmatrix}1&1&-2&0&7\\0&1&-1&0&3\\0&0&0&1&-3\\0&0&0&0&0\end{bmatrix}\to\begin{bmatrix}1&0&-1&0&4\\0&1&-1&0&3\\0&0&0&1&-3\\0&0&0&0&0\end{bmatrix}$$

由行最简形矩阵观察可得

$$\boldsymbol{\alpha}_3=-\boldsymbol{\alpha}_1-\boldsymbol{\alpha}_2,\quad\boldsymbol{\alpha}_5=4\boldsymbol{\alpha}_1+3\boldsymbol{\alpha}_2-3\boldsymbol{\alpha}_4$$

3.5 线性方程组解的结构

有了向量方面的一些知识准备,现在来研究线性方程组解的结构. 分两种情况讨论.

3.5.1 齐次线性方程组

考虑齐次线性方程组(3.7)的矩阵形式

$$\boldsymbol{A}_{m\times n}\boldsymbol{x}=\boldsymbol{0} \tag{3.10}$$

显然方程组(3.10)总是有零解的,下面将讨论(3.10)有非零解时解的结构有何特点. 为此先讨论(3.10)的几个性质:

性质1 若 $\boldsymbol{x}=\boldsymbol{\eta}_1,\boldsymbol{x}=\boldsymbol{\eta}_2$ 均为(3.10)的解,则 $\boldsymbol{x}=\boldsymbol{\eta}_1+\boldsymbol{\eta}_2$ 也是(3.10)的解.

证明 只要验证 $\boldsymbol{x}=\boldsymbol{\eta}_1+\boldsymbol{\eta}_2$ 满足(3.10)即可. 即

$$\boldsymbol{A}(\boldsymbol{\eta}_1+\boldsymbol{\eta}_2)=\boldsymbol{A}\boldsymbol{\eta}_1+\boldsymbol{A}\boldsymbol{\eta}_2=\boldsymbol{0}+\boldsymbol{0}=\boldsymbol{0}$$

性质2 若 $\boldsymbol{x}=\boldsymbol{\eta}$ 为(3.10)的解,k 为实数,则 $\boldsymbol{x}=k\boldsymbol{\eta}$ 也是(3.10)的解.

证明

$$\boldsymbol{A}(k\boldsymbol{\eta})=k(\boldsymbol{A}\boldsymbol{\eta})=k\cdot\boldsymbol{0}=\boldsymbol{0}$$

现将方程组(3.10)的全体解所组成的集合记为 J,如果能求得解集 J 的一个极大无关组 $J_0:\boldsymbol{\eta}_1,\boldsymbol{\eta}_2,\cdots,\boldsymbol{\eta}_r$,那么方程组(3.10)的任一解都可由 J_0 线性表出;反之,由性质1和2可知,J_0 的任何线性组合

$$\boldsymbol{x}=k_1\boldsymbol{\eta}_1+k_2\boldsymbol{\eta}_2+\cdots+k_r\boldsymbol{\eta}_r$$

都是方程组(3.10)的解,因此上式便是方程组(3.10)的通解.

称齐次线性方程组解集的极大无关组为该齐次线性方程组的**基础解系**. 由上述讨论可知,欲求其全部解,只需求其基础解系即可. 基础解系的具体求法见下面的定理:

定理3.15 若齐次线性方程组(3.10)的系数矩阵的秩 $r(\boldsymbol{A})=r<n$,则方程组(3.10)有基础解系,并且其任一基础解系中解向量的个数为 $n-r$.

证明 因为 $r(\boldsymbol{A})=r<n$,所以对 $\boldsymbol{A}$ 施行初等行变换(必要时重新排列未知量的顺序)化为行最简形

$$\begin{bmatrix} 1 & 0 & \cdots & 0 & \hat{a}_{1,r+1} & \cdots & \hat{a}_{1n} \\ 0 & 1 & \cdots & 0 & \hat{a}_{2,r+1} & \cdots & \hat{a}_{2n} \\ \vdots & \vdots & & \vdots & \vdots & & \vdots \\ 0 & 0 & \cdots & 1 & \hat{a}_{r,r+1} & \cdots & \hat{a}_{rn} \\ 0 & 0 & \cdots & 0 & 0 & \cdots & 0 \\ \vdots & \vdots & & \vdots & \vdots & & \vdots \\ 0 & 0 & \cdots & 0 & 0 & \cdots & 0 \end{bmatrix}$$

即得

$$\begin{cases} x_1 = -\hat{a}_{1,r+1}x_{r+1} - \cdots - \hat{a}_{1n}x_n \\ x_2 = -\hat{a}_{2,r+1}x_{r+1} - \cdots - \hat{a}_{2n}x_n \\ \quad \cdots \quad \cdots \quad \cdots \\ x_r = -\hat{a}_{r,r+1}x_{r+1} - \cdots - \hat{a}_{rn}x_n \end{cases} \tag{3.11}$$

取 $x_{r+1}, x_{r+2}, \cdots, x_n$ 为自由未知量,并分别令

$$\begin{bmatrix} x_{r+1} \\ x_{r+2} \\ \vdots \\ x_n \end{bmatrix} = \begin{bmatrix} 1 \\ 0 \\ \vdots \\ 0 \end{bmatrix}, \begin{bmatrix} 0 \\ 1 \\ \vdots \\ 0 \end{bmatrix}, \cdots, \begin{bmatrix} 0 \\ 0 \\ \vdots \\ 1 \end{bmatrix}, \quad \text{共 } n-r \text{ 个}$$

由方程组(3.11)就得到方程组(3.10)的 $n-r$ 个解

$$\boldsymbol{\eta}_1 = \begin{bmatrix} -\hat{a}_{1,r+1} \\ -\hat{a}_{2,r+1} \\ \vdots \\ -\hat{a}_{r,r+1} \\ 1 \\ 0 \\ \vdots \\ 0 \end{bmatrix}, \quad \boldsymbol{\eta}_2 = \begin{bmatrix} -\hat{a}_{1,r+2} \\ -\hat{a}_{2,r+2} \\ \vdots \\ -\hat{a}_{r,r+2} \\ 0 \\ 1 \\ \vdots \\ 0 \end{bmatrix}, \quad \cdots, \quad \boldsymbol{\eta}_{n-r} = \begin{bmatrix} -\hat{a}_{1n} \\ -\hat{a}_{2n} \\ \vdots \\ -\hat{a}_{rn} \\ 0 \\ 0 \\ \vdots \\ 1 \end{bmatrix}$$

下面证明 $\boldsymbol{\eta}_1, \boldsymbol{\eta}_2, \cdots, \boldsymbol{\eta}_{n-r}$ 就是方程组(3.11)的一个基础解系.

首先证明 $\boldsymbol{\eta}_1, \boldsymbol{\eta}_2, \cdots, \boldsymbol{\eta}_{n-r}$ 是线性无关的.

不妨设存在常数 $k_1, k_2, \cdots, k_{n-r}$ 使得

$$k_1\boldsymbol{\eta}_1 + k_2\boldsymbol{\eta}_2 + \cdots + k_{n-r}\boldsymbol{\eta}_{n-r} = \mathbf{0}$$

则

$$\begin{bmatrix} -k_1\hat{a}_{1,r+1} \\ -k_1\hat{a}_{2,r+1} \\ \vdots \\ -k_1\hat{a}_{r,r+1} \\ k_1 \\ 0 \\ \vdots \\ 0 \end{bmatrix} + \begin{bmatrix} -k_2\hat{a}_{1,r+2} \\ -k_2\hat{a}_{2,r+2} \\ \vdots \\ -k_2\hat{a}_{r,r+2} \\ 0 \\ k_2 \\ \vdots \\ 0 \end{bmatrix} + \cdots + \begin{bmatrix} -k_{n-r}\hat{a}_{1n} \\ -k_{n-r}\hat{a}_{2n} \\ \vdots \\ -k_{n-r}\hat{a}_{rn} \\ 0 \\ 0 \\ \vdots \\ k_{n-r} \end{bmatrix} = \mathbf{0}$$

故 $k_1 = k_2 = \cdots = k_{n-r} = 0$,从而 $\boldsymbol{\eta}_1, \boldsymbol{\eta}_2, \cdots, \boldsymbol{\eta}_{n-r}$ 线性无关.

再证方程组(3.11)的任一解都可以由 $\boldsymbol{\eta}_1,\boldsymbol{\eta}_2,\cdots,\boldsymbol{\eta}_{n-r}$ 线性表出.
设

$$\boldsymbol{\eta}=\begin{bmatrix}c_1\\c_2\\\vdots\\c_n\end{bmatrix}$$

是方程组(3.10)的任意一个解,则 $\boldsymbol{\eta}$ 也是方程组(3.11)的解. 因此有

$$\begin{cases}c_1 &= -\hat{a}_{1,r+1}c_{r+1}-\hat{a}_{1,r+2}c_{r+2}-\cdots-\hat{a}_{1n}c_n\\c_2 &= -\hat{a}_{2,r+1}c_{r+1}-\hat{a}_{2,r+2}c_{r+2}-\cdots-\hat{a}_{2n}c_n\\ &\cdots\quad\cdots\quad\cdots\\c_r &= -\hat{a}_{r,r+1}c_{r+1}-\hat{a}_{r,r+2}c_{r+2}-\cdots-\hat{a}_{rn}c_n\\c_{r+1} &= c_{r+1}\\c_{r+2} &= c_{r+2}\\ &\cdots\quad\cdots\quad\cdots\\c_n &= c_n\end{cases}$$

写成向量的形式,即

$$\begin{bmatrix}c_1\\c_2\\\vdots\\c_r\\c_{r+1}\\c_{r+2}\\\vdots\\c_n\end{bmatrix}=c_{r+1}\begin{bmatrix}-\hat{a}_{1,r+1}\\-\hat{a}_{2,r+1}\\\vdots\\-\hat{a}_{r,r+1}\\1\\0\\\vdots\\0\end{bmatrix}+c_{r+2}\begin{bmatrix}-\hat{a}_{1,r+2}\\-\hat{a}_{2,r+2}\\\vdots\\-\hat{a}_{r,r+2}\\0\\1\\\vdots\\0\end{bmatrix}+\cdots+c_n\begin{bmatrix}-\hat{a}_{1n}\\-\hat{a}_{2n}\\\vdots\\-\hat{a}_{rn}\\0\\0\\\vdots\\1\end{bmatrix}$$

即 $\boldsymbol{\eta}=c_{r+1}\boldsymbol{\eta}_1+c_{r+2}\boldsymbol{\eta}_2+\cdots+c_n\boldsymbol{\eta}_{n-r}$. 即方程组(3.11)的任一解都可以由 $\boldsymbol{\eta}_1,\boldsymbol{\eta}_2,\cdots,\boldsymbol{\eta}_{n-r}$ 线性表出.

综上,定理得证.

事实上,定理 3.15 的证明过程也给出了求齐次线性方程组的一个基础解系的方法. 求出方程组的一个基础解系 $\boldsymbol{\eta}_1,\boldsymbol{\eta}_2,\cdots,\boldsymbol{\eta}_{n-r}$ 后,方程组(3.11)的通解就可以表示为

$$\boldsymbol{\eta}=c_1\boldsymbol{\eta}_1+c_2\boldsymbol{\eta}_2+\cdots+c_{n-r}\boldsymbol{\eta}_{n-r}$$

其中 $c_1,c_2,\cdots,c_{n-r}$ 为任意常数.

【例 3.26】　求齐次线性方程组

$$\begin{cases} x_1 + x_2 - x_3 - x_4 = 0 \\ 2x_1 - 5x_2 + 3x_3 + 2x_4 = 0 \\ 7x_1 - 7x_2 + 3x_3 + x_4 = 0 \end{cases}$$

的基础解系与通解.

解 对系数矩阵 $\boldsymbol{A}$ 施以初等行变换化为行最简形

$$\boldsymbol{A} = \begin{bmatrix} 1 & 1 & -1 & -1 \\ 2 & -5 & 3 & 2 \\ 7 & -7 & 3 & 1 \end{bmatrix} \to \begin{bmatrix} 1 & 1 & -1 & -1 \\ 0 & -7 & 5 & 4 \\ 0 & -14 & 10 & 8 \end{bmatrix} \to$$

$$\begin{bmatrix} 1 & 1 & -1 & -1 \\ 0 & -7 & 5 & 4 \\ 0 & 0 & 0 & 0 \end{bmatrix} \to \begin{bmatrix} 1 & 0 & -\frac{2}{7} & -\frac{3}{7} \\ 0 & 1 & -\frac{5}{7} & -\frac{4}{7} \\ 0 & 0 & 0 & 0 \end{bmatrix}$$

即得

$$\begin{cases} x_1 = \frac{2}{7}x_3 + \frac{3}{7}x_4 \\ x_2 = \frac{5}{7}x_3 + \frac{4}{7}x_4 \end{cases}$$

取 x_3, x_4 为自由未知量,并分别令

$$\begin{bmatrix} x_3 \\ x_4 \end{bmatrix} = \begin{bmatrix} 1 \\ 0 \end{bmatrix}, \begin{bmatrix} 0 \\ 1 \end{bmatrix}$$

即得原方程组的一个基础解系

$$\boldsymbol{\eta}_1 = \begin{bmatrix} \frac{2}{7} \\ \frac{5}{7} \\ 1 \\ 0 \end{bmatrix}, \quad \boldsymbol{\eta}_2 = \begin{bmatrix} \frac{3}{7} \\ \frac{4}{7} \\ 0 \\ 1 \end{bmatrix}$$

因此通解为

$$\boldsymbol{\eta} = c_1\boldsymbol{\eta}_1 + c_2\boldsymbol{\eta}_2, \quad c_1, c_2 \text{ 为任意常数}$$

3.5.2 非齐次线性方程组

对于非齐次线性方程组

$$\begin{cases} a_{11}x_1 + a_{12}x_2 + \cdots + a_{1n}x_n = b_1 \\ a_{21}x_1 + a_{22}x_2 + \cdots + a_{2n}x_n = b_2 \\ \cdots \quad \cdots \quad \cdots \\ a_{m1}x_1 + a_{m2}x_2 + \cdots + a_{mn}x_n = b_m \end{cases}$$

其矩阵形式

$$\boldsymbol{Ax} = \boldsymbol{b} \tag{3.12}$$

下面来讨论(3.12)的解的性质.

性质3　若 $\boldsymbol{x} = \boldsymbol{\eta}_1, \boldsymbol{x} = \boldsymbol{\eta}_2$ 均为方程组(3.12)的解,则 $\boldsymbol{x} = \boldsymbol{\eta}_1 - \boldsymbol{\eta}_2$ 为其对应的齐次线性方程组(也称为它的**导出组**)

$$\boldsymbol{Ax} = \boldsymbol{0} \tag{3.13}$$

的解.

证明　$\boldsymbol{A}(\boldsymbol{\eta}_1 - \boldsymbol{\eta}_2) = \boldsymbol{A\eta}_1 - \boldsymbol{A\eta}_2 = \boldsymbol{b} - \boldsymbol{b} = \boldsymbol{0}$,即 $\boldsymbol{x} = \boldsymbol{\eta}_1 - \boldsymbol{\eta}_2$ 满足方程组(3.13).

性质4　若 $\boldsymbol{x} = \boldsymbol{\gamma}$ 是方程组(3.12)的解,$\boldsymbol{x} = \boldsymbol{\eta}$ 是其导出组(3.13)的解,则 $\boldsymbol{x} = \boldsymbol{\gamma} + \boldsymbol{\eta}$ 仍为方程组(3.12)的解.

证明　$\boldsymbol{A}(\boldsymbol{\gamma} + \boldsymbol{\eta}) = \boldsymbol{A\gamma} + \boldsymbol{A\eta} = \boldsymbol{b} + \boldsymbol{0} = \boldsymbol{b}$,即 $\boldsymbol{x} = \boldsymbol{\gamma} + \boldsymbol{\eta}$ 满足方程组(3.12).

由上述两个性质容易得到:

定理3.16　若 $\boldsymbol{\gamma}_0$ 是方程组(3.12)的一个解,$\boldsymbol{\eta}$ 是其导出组(3.13)的通解. 即

$$\boldsymbol{\eta} = c_1\boldsymbol{\eta}_1 + c_2\boldsymbol{\eta}_2 + \cdots + c_{n-r}\boldsymbol{\eta}_{n-r}$$

其中 $\boldsymbol{\eta}_1, \boldsymbol{\eta}_2, \cdots, \boldsymbol{\eta}_{n-r}$ 是导出组(3.13)的一个基础解系. 则方程组(3.12)的一般解(通解)可表示为

$$\boldsymbol{\gamma} = \boldsymbol{\gamma}_0 + \boldsymbol{\eta} = \boldsymbol{\gamma}_0 + c_1\boldsymbol{\eta}_1 + c_2\boldsymbol{\eta}_2 + \cdots + c_{n-r}\boldsymbol{\eta}_{n-r} \tag{3.14}$$

其中 $c_1, c_2, \cdots, c_{n-r}$ 为任意常数.

$\boldsymbol{\gamma}_0$ 称为方程组(3.12)的一个**特解**.

证明　由性质4有 $\boldsymbol{\gamma} = \boldsymbol{\gamma}_0 + \boldsymbol{\eta}$ 一定为方程组(3.12)的解. 下面证明方程组(3.12)的任一解 $\boldsymbol{\gamma}_1$ 一定具有式(3.14)的形式.

由性质3有 $\boldsymbol{\gamma}_1 - \boldsymbol{\gamma}_0$ 为导出组(3.13)的解,因而可由导出组的基础解系线性表出. 即存在 $n-r$ 个数 $c_1, c_2, \cdots, c_{n-r}$,使得

$$\boldsymbol{\gamma}_1 - \boldsymbol{\gamma}_0 = c_1\boldsymbol{\eta}_1 + c_2\boldsymbol{\eta}_2 + \cdots + c_{n-r}\boldsymbol{\eta}_{n-r}$$

即

$$\boldsymbol{\gamma}_1 = \boldsymbol{\gamma}_0 + c_1\boldsymbol{\eta}_1 + c_2\boldsymbol{\eta}_2 + \cdots + c_{n-r}\boldsymbol{\eta}_{n-r}$$

因此方程组(3.12)的通解可表示为式(3.14)的形式.

【例3.27】　求非齐次线性方程组

$$\begin{cases} x_1 + x_2 - x_3 - x_4 = 1 \\ 2x_1 - 5x_2 + 3x_3 + 2x_4 = 3 \\ 7x_1 - 7x_2 + 3x_3 + x_4 = 9 \end{cases}$$

的通解.

解 对增广矩阵$\widetilde{A}$施以初等行变换化为行最简形

$$\widetilde{\boldsymbol{A}}=\begin{bmatrix}1&1&-1&-1&1\\2&-5&3&2&3\\7&-7&3&1&9\end{bmatrix}\to\begin{bmatrix}1&1&-1&-1&1\\0&-7&5&4&1\\0&-14&10&8&2\end{bmatrix}\to\begin{bmatrix}1&1&-1&-1&1\\0&-7&5&4&1\\0&0&0&0&0\end{bmatrix}\to$$

$$\begin{bmatrix}1&1&-1&-1&1\\0&1&-\frac{5}{7}&-\frac{4}{7}&-\frac{1}{7}\\0&0&0&0&0\end{bmatrix}\to\begin{bmatrix}1&0&-\frac{2}{7}&-\frac{3}{7}&\frac{8}{7}\\0&1&-\frac{5}{7}&-\frac{4}{7}&-\frac{1}{7}\\0&0&0&0&0\end{bmatrix}$$

显然$r(\boldsymbol{A})=r(\widetilde{\boldsymbol{A}})=2<4$,方程组有无穷多解.

$$\begin{cases}x_1=\frac{2}{7}x_3+\frac{3}{7}x_4+\frac{8}{7}\\x_2=\frac{5}{7}x_3+\frac{4}{7}x_4-\frac{1}{7}\end{cases}$$

取$x_3=x_4=0$得方程组的一个特解

$$\boldsymbol{\gamma}_0=\begin{bmatrix}\frac{8}{7}\\-\frac{1}{7}\\0\\0\end{bmatrix}$$

在对应的导出组

$$\begin{cases}x_1=\frac{2}{7}x_3+\frac{3}{7}x_4\\x_2=\frac{5}{7}x_3+\frac{4}{7}x_4\end{cases}$$

中,取x_3,x_4为自由未知量,并分别令

$$\begin{bmatrix}x_3\\x_4\end{bmatrix}=\begin{bmatrix}1\\0\end{bmatrix},\begin{bmatrix}0\\1\end{bmatrix}$$

得导出组的一个基础解系

$$\boldsymbol{\eta}_1=\begin{bmatrix}\frac{2}{7}\\ \frac{5}{7}\\ 1\\ 0\end{bmatrix},\quad \boldsymbol{\eta}_2=\begin{bmatrix}\frac{3}{7}\\ \frac{4}{7}\\ 0\\ 1\end{bmatrix}$$

于是所求通解为

$$\boldsymbol{\eta}=c_1\boldsymbol{\eta}_1+c_2\boldsymbol{\eta}_2+\boldsymbol{\gamma}_0,\quad c_1,c_2\text{ 为任意常数}$$

对比例 3. 26 和例 3. 27 可以看出非齐次线性方程组的解恰好为其导出组的全部解与原方程组的一个特解的和的形式.

【例 3. 28】　求非齐次线性方程组

$$\begin{cases}x_1-x_2-x_3+x_4=0\\ x_1-x_2+x_3-3x_4=1\\ x_1-x_2-2x_3+3x_4=-\frac{1}{2}\end{cases}$$

的通解.

解　对增广矩阵 $\widetilde{\boldsymbol{A}}$ 施以初等行变换化为行最简形

$$\widetilde{\boldsymbol{A}}=\begin{bmatrix}1&-1&-1&1&0\\ 1&-1&1&-3&1\\ 1&-1&-2&3&-\frac{1}{2}\end{bmatrix}\rightarrow\begin{bmatrix}1&-1&-1&1&0\\ 0&0&2&-4&1\\ 0&0&-1&2&-\frac{1}{2}\end{bmatrix}\rightarrow\begin{bmatrix}1&-1&0&-1&\frac{1}{2}\\ 0&0&1&-2&\frac{1}{2}\\ 0&0&0&0&0\end{bmatrix}$$

显然 $r(\boldsymbol{A})=r(\widetilde{\boldsymbol{A}})=2<4$,原方程组有无穷多解.

$$\begin{cases}x_1=x_2+x_4+\frac{1}{2}\\ x_3=2x_4+\frac{1}{2}\end{cases}$$

取 $x_2=x_4=0$ 得方程组的一个特解

$$\boldsymbol{\gamma}_0=\begin{bmatrix}\frac{1}{2}\\ 0\\ \frac{1}{2}\\ 0\end{bmatrix}$$

在对应的导出组

$$\begin{cases}x_1 = x_2 + x_4 \\ x_3 = \quad 2x_4\end{cases}$$

中,取 x_2,x_4 为自由未知量,并分别令

$$\begin{bmatrix}x_2\\x_4\end{bmatrix}=\begin{bmatrix}1\\0\end{bmatrix},\begin{bmatrix}0\\1\end{bmatrix}$$

得导出组的一个基础解系

$$\boldsymbol{\eta}_1=\begin{bmatrix}1\\1\\0\\0\end{bmatrix},\quad \boldsymbol{\eta}_2=\begin{bmatrix}1\\0\\2\\1\end{bmatrix}$$

于是所求通解为

$$\boldsymbol{\eta}=c_1\boldsymbol{\eta}_1+c_2\boldsymbol{\eta}_2+\boldsymbol{\gamma}_0,\quad c_1,c_2 \text{ 为任意常数}$$

【例 3.29】 非齐次线性方程组

$$\begin{cases}-2x_1+x_2+x_3=-2\\ x_1-2x_2+x_3=\lambda\\ x_1+x_2-2x_3=\lambda^2\end{cases}$$

讨论当 λ 取何值时有解?并求其通解.

解 对增广矩阵 $\widetilde{A}$ 施以初等行变换化为行阶梯形

$$\widetilde{\boldsymbol{A}}=\begin{bmatrix}-2&1&1&-2\\1&-2&1&\lambda\\1&1&-2&\lambda^2\end{bmatrix}\to\begin{bmatrix}1&-2&1&\lambda\\-2&1&1&-2\\1&1&-2&\lambda^2\end{bmatrix}\to\begin{bmatrix}1&-2&1&\lambda\\0&-3&3&2\lambda-2\\0&3&-3&\lambda^2-\lambda\end{bmatrix}\to$$

$$\begin{bmatrix}1&-2&1&\lambda\\0&-3&3&2\lambda-2\\0&0&0&\lambda^2+\lambda-2\end{bmatrix}$$

所以,当 $\lambda=1$ 和 $\lambda=-2$ 时方程组有解.

当 $\lambda=1$ 时,

$$\widetilde{\boldsymbol{A}}\to\begin{bmatrix}1&-2&1&1\\0&-3&3&0\\0&0&0&0\end{bmatrix}\to\begin{bmatrix}1&-2&1&1\\0&1&-1&0\\0&0&0&0\end{bmatrix}\to\begin{bmatrix}1&0&-1&1\\0&1&-1&0\\0&0&0&0\end{bmatrix}$$

显然 $r(\boldsymbol{A})=r(\widetilde{\boldsymbol{A}})=2<3$,方程组有无穷多解.

$$\begin{cases}x_1=x_3+1\\x_2=x_3\end{cases}$$

取 $x_3=0$ 得方程组的一个特解

$$\boldsymbol{\gamma}_0 = \begin{bmatrix} 1 \\ 0 \\ 0 \end{bmatrix}$$

在对应的导出组

$$\begin{cases} x_1 = x_3 \\ x_2 = x_3 \end{cases}$$

中,取 x_3 为自由未知量,并令 $x_3 = 1$,得导出组的一个基础解系

$$\boldsymbol{\eta}_1 = \begin{bmatrix} 1 \\ 1 \\ 1 \end{bmatrix}$$

于是所求通解为

$$\boldsymbol{\eta} = c\boldsymbol{\eta}_1 + \boldsymbol{\gamma}_0, \quad c \text{ 为任意常数}$$

当 $\lambda = -2$ 时,

$$\widetilde{\boldsymbol{A}} \to \begin{bmatrix} 1 & -2 & 1 & -2 \\ 0 & -3 & 3 & -6 \\ 0 & 0 & 0 & 0 \end{bmatrix} \to \begin{bmatrix} 1 & -2 & 1 & -2 \\ 0 & 1 & -1 & 2 \\ 0 & 0 & 0 & 0 \end{bmatrix} \to \begin{bmatrix} 1 & 0 & -1 & 2 \\ 0 & 1 & -1 & 2 \\ 0 & 0 & 0 & 0 \end{bmatrix}$$

显然 $r(\boldsymbol{A}) = r(\widetilde{\boldsymbol{A}}) = 2 < 3$,方程组有无穷多解.

$$\begin{cases} x_1 = x_3 + 2 \\ x_2 = x_3 + 2 \end{cases}$$

取 $x_3 = 0$ 得方程组的一个特解

$$\boldsymbol{\gamma}_0' = \begin{bmatrix} 2 \\ 2 \\ 0 \end{bmatrix}$$

在对应的导出组

$$\begin{cases} x_1 = x_3 \\ x_2 = x_3 \end{cases}$$

中,取 x_3 为自由未知量,并令 $x_3 = 1$,得导出组的一个基础解系

$$\boldsymbol{\eta}_2 = \begin{bmatrix} 1 \\ 1 \\ 1 \end{bmatrix}$$

于是所求通解为

$$\boldsymbol{\eta} = c\boldsymbol{\eta}_2 + \boldsymbol{\gamma}_0', \quad c \text{ 为任意常数}$$

3.6 经济应用实例:投入产出分析、交通流量与气象观测站问题

本节介绍几个常见的数学模型,借此说明线性方程组及向量组的线性相关性在实际问题中的巨大实用价值. 期望能引起读者的兴趣,进而尝试亲自解决实际问题,进行更深入的探索研究.

3.6.1 投入产出分析

投入产出分析是美国经济学家列昂捷夫(W. Leontief) 于 20 世纪 30 年代首先提出的,他利用线性代数的理论和方法,研究一个经济系统(企业、地区、国家等) 的各部门之间错综复杂的联系,建立起相应的数学模型 —— 投入产出模型,用于经济分析和预测,目前这种方法已在世界各地广泛应用. 列昂捷夫也因此获得 1973 年的诺贝尔经济学奖.

投入产出模型主要通过投入产出表及平衡方程组来描述. 投入产出表有多种形式,本节仅介绍适用于国家(或地区) 的静态价值型投入产出表. 因此,后面所提到的诸如"产品量"、"单位产品"、"总产值"、"最终产品" 等,分别指"产品的价值"、"单位产品的价值"、"总产值"、"最终产品的价值" 等.

1. 投入产出平衡表

设一个经济系统具有 n 个部门,各部门分别用 $1,2,\cdots,n$ 表示,并作如下基本假设:

(1) 部门 $i(i=1,2,\cdots,n)$ 仅生产一种产品(称为部门 i 的产出),不同部门的产品不能相互替代;

(2) 部门 $i(i=1,2,\cdots,n)$ 在生产过程中至少需要消耗另一部门 $j(j\neq i,j=1,2,\cdots,n)$ 的产品(称为部门 j 对部门 i 的投入),并且消耗的各部门产品的投入量与该部门的总产出量成正比.

下面可利用某年的经济统计数据来编制投入产出表(见表 3.1). 为方便说明,引入下列记号:

$x_i(i=1,2,\cdots,n)$ 表示部门 i 的总产品;

$y_i(i=1,2,\cdots,n)$ 表示部门 i 的最终产品;

$x_{ij}(i=1,2,\cdots,n;j=1,2,\cdots,n)$ 表示部门 i 分配给部门 j 的产品量,或者说部门 j 消耗部门 i 的产品量;

$z_j(j=1,2,\cdots,n)$ 表示部门 j 新创造的价值;

$v_j(j=1,2,\cdots,n)$ 表示部门 j 的劳动报酬;

$m_j(j=1,2,\cdots,n)$ 表示部门 j 的纯收入(利润,税金等).

表 3.1 价值型投入产出表

产出 投入		中间产品					最终产品				总产品
		消耗部门					积累	消费	…	合计$\sum$	
		1	2	…	n	合计$\sum$					
生产部门	1	x_{11}	x_{12}	…	x_{1n}	$\sum_j x_{1j}$				y_1	x_1
	2	x_{21}	x_{22}	…	x_{2n}	$\sum_j x_{2j}$				y_2	x_2
	⋮	⋮	⋮		⋮	⋮				⋮	⋮
	n	x_{n1}	x_{n2}	…	x_{nn}	$\sum_j x_{nj}$				y_n	x_n
	合计$\sum$	$\sum_i x_{i1}$	$\sum_i x_{i2}$	…	$\sum_i x_{in}$	$\sum_i \sum_j x_{ij}$				$\sum_i y_i$	$\sum_i x_i$
新创造价值	劳动报酬	v_1	v_2	…	v_n	$\sum_j v_j$					
	纯收入	m_1	m_2	…	m_n	$\sum_j m_j$					
	合计$\sum$	z_1	z_2	…	z_n	$\sum_j z_j$					
总产值		x_1	x_2	…	x_n	$\sum_j x_j$					

投入产出表分为四个部分,称为四个象限.

左上角为第 Ⅰ 象限,在这一部分中,每个部门都以生产者和消费者双重身份出现.从每一横行来看,该部门作为生产部门把自己的产品分配给各部门;从每一纵列来看,该部门又作为消耗部门在生产过程中消耗各部门的产品.行与列的交叉点是部门之间的流量,这个量也是以双重身份出现,它是行部门分配给列部门的产品量,也是列部门消耗行部门的产品量.

右上角为第 Ⅱ 象限,反映了各部门用于最终产品的部分.从每一横行来看,反映了该部门最终产品的分配情况,从每一纵列来看,表明用于消费、积累等方面的最终产品分别由各部门提供的数量.

左下角为第 Ⅲ 象限,反映了总产品中新创造的价值情况.从每一横行来看,反映了各部门新创造价值的构成情况,从每一纵列看,反映了该部门新创造的价值情况.

右下角为第 Ⅳ 象限,反映了总收入的再分配,比较复杂.一般不编制此部分内容.

2. 平衡方程

从表3.1的第Ⅰ,Ⅱ象限来看,每一行都存在一个等式,即每一个部门作为生产部门分配给各部门用于生产消耗的产品,加上它本部门的最终产品,应等于它的总产品,即

$$x_i = \sum_{j=1}^{n} x_{ij} + y_i, \quad i = 1,2,\cdots,n \tag{3.15}$$

这个方程组称为**产品分配平衡方程组**.

从表3.1的第Ⅰ,Ⅲ象限来看,每一列也存在一个等式,即每一个部门作为消耗部门,各部门为它的生产消耗转移的产品价值,加上它本部门新创造的价值,应等于它的总产值,即

$$x_j = \sum_{i=1}^{n} x_{ij} + z_j, \quad j = 1,2,\cdots,n \tag{3.16}$$

这个方程组称为产值构成平衡方程组.

根据前述基本假设(2),记

$$a_{ij} = \frac{x_{ij}}{x_j}, \quad i = 1,2,\cdots,n; j = 1,2,\cdots,n \tag{3.17}$$

其中 a_{ij} 表示生产单位产品 j 所需直接消耗产品 i 的产品量,一般称其为**直接消耗系数**.

注 物质生产部门之间的直接消耗系数,基本上是技术性的,因而是相对稳定的,通常也叫做**技术系数**.

各部门间的直接消耗系数构成一个 n 阶的矩阵

$$\boldsymbol{A} = \begin{bmatrix} a_{11} & a_{12} & \cdots & a_{1n} \\ a_{21} & a_{22} & \cdots & a_{2n} \\ \vdots & \vdots & & \vdots \\ a_{n1} & a_{n2} & \cdots & a_{nn} \end{bmatrix} \tag{3.18}$$

称为**直接消耗系数矩阵**.

直接消耗系数 $a_{ij}(i = 1,2,\cdots,n; j = 1,2,\cdots,n)$ 具有下列性质:

(1)$0 \leqslant a_{ij} < 1(i = 1,2,\cdots,n; j = 1,2,\cdots,n)$;

(2)$\sum_{i=1}^{n} a_{ij} < 1(j = 1,2,\cdots,n)$.

上述性质证明略,感兴趣的读者可自行证明.

利用直接消耗系数矩阵 $\boldsymbol{A}$,可分别将产品分配平衡方程组和产值构成平衡方程组写成矩阵形式.

将 $x_{ij} = a_{ij}x_j$ 代入式(3.15),得

$$x_i = \sum_{j=1}^{n} a_{ij}x_j + y_i, \quad i = 1,2,\cdots,n \tag{3.19}$$

设
$$x=\begin{bmatrix}x_1\\x_2\\\vdots\\x_n\end{bmatrix},\quad y=\begin{bmatrix}y_1\\y_2\\\vdots\\y_n\end{bmatrix}$$

则产品分配平衡方程组(3.15)可写成矩阵形式

$$\boldsymbol{x}=\boldsymbol{A}\boldsymbol{x}+\boldsymbol{y}\text{ 或}(\boldsymbol{E}-\boldsymbol{A})\boldsymbol{x}=\boldsymbol{y} \tag{3.20}$$

将 $x_{ij}=a_{ij}x_j$ 代入式(3.16),得

$$x_j=\sum_{i=1}^{n}a_{ij}x_j+z_j,\quad j=1,2,\cdots,n \tag{3.21}$$

设
$$\boldsymbol{D}=\begin{bmatrix}\sum\limits_{i=1}^{n}a_{i1} & & & \\ & \sum\limits_{i=1}^{n}a_{i2} & & \\ & & \ddots & \\ & & & \sum\limits_{i=1}^{n}a_{in}\end{bmatrix},\quad z=\begin{bmatrix}z_1\\z_2\\\vdots\\z_n\end{bmatrix}$$

则产值构成平衡方程组(3.16)可写成矩阵形式

$$\boldsymbol{x}=\boldsymbol{D}\boldsymbol{x}+z\text{ 或}(\boldsymbol{E}-\boldsymbol{D})\boldsymbol{x}=z \tag{3.22}$$

3. 平衡方程组的解

利用投入产出数学模型进行经济分析时,首先要根据该经济系统报告期的数据求出直接消耗系数矩阵 $\boldsymbol{A}$,并假设在未来计划期内直接消耗系数 $a_{ij}(i=1,2,\cdots,n;j=1,2,\cdots,n)$ 不发生变化,则由方程组(3.20)和(3.22)可求得平衡方程组的解.

(1) 解产品分配平衡方程组

① 若已知 $\boldsymbol{x}=[x_1,x_2,\cdots,x_n]^{\mathrm{T}}$,则可求得

$$\boldsymbol{y}=(\boldsymbol{E}-\boldsymbol{A})\boldsymbol{x}$$

② 若已知 $\boldsymbol{y}=[y_1,y_2,\cdots,y_n]^{\mathrm{T}}$,则可以证明 $\boldsymbol{E}-\boldsymbol{A}$ 可逆,且 $(\boldsymbol{E}-\boldsymbol{A})^{-1}$ 为非负矩阵,于是可求得

$$\boldsymbol{x}=(\boldsymbol{E}-\boldsymbol{A})^{-1}\boldsymbol{y}$$

(2) 解产值构成平衡方程组

① 若已知 $\boldsymbol{x}=[x_1,x_2,\cdots,x_n]^{\mathrm{T}}$,则可求得

$$z=(\boldsymbol{E}-\boldsymbol{D})\boldsymbol{x}$$

② 若已知 $z=[z_1,z_2,\cdots,z_n]^{\mathrm{T}}$,则可求得

$$\boldsymbol{x}=(\boldsymbol{E}-\boldsymbol{D})^{-1}z$$

【例 3.30】 投入产出分析

一个城镇由三个主要生产企业——煤矿、电厂和地方铁路作为它的经济系统. 已知生产价值1元的煤,需要消耗0.25元的电和0.35元的运输费;生产价值1元的电,需要消耗0.40元的煤、0.05元的电和0.10元的运输费;而提供价值1元的铁路运输服务,则需要消耗0.45元的煤、0.10元的电和0.10元的铁路运输服务费. 假设在某个星期内,除了这三个企业间的彼此需求,煤矿得到50 000元的订单,电厂得到25 000元的电量供应需求,而地方铁路得到价值30 000元的运输需求. 试问:这三个企业在这个星期各生产多少产值才能满足内外需求? 除了外部需求,试求这星期各企业之间的消耗需求,同时求出各企业的新创造价值(即产值中去掉各企业的消耗所剩部分).

显然,可列出上述三个企业之间的价值型投入产出表,见表3.2.

表 3.2 三个企业之间的价值型投入产出表

产出 / 投入	消耗系数			最终产品	总产值
	煤矿	电厂	铁路		
煤矿	0	0.40	0.45	50 000	x_1
电厂	0.25	0.05	0.10	25 000	x_2
铁路	0.35	0.10	0.10	30 000	x_3
新创造价值	z_1	z_2	z_3		
总产值	x_1	x_2	x_3		

所以,三个企业之间的直接消耗系数矩阵为

$$\boldsymbol{A}=\begin{bmatrix}0 & 0.40 & 0.45\\ 0.25 & 0.05 & 0.10\\ 0.35 & 0.10 & 0.10\end{bmatrix}$$

由产品分配平衡方程组(3.20)有

$$\boldsymbol{x}=\boldsymbol{A}\boldsymbol{x}+\boldsymbol{y}$$

因 $\boldsymbol{y}=[50\,000,25\,000,30\,000]^{\mathrm{T}}$ 已知,故

$$\boldsymbol{x}=(\boldsymbol{E}-\boldsymbol{A})^{-1}\boldsymbol{y}=$$

$$\begin{bmatrix}1 & -0.40 & -0.45\\ -0.25 & 0.95 & -0.10\\ -0.35 & -0.10 & 0.90\end{bmatrix}^{-1}\begin{bmatrix}50\,000\\ 25\,000\\ 30\,000\end{bmatrix}=$$

$$\begin{bmatrix}1.456\,6 & 0.698\,1 & 0.805\,9\\ 0.448\,2 & 1.279\,9 & 0.366\,3\\ 0.616\,2 & 0.413\,7 & 1.465\,2\end{bmatrix}\begin{bmatrix}50\,000\\ 25\,000\\ 30\,000\end{bmatrix}=\begin{bmatrix}114\,458\\ 65\,395\\ 85\,111\end{bmatrix}$$

即这个星期煤矿总产值是 114 458 元,电厂总产值是 65 395 元,铁路服务总产值是 85 111 元.

$\boldsymbol{x}$ 求出以后,则三个企业为煤矿提供的消耗列向量为

$$x_1\begin{bmatrix}0\\0.25\\0.35\end{bmatrix}=114\ 458\begin{bmatrix}0\\0.25\\0.35\end{bmatrix}=\begin{bmatrix}0\\28\ 614\\40\ 060\end{bmatrix}$$

三个企业为电厂提供的消耗列向量为

$$x_2\begin{bmatrix}0.40\\0.05\\0.10\end{bmatrix}=65\ 395\begin{bmatrix}0.40\\0.05\\0.10\end{bmatrix}=\begin{bmatrix}26\ 158\\3\ 270\\6\ 540\end{bmatrix}$$

三个企业为铁路提供的消耗列向量为

$$x_3\begin{bmatrix}0.45\\0.10\\0.10\end{bmatrix}=85\ 111\begin{bmatrix}0.45\\0.10\\0.10\end{bmatrix}=\begin{bmatrix}38\ 300\\8\ 511\\8\ 511\end{bmatrix}$$

最后再由产值构成平衡方程组(3.22)有

$$\boldsymbol{x}=\boldsymbol{D}\boldsymbol{x}+\boldsymbol{z}$$

由 $\boldsymbol{x}=[114\ 458,65\ 395,85\ 111]^{\mathrm{T}}$ 已知,故

$$\boldsymbol{z}=(\boldsymbol{E}-\boldsymbol{D})\boldsymbol{x}=$$

$$\begin{bmatrix}0.40&&\\&0.45&\\&&0.35\end{bmatrix}\begin{bmatrix}114\ 458\\65\ 395\\85\ 111\end{bmatrix}=\begin{bmatrix}45\ 783\\29\ 427\\29\ 789\end{bmatrix}$$

即各企业的新创造价值分别为煤矿 45 783 元,电厂 29 427 元,铁路 29 789 元.

3.6.2　交通流量问题

某城市部分单行街道的交通流量(每小时通过的车辆数)如图 3.1 所示. 假设:

(1) 全部流入网络的流量等于全部流出网络的流量;

(2) 全部流入每一个路口(网络的结点)的流量等于全部流出此路口的流量.

试建立数学模型,确定该交通网络中未知部分的具体流量.

根据各结点的进出流量平衡和整个网络的进出流量平衡,于是可得如下的一系列方程.

$$x_2+x_4=x_3+300,100+400=x_4+x_5,200+x_7=400+x_6$$

$$300+500=x_1+x_2,x_1+x_5=200+600,600+400=x_7+x_8$$

$$300+600=500+x_9,200+x_9=x_{10},500+x_{10}=400+700$$

$$300+300+600+500+200+100=300+700+x_8+x_6+x_3$$

整理,得线性方程组

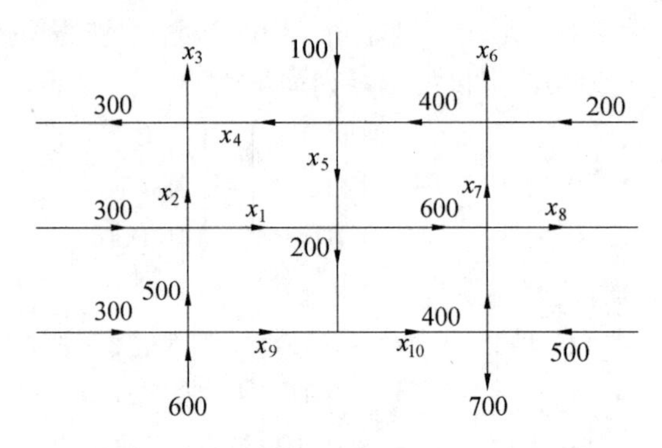

图 3.1　某城市部分单行街道的交通流量

$$\begin{cases} x_1 + x_2 = 800 \\ x_1 + x_5 = 800 \\ x_2 - x_3 + x_4 = 300 \\ x_3 + x_6 + x_8 = 1\ 000 \\ x_4 + x_5 = 500 \\ -x_6 + x_7 = 200 \\ x_7 + x_8 = 1\ 000 \\ x_9 = 400 \\ -x_9 + x_{10} = 200 \\ x_{10} = 600 \end{cases}, \quad x_1, x_2, x_3, x_4, x_5, x_6, x_7, x_8, x_9, x_{10} \geqslant 0$$

先不考虑非负性,解这个线性方程组,得

$$x_1 = 800 - x_5,\quad x_2 = x_5,\quad x_3 = 200,\quad x_4 = 500 - x_5$$
$$x_6 = 800 - x_8,\quad x_7 = 1\ 000 - x_8,\quad x_9 = 400,\quad x_{10} = 600$$

其中 x_5, x_8 可取非负值,并且使得其余变量非负.

实际上,只要 $x_5 \leqslant 500, x_8 \leqslant 800$ 即满足要求. 为满足交通网络的需要,可以有无穷多解. 如果结合实际情况,可以选择合适的 x_5, x_8,使交通网络满足实际要求,或者满足上述条件情况下,使得某一个目标函数达到最大值(最小值),从而对交通网络进行优化.

3.6.3　工资问题

现有一个木工、一个电工、一个油漆工和一个粉饰工,四人互相同意彼此装修他们自己的房子. 在装修之前,他们约定每个人工作 13 天(包括给自己家干活在内),每人的日工资根据一般的市价在 50 ~ 70 元,每人的日工资数应使得每人的总收入与总支出相等. 表 3.3 是他们协商后制定出的工作天数的分配方案,如何计算出他们每人应得的日工资以及每人房子的装修费(只计算工钱,不包括材料费)是多少?

表3.3　工作天数分配方案　　天

天数＼工种	木工	电工	油漆工	粉饰工
在木工家工作天数	4	3	2	3
在电工家工作天数	5	4	2	3
在油漆工家工作天数	2	5	3	3
在粉饰工家工作天数	3	1	6	4

这是一个收入-支出的闭合模型. 设木工、电工、油漆工和粉饰工的日工资分别为 x_1,x_2,x_3,x_4 元,为满足“平衡”条件,每人的收支相等,要求每人在这13天内“总收入 = 总支出”. 则可建立线性方程组

$$\begin{cases}4x_1+3x_2+2x_3+3x_4=13x_1\\5x_1+4x_2+2x_3+3x_4=13x_2\\2x_1+5x_2+3x_3+3x_4=13x_3\\2x_1+x_2+6x_3+4x_4=13x_4\end{cases}$$

整理得齐次线性方程组

$$\begin{cases}-9x_1+3x_2+2x_3+3x_4=0\\5x_1-9x_2+2x_3+3x_4=0\\2x_1+5x_2-10x_3+3x_4=0\\2x_1+x_2+6x_3-9x_4=0\end{cases}$$

解得

$$x_1=\frac{54}{59}x_4,\quad x_2=\frac{63}{59}x_4,\quad x_3=\frac{60}{59}x_4,\quad 50\leqslant x_4\leqslant 70$$

取 $x_4=59$,得 $x_1=54,x_2=63,x_3=60$.

或解得

$$[x_1,x_2,x_3,x_4]^{\mathrm{T}}=k[54,63,60,59]^{\mathrm{T}},\quad k\text{ 为任意常数}$$

为了使得 x_1,x_2,x_3,x_4 取值在50 ~ 70之间,令 $k=1$,得

$$x_1=54,\quad x_2=63,\quad x_3=60,\quad x_4=59$$

所以,木工、电工、油漆工和粉饰工的日工资分别为54元、63元、60元和59元. 每人房子的装修费相当于本人13天的工资,因此分别为702元、819元、780元和767元.

3.6.4 调整气象观测站问题

某地区有 12 个气象观测站,10 年来各观测站的年降水量见表 3.4. 为了节省开支,想要适当减少气象观测站. 问题:减少哪些气象观测站可以使所得到的降水量的信息量仍然足够大?

表 3.4 10 年来各观测站年降水量统计表 mm

地点 年份	x_1	x_2	x_3	x_4	x_5	x_6	x_7	x_8	x_9	x_{10}	x_{11}	x_{12}
1981	276.2	324.5	158.6	412.5	292.8	258.4	334.1	303.2	292.9	243.2	159.7	331.2
1982	251.6	287.3	349.5	297.4	227.8	453.6	321.5	451	466.2	307.5	421.1	455.1
1983	192.7	436.2	289.9	366.3	466.2	239.1	357.4	219.7	245.7	411.1	357	353.2
1984	246.2	232.4	243.7	372.5	460.4	158.9	298.7	314.5	256.6	327	296.5	423
1985	291.7	311	502.4	254	245.6	324.8	401	266.5	251.3	289.9	255.4	362.1
1986	466.5	158.9	223.5	425.1	251.4	321	315.4	317.4	246.2	277.5	304.2	410.7
1987	258.6	327.4	432.1	403.9	256.6	282.9	389.7	413.2	466.5	199.3	282.1	387.6
1988	453.4	365.5	357.6	258.1	278.8	467.2	355.2	228.5	453.6	315.6	456.3	407.2
1989	158.5	271	410.2	344.2	250	360.7	376.4	179.4	159.2	342.4	331.2	377.7
1990	324.8	406.5	235.7	288.8	192.6	284.9	290.5	343.7	283.4	281.2	243.7	411.1

$\boldsymbol{\alpha}_1,\boldsymbol{\alpha}_2,\cdots,\boldsymbol{\alpha}_{12}$ 分别表示气象观测站 $x_1,x_2,\cdots,x_{12}$ 在 1981—1990 年降水量的列向量,由于 $\boldsymbol{\alpha}_1,\boldsymbol{\alpha}_2,\cdots,\boldsymbol{\alpha}_{12}$ 是含有 12 个向量的十维向量组,该向量组必定线性相关. 若能求出它的一个极大无关组,则其极大无关组所对应的气象观测站就可将其他的气象观测站的气象资料表示出来,因而其他气象观测站就是可以减少的. 因此,最多只需要 10 个气象观测站.

以 $\boldsymbol{\alpha}_1,\boldsymbol{\alpha}_2,\cdots,\boldsymbol{\alpha}_{12}$ 为列向量组成矩阵 $\boldsymbol{A}$,我们可以求出向量组 $\boldsymbol{\alpha}_1,\boldsymbol{\alpha}_2,\cdots,\boldsymbol{\alpha}_{12}$ 的一个极大无关组:$\boldsymbol{\alpha}_1,\boldsymbol{\alpha}_2,\boldsymbol{\alpha}_3,\boldsymbol{\alpha}_4,\boldsymbol{\alpha}_5,\boldsymbol{\alpha}_6,\boldsymbol{\alpha}_7,\boldsymbol{\alpha}_8,\boldsymbol{\alpha}_9,\boldsymbol{\alpha}_{10}$,[可由 Matlab 软件中的命令,输入矩阵 $\boldsymbol{A}$,rref($\boldsymbol{A}$)求出来](事实上,该问题中任意 10 个向量都是极大无关组),且有:

$$\begin{aligned}\boldsymbol{\alpha}_{11} = &-0.0275\boldsymbol{\alpha}_1 - 1.078\boldsymbol{\alpha}_2 - 0.1256\boldsymbol{\alpha}_3 + 0.1383\boldsymbol{\alpha}_4 - 1.8927\boldsymbol{\alpha}_5 - \\ &1.6552\boldsymbol{\alpha}_6 + 0.6391\boldsymbol{\alpha}_7 - 1.0134\boldsymbol{\alpha}_8 + 2.1608\boldsymbol{\alpha}_9 + 3.794\boldsymbol{\alpha}_{10}\end{aligned}$$

$$\begin{aligned}\boldsymbol{\alpha}_{12} = &2.0152\boldsymbol{\alpha}_1 + 15.1202\boldsymbol{\alpha}_2 + 13.8396\boldsymbol{\alpha}_3 + 8.8652\boldsymbol{\alpha}_4 + 27.102\boldsymbol{\alpha}_5 + \\ &28.325\boldsymbol{\alpha}_6 - 38.2279\boldsymbol{\alpha}_7 + 8.2923\boldsymbol{\alpha}_8 - 22.2767\boldsymbol{\alpha}_9 - 38.878\boldsymbol{\alpha}_{10}\end{aligned}$$

故可以减少第 11 与第 12 个观测站,使所得到的降水量信息仍然足够大. 当然,也可以减少另外两个观测站,只要这两个列向量可以由其他列向量线性表出.

如果确定只需要 8 个气象观测站,那么我们可以从上表数据中取某 8 年的数据(比如,最近8年的数据)，组成含有12个八维向量的向量组，然后求其极大无关组，则必有4个向量可由其余向量(就是极大无关组)线性表出. 这4个向量所对应的气象观测站就可以减少，可以使所得到的降水量的信息仍然足够大.

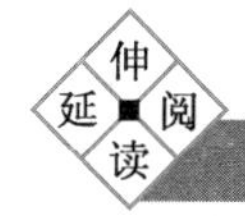

线性方程组理论发展简史

线性方程组(System of Linear Equations)是最简单也是最重要的一类代数方程组. 它的解法，早在中国古代的数学著作《九章算术·方程》中就作了比较完整的论述. 其中所述方法实质上相当于现代的对方程组的增广矩阵施行初等行变换从而消去未知量的方法，即高斯消元法. 在西方，关于线性方程组的研究是在17世纪后期由莱布尼茨(G－W. Leibniz,1646～1716)开创的. 他曾研究含2个未知量3个线性方程组成的方程组. 大约在1729年，英国数学家麦克劳林(C. Maclaurin,1698～1746)开始用行列式的方法解含2至4个未知量的线性方程组，得到了现在称为克莱姆法则的结果，麦克劳林虽然比克莱姆早两年发现了这个法则，但不及克莱姆发现的规律清晰. 18世纪下半叶，法国数学家贝祖(E. Bezout,1730～1783)对线性方程组理论进行了一系列研究，证明了n个未知量n个方程的齐次线性方程组有非零解的条件是系数行列式等于零，还利用消元法将高次方程问题与线性方程组联系起来，提供了某些n次方程的解法. 大约在1800年，德国数学家、天文学家和物理学家高斯(C－F. Gauss,1777～1855)提出了高斯消元法并用它解决了天体计算和后来的地球表面测量计算中的最小二乘法问题.

19世纪，英国数学家史密斯(H. Smith,1826～1883)和道奇森(C－L. Dodgson,1832～1898)继续研究线性方程组理论，前者引进了方程组的增广矩阵和系数矩阵的概念，后者证明了n个未知量m个方程的方程组相容的充要条件是系数矩阵和增广矩阵的秩相同. 这正是现代方程组理论中的重要结果之一.

大量的经济管理、科学技术以及日常生活问题，最终往往归结为解线性方程组. 因此，在线性方程组的数值解法得到发展的同时，线性方程组解的结构等理论性工作也取得了令人满意的进展. 现在，线性方程组的数值解法在计算数学中占有重要地位.

习题三

1. 利用消元法求解下列线性方程组：

(1) $\begin{cases} x_1 - x_2 + 2x_3 = 1 \\ x_1 - 2x_2 - x_3 = 2 \\ 3x_1 - x_2 + 5x_3 = 3 \\ -x_1 + 2x_3 = -2 \end{cases}$;　　(2) $\begin{cases} x_1 + x_2 + x_3 = 2 \\ x_1 + 2x_3 = -1 \\ x_2 - x_3 = 0 \end{cases}$;

(3) $\begin{cases} x_1+2x_2+3x_3=4 \\ 3x_1+5x_2+7x_3=9 \\ 2x_1+3x_2+4x_3=5 \end{cases}$; (4) $\begin{cases} x_1+2x_2+2x_3+x_4=-1 \\ x_1+3x_2+3x_3+2x_4=0 \\ x_2+x_3+x_4=1 \end{cases}$;

(5) $\begin{cases} 2x_1-4x_2+5x_3+3x_4=0 \\ 3x_1-6x_2+4x_3+2x_4=0 \\ 4x_1-8x_2+17x_3+11x_4=0 \end{cases}$; (6) $\begin{cases} x_1+x_2-3x_4-x_5=0 \\ x_1-x_2+2x_3-x_4=0 \\ 4x_1-2x_2+6x_3+3x_4-4x_5=0 \\ 2x_1+4x_2-2x_3+4x_4-7x_5=0 \end{cases}$.

2. 讨论当 k 为何值时,线性方程组

$$\begin{cases} x_1+2x_2+kx_3=1 \\ 2x_1+kx_2+8x_3=3 \end{cases}$$

无解?有解?并在有解时,求出该线性方程组的解.

3. 已知向量

$$\boldsymbol{\alpha}_1=\begin{bmatrix}1\\1\\1\end{bmatrix},\quad \boldsymbol{\alpha}_2=\begin{bmatrix}0\\2\\1\end{bmatrix},\quad \boldsymbol{\alpha}_3=\begin{bmatrix}3\\1\\0\end{bmatrix}$$

求 $3\boldsymbol{\alpha}_1-2\boldsymbol{\alpha}_2$ 及 $2\boldsymbol{\alpha}_1-\boldsymbol{\alpha}_2+3\boldsymbol{\alpha}_3$.

4. 已知向量

$$\boldsymbol{\alpha}_1=\begin{bmatrix}2\\5\\1\\3\end{bmatrix},\quad \boldsymbol{\alpha}_2=\begin{bmatrix}10\\1\\5\\10\end{bmatrix},\quad \boldsymbol{\alpha}_3=\begin{bmatrix}4\\1\\-1\\1\end{bmatrix}$$

若 $3(\boldsymbol{\alpha}_1-\boldsymbol{\beta})+2(\boldsymbol{\alpha}_2+\boldsymbol{\beta})=5(\boldsymbol{\alpha}_3+\boldsymbol{\beta})$,求 $\boldsymbol{\beta}$.

5. 设有向量组

$$\boldsymbol{\alpha}_1=\begin{bmatrix}1\\0\\0\\0\end{bmatrix},\quad \boldsymbol{\alpha}_2=\begin{bmatrix}1\\1\\0\\0\end{bmatrix},\quad \boldsymbol{\alpha}_3=\begin{bmatrix}1\\1\\1\\0\end{bmatrix},\quad \boldsymbol{\alpha}_4=\begin{bmatrix}1\\1\\1\\1\end{bmatrix},\quad \boldsymbol{\beta}=\begin{bmatrix}2\\4\\-1\\4\end{bmatrix}$$

问 $\boldsymbol{\beta}$ 是否可由 $\boldsymbol{\alpha}_1,\boldsymbol{\alpha}_2,\boldsymbol{\alpha}_3,\boldsymbol{\alpha}_4$ 线性表出?若能,请写出表达式并判断表示法是否唯一?

6. 试将向量 $\boldsymbol{\beta}$ 表示为其余向量的线性组合:

(1) $\boldsymbol{\alpha}_1=\begin{bmatrix}1\\2\\1\\1\end{bmatrix},\boldsymbol{\alpha}_2=\begin{bmatrix}1\\1\\1\\2\end{bmatrix},\boldsymbol{\alpha}_3=\begin{bmatrix}-3\\-2\\1\\-3\end{bmatrix},\boldsymbol{\beta}=\begin{bmatrix}-1\\1\\3\\1\end{bmatrix}$;

(2) $\boldsymbol{\alpha}_1=\begin{bmatrix}1\\1\\1\end{bmatrix},\boldsymbol{\alpha}_2=\begin{bmatrix}1\\-1\\-2\end{bmatrix},\boldsymbol{\alpha}_3=\begin{bmatrix}-1\\1\\2\end{bmatrix},\boldsymbol{\beta}=\begin{bmatrix}1\\0\\-\frac{1}{2}\end{bmatrix}$;

(3) $\boldsymbol{\alpha}_1=\begin{bmatrix}1\\1\\1\\1\end{bmatrix},\boldsymbol{\alpha}_2=\begin{bmatrix}1\\1\\-1\\-1\end{bmatrix},\boldsymbol{\alpha}_3=\begin{bmatrix}1\\-1\\1\\-1\end{bmatrix},\boldsymbol{\alpha}_4=\begin{bmatrix}1\\-1\\-1\\1\end{bmatrix},\boldsymbol{\beta}=\begin{bmatrix}1\\2\\1\\1\end{bmatrix}$.

7. 已知向量组(B):$\boldsymbol{\beta}_1,\boldsymbol{\beta}_2,\boldsymbol{\beta}_3$ 由向量组(A):$\boldsymbol{\alpha}_1,\boldsymbol{\alpha}_2,\boldsymbol{\alpha}_3$ 线性表出表达式为

$$\boldsymbol{\beta}_1=\boldsymbol{\alpha}_1-\boldsymbol{\alpha}_2+\boldsymbol{\alpha}_3$$
$$\boldsymbol{\beta}_2=\boldsymbol{\alpha}_1+\boldsymbol{\alpha}_2-\boldsymbol{\alpha}_3$$
$$\boldsymbol{\beta}_3=-\boldsymbol{\alpha}_1+\boldsymbol{\alpha}_2+\boldsymbol{\alpha}_3$$

试验证向量组(A) 与向量组(B) 等价.

8. 判定下列向量组是线性相关,还是线性无关?

(1) $\boldsymbol{\alpha}_1=\begin{bmatrix}3\\2\\0\end{bmatrix},\boldsymbol{\alpha}_2=\begin{bmatrix}-1\\2\\1\end{bmatrix}$;

(2) $\boldsymbol{\alpha}_1=\begin{bmatrix}1\\0\\-1\end{bmatrix},\boldsymbol{\alpha}_2=\begin{bmatrix}-2\\2\\0\end{bmatrix},\boldsymbol{\alpha}_3=\begin{bmatrix}3\\-5\\2\end{bmatrix}$;

(3) $\boldsymbol{\alpha}_1=\begin{bmatrix}1\\1\\3\\1\end{bmatrix},\boldsymbol{\alpha}_2=\begin{bmatrix}3\\-1\\2\\4\end{bmatrix},\boldsymbol{\alpha}_3=\begin{bmatrix}2\\2\\7\\-1\end{bmatrix}$.

9. 已知向量组 $\boldsymbol{\alpha}_1,\boldsymbol{\alpha}_2,\cdots,\boldsymbol{\alpha}_s$ 线性无关,试证:向量组 $\boldsymbol{\alpha}_1,\boldsymbol{\alpha}_1+\boldsymbol{\alpha}_2,\cdots,\boldsymbol{\alpha}_1+\boldsymbol{\alpha}_2+\cdots+\boldsymbol{\alpha}_s$ 线性无关.

10. 设 $\boldsymbol{\beta}_1=2\boldsymbol{\alpha}_1-\boldsymbol{\alpha}_2,\boldsymbol{\beta}_2=\boldsymbol{\alpha}_1+\boldsymbol{\alpha}_2,\boldsymbol{\beta}_3=-\boldsymbol{\alpha}_1+3\boldsymbol{\alpha}_2$,验证 $\boldsymbol{\beta}_1,\boldsymbol{\beta}_2,\boldsymbol{\beta}_3$ 线性相关.

11. 已知向量组

$$\boldsymbol{\alpha}_1=\begin{bmatrix}k\\2\\1\end{bmatrix},\quad \boldsymbol{\alpha}_2=\begin{bmatrix}2\\k\\0\end{bmatrix},\quad \boldsymbol{\alpha}_3=\begin{bmatrix}1\\-1\\1\end{bmatrix}$$

试求 k 为何值时,向量组 $\boldsymbol{\alpha}_1,\boldsymbol{\alpha}_2,\boldsymbol{\alpha}_3$ 线性相关? 线性无关?

12. 设

$$\boldsymbol{\alpha}_1=\begin{bmatrix}1\\1\\1\\0\end{bmatrix},\quad \boldsymbol{\alpha}_2=\begin{bmatrix}-1\\-1\\1\\6\end{bmatrix},\quad \boldsymbol{\alpha}_3=\begin{bmatrix}1\\1\\3\\6\end{bmatrix}$$

验证 $\boldsymbol{\alpha}_1,\boldsymbol{\alpha}_2$ 为向量组 $\boldsymbol{\alpha}_1,\boldsymbol{\alpha}_2,\boldsymbol{\alpha}_3$ 的一个极大无关组.

13. 求下列向量组的秩和一个极大无关组,并将其余向量用此极大无关组线性表出.

(1)$\boldsymbol{\alpha}_1=\begin{bmatrix}1\\-2\\5\end{bmatrix},\boldsymbol{\alpha}_2=\begin{bmatrix}3\\2\\-1\end{bmatrix},\boldsymbol{\alpha}_3=\begin{bmatrix}3\\10\\-17\end{bmatrix}$;

(2)$\boldsymbol{\alpha}_1=\begin{bmatrix}1\\-1\\0\\4\end{bmatrix},\boldsymbol{\alpha}_2=\begin{bmatrix}2\\1\\5\\6\end{bmatrix},\boldsymbol{\alpha}_3=\begin{bmatrix}1\\-1\\-2\\0\end{bmatrix},\boldsymbol{\alpha}_4=\begin{bmatrix}3\\0\\7\\14\end{bmatrix}$;

(3)$\boldsymbol{\alpha}_1=\begin{bmatrix}1\\1\\2\\3\end{bmatrix},\boldsymbol{\alpha}_2=\begin{bmatrix}1\\-1\\1\\1\end{bmatrix},\boldsymbol{\alpha}_3=\begin{bmatrix}1\\3\\3\\5\end{bmatrix},\boldsymbol{\alpha}_4=\begin{bmatrix}4\\-2\\5\\6\end{bmatrix},\boldsymbol{\alpha}_5=\begin{bmatrix}-3\\-1\\-5\\-7\end{bmatrix}$.

14. 求解下列齐次线性方程组的一个基础解系,并用此基础解系表示方程组的一般解(通解).

(1)$\begin{cases}x_1+4x_3=0\\-x_2+2x_3=0\end{cases}$;

(2)$\begin{cases}x_1+x_2-x_3+x_4=0\\x_1-x_2+2x_3-x_4=0\\3x_1+x_2+x_4=0\end{cases}$;

(3)$x_1+x_2+x_3+x_4=0$;

(4)$\begin{cases}2x_1+x_2-x_3-x_4+x_5=0\\x_1-x_2+x_3+x_4-2x_5=0\\3x_1+3x_2-3x_3-3x_4+4x_5=0\\4x_1+5x_2-5x_3-5x_4+7x_5=0\end{cases}$.

15. 设矩阵 $\boldsymbol{A}$ 为 $m\times n$ 矩阵,$\boldsymbol{B}$ 为 n 阶矩阵,已知 $r(\boldsymbol{A})=n$,试证:

(1) 若 $\boldsymbol{AB}=\boldsymbol{0}$,则 $\boldsymbol{B}=\boldsymbol{0}$;

(2) 若 $\boldsymbol{AB}=\boldsymbol{A}$,则 $\boldsymbol{B}=\boldsymbol{I}$.

16. 判断下列线性方程组是否有解,若方程组有解,试求其解.

(1) $\begin{cases} x_1 + 2x_2 - x_3 + 2x_4 = -1 \\ 2x_1 - x_2 - 2x_3 + 2x_4 = 1 \\ x_1 + 7x_2 - x_3 + 4x_4 = 2 \end{cases}$;

(2) $\begin{cases} 2x_1 - x_2 + 4x_3 - 3x_4 = -4 \\ x_1 + x_3 - x_4 = -3 \\ 3x_1 + x_2 + x_3 = 1 \\ 7x_1 + 7x_3 - 3x_4 = 3 \end{cases}$;

(3) $\begin{cases} x_1 - 5x_2 + 2x_3 - 3x_4 = 11 \\ 5x_1 + 3x_2 + 6x_3 - x_4 = -1 \\ 2x_1 + 4x_2 + 2x_3 + x_4 = -6 \end{cases}$;

(4) $\begin{cases} 2x_1 + 3x_2 - x_3 - 5x_4 = -2 \\ x_1 + 2x_2 - x_3 + x_4 = -2 \\ x_1 + x_2 + x_3 + x_4 = 5 \\ 3x_1 + x_2 + 2x_3 + 3x_4 = 4 \end{cases}$.

17. 设

$$\boldsymbol{\alpha} = \begin{bmatrix} a_1 \\ a_2 \\ a_3 \end{bmatrix}, \quad \boldsymbol{\beta} = \begin{bmatrix} b_1 \\ b_2 \\ b_3 \end{bmatrix}, \quad \boldsymbol{\gamma} = \begin{bmatrix} c_1 \\ c_2 \\ c_3 \end{bmatrix}$$

证明三条直线$\begin{cases} l_1: a_1x + b_1y + c_1 = 0 \\ l_2: a_2x + b_2y + c_2 = 0 \\ l_3: a_3x + b_3y + c_3 = 0 \end{cases}$$(a_i^2 + b_i^2 \neq 0, i = 1,2,3)$相交于一点的充分必要条件为向量组 $\boldsymbol{\alpha},\boldsymbol{\beta}$ 线性无关,且向量组 $\boldsymbol{\alpha},\boldsymbol{\beta},\boldsymbol{\gamma}$ 线性相关.

18. 设四元非齐次线性方程组的系数矩阵的秩为 3. 已知 $\boldsymbol{\eta}_1,\boldsymbol{\eta}_2,\boldsymbol{\eta}_3$ 是它的三个解,且

$$\boldsymbol{\eta}_1 = \begin{bmatrix} 2 \\ 3 \\ 4 \\ 5 \end{bmatrix}, \quad \boldsymbol{\eta}_2 + \boldsymbol{\eta}_3 = \begin{bmatrix} 1 \\ 2 \\ 3 \\ 4 \end{bmatrix}$$

求该方程组的通解.

19. 已知线性方程组

$$\begin{cases} \lambda x_1 + x_2 + x_3 = \lambda - 3 \\ x_1 + \lambda x_2 + x_3 = -2 \\ x_1 + x_2 + \lambda x_3 = -2 \end{cases}$$

讨论 λ 为何值时,方程组无解? 有唯一解? 有无穷多解? 在方程组有无穷多解时,求其通解.

20. 证明:线性方程组

$$\begin{cases} x_1 - x_2 = a_1 \\ x_2 - x_3 = a_2 \\ x_3 - x_4 = a_3 \\ x_4 - x_5 = a_4 \\ -x_1 + x_5 = a_5 \end{cases}$$

有解的充分必要条件是$\sum_{i=1}^{5} a_i = 0$,并在有解的情况下,求其通解.

21. 已知某经济系统在一个生产周期内产品的生产分配如表3.5所示(货币单位).

表3.5　某经济系统在一个生产周期内产品的生产分配

消耗部门 / 生产部门	部门间流量			最终产品	总产品
	1	2	3		
1	100	25	30	y_1	400
2	80	50	30	y_2	250
3	40	25	60	y_3	300

(1) 求各部门最终产品y_1,y_2,y_3;

(2) 求各部门新创造的价值(分别用z_1,z_2,z_3表示);

(3) 求直接消耗系数矩阵.

22. (平衡价格问题) 为了协调多个相互依存的行业的平衡发展,有关部门需要根据每个行业的产出在各个行业中的分配情况确定每个行业产品的指导价格,使得每个行业的投入与产出都大致相等. 假设一个经济系统由煤炭、电力、钢铁行业组成,每个行业的产出在各个行业中的分配如表3.6所示.

表3.6　行业产出分配表　　　　**亿元**

产出分配		行业		
		煤炭	电力	钢铁
购买者	煤炭	0	0.4	0.6
	电力	0.6	0.1	0.2
	钢铁	0.4	0.5	0.2

每一列中的元素表示占该行业总产出的比例. 试求使得每个行业的投入与产出都相等的平衡价格(假设不考虑这个系统与外界的联系).

23. 某公园在湖的周围设有甲、乙、丙三个游船出租点,游客可以在任何一处租船与还船.

租船与还船的情况统计如表 3.7 所示，即从甲处租的船只中只有 80% 在甲处还，20% 在乙处还；从乙处租的船只中有 20% 在甲处还，80% 在丙处还；从丙处租的船只中有 20% 在甲处还，20% 在乙处还，60% 在丙处还. 为了游客安全，公园要设立一个游船检修站，试问游船检修站建立在哪个点最好(假定公园的船只基本上每天都被人租用)？当丙处拥有公园游船数的$\frac{1}{3}$时，甲、乙两处分别拥有的比例是怎样的？

表 3.7　租船与还船的情况统计

		还船处		
		甲	乙	丙
借船处	甲	0.8	0.2	0
	乙	0.2	0	0.8
	丙	0.2	0.2	0.6

24. (配料问题) 某调料有限公司用 7 种成分来制造多种调味品. 表 3.8 列出了 6 种调味品 A、B、C、D、E、F 每包所需各种成分的质量(以克为单位).

表 3.8　6 种调味品每包所需各种成分的质量

调味品 成分	A	B	C	D	E	F
辣椒	60	15	45	75	90	90
姜黄	40	40	0	80	10	120
胡椒	20	20	0	40	20	60
大蒜	20	20	0	40	10	60
盐	10	10	0	20	20	30
味精	5	5	0	20	10	15
香油	10	10	0	20	20	30

一位顾客不需要购买全部 6 种调味品，他可以只购买其中的一部分并用它们配制出其余几种调味品. 为了能配制出其余几种调味品，这位顾客最少需要购买几个种类的调味品？并写出一种所需最少的调味品的集合.

第4章

Chapter 4

向量空间

学习目标和要求

1. 理解向量空间、由向量组生成的向量空间、子空间的概念;掌握向量空间的基、维数的概念及向量在两个基下的坐标之间的关系式.

2. 理解向量的内积和长度、正交向量组、标准正交向量组的概念及其性质;掌握施密特(E. Schmidt)正交化方法.

3. 掌握正交矩阵的概念及性质;了解正交变换的定义.

4. 了解内积在实际问题中的应用.

本章是从空间的角度来研究向量组. 主要介绍向量空间的基本概念、正交向量组及正交变换.

4.1 向量空间

根据以往经验可知,按照向量加法的平行四边形法则运算,平面上两个向量的和向量仍在这个平面上;平面中任意向量伸缩常数倍后也在这个平面上. 类似的结论对于空间中的向量也成立. 一般地,有如下定义

定义 4.1 设 V 为数域 F 上的 n 维向量的集合,若对非空集合 V 中任意两个向量 $\boldsymbol{\alpha}$ 和 $\boldsymbol{\beta}$ 以及数 $k \in F$,有 $\boldsymbol{\alpha}+\boldsymbol{\beta} \in V, k\boldsymbol{\alpha} \in V$,则称集合 V 为向量空间.

所谓封闭,是指在集合 V 中可以进行加法及数乘两种运算. 显然,如此定义的向量间的线性运算相对于集合 V 而言是封闭的. 同时,零向量属于任意一个向量空间(只要在数乘运算中取 $k=0$ 即可). 另外,零向量本身也构成一个向量空间($\mathbf{0}+\mathbf{0}=\mathbf{0}, k\mathbf{0}=\mathbf{0}, k\in\mathbf{R}$). 为了讨论方便,若没有特殊说明,本章所涉及的向量空间都包含非零向量,并且只考虑实数域 $\mathbf{R}$ 上的向量空间(每个向量的所有分量均为实数).

【例 4.1】　n 维向量的全体 $\mathbf{R}^n=\{[x_1,\cdots,x_n]^{\mathrm{T}} \mid x_i\in\mathbf{R}; i=1,\cdots,n\}$ 构成向量空间.

【例 4.2】　集合 $V=\{[0,x_2,\cdots,x_n]^{\mathrm{T}} \mid x_i\in\mathbf{R}; i=2,\cdots,n\}$ 是向量空间.

因为若 $\boldsymbol{\alpha}=[0,a_2,\cdots,a_n]^{\mathrm{T}}\in V, \boldsymbol{\beta}=[0,b_2,\cdots,b_n]^{\mathrm{T}}\in V$,则

$$\boldsymbol{\alpha}+\boldsymbol{\beta}=[0,a_2+b_2,\cdots,a_n+b_n]^{\mathrm{T}}\in V,\quad k\boldsymbol{\alpha}=[0,ka_2,\cdots,ka_n]^{\mathrm{T}}\in V$$

这说明集合 V 关于向量的加法和数乘运算是封闭的,从而构成向量空间.

【例 4.3】　集合 $V=\{[1,x_2,\cdots,x_n]^{\mathrm{T}} \mid x_i\in\mathbf{R}; i=2,\cdots,n\}$ 不构成向量空间.

因为若 $\boldsymbol{\alpha}=[1,a_2,\cdots,a_n]^{\mathrm{T}}\in V$,但 $2\boldsymbol{\alpha}=[2,2a_2,\cdots,2a_n]^{\mathrm{T}}\notin V$. 这说明集合 V 关于数乘运算不封闭,从而不构成向量空间.

【例 4.4】　齐次线性方程组 $\boldsymbol{Ax}=\mathbf{0}$ 的全部解向量构成向量空间;而非齐次线性方程组 $\boldsymbol{Ax}=\boldsymbol{b}$ 的全部解向量不构成向量空间.

因为齐次线性方程组解的线性组合还是原线性方程组的解. 而若向量 $\boldsymbol{\eta}$ 满足 $\boldsymbol{A\eta}=\boldsymbol{b}$,则 $\boldsymbol{A}(2\boldsymbol{\eta})=2(\boldsymbol{A\eta})=2\boldsymbol{b}\neq\boldsymbol{b}$,即解向量关于数乘运算不封闭,从而非齐次线性方程组 $\boldsymbol{Ax}=\boldsymbol{b}$ 的全部解向量不构成向量空间.

【例 4.5】　给定两个 n 维向量 $\boldsymbol{\alpha}$ 和 $\boldsymbol{\beta}$,则集合 $V=\{\lambda\boldsymbol{\alpha}+\mu\boldsymbol{\beta} \mid \lambda\in\mathbf{R},\mu\in\mathbf{R}\}$ 构成向量空间.

证明　设 $\boldsymbol{x}_1=\lambda_1\boldsymbol{\alpha}+\mu_1\boldsymbol{\beta}\in V, \boldsymbol{x}_2=\lambda_2\boldsymbol{\alpha}+\mu_2\boldsymbol{\beta}\in V$,则对任意的 $k\in\mathbf{R}$,有

$$\boldsymbol{x}_1+\boldsymbol{x}_2=(\lambda_1+\lambda_2)\boldsymbol{\alpha}+(\mu_1+\mu_2)\boldsymbol{\beta}\in V$$

$$k\boldsymbol{x}_1=(k\lambda_1)\boldsymbol{\alpha}+(k\mu_1)\boldsymbol{\beta}\in V$$

故 V 构成向量空间.

这个向量空间称为由**向量 $\boldsymbol{\alpha}$ 与 $\boldsymbol{\beta}$ 所生成的向量空间**. 一般地,有如下定义

定义 4.2　设 V 为向量空间,若对任意 $\boldsymbol{\alpha}\in V$ 都可以表示成 V 中的向量 $\boldsymbol{\alpha}_1,\boldsymbol{\alpha}_2,\cdots,\boldsymbol{\alpha}_m$ 的线性组合,则称向量空间 V 为由 $\boldsymbol{\alpha}_1,\boldsymbol{\alpha}_2,\cdots,\boldsymbol{\alpha}_m$ 所生成的空间,记为

$$V=\mathrm{span}\{\boldsymbol{\alpha}_1,\boldsymbol{\alpha}_2,\cdots,\boldsymbol{\alpha}_m\} \text{ 或 } V=L\{\boldsymbol{\alpha}_1,\boldsymbol{\alpha}_2,\cdots,\boldsymbol{\alpha}_m\}$$

定义 4.3　设集合 U 是向量空间 V 的子集,若 U 中向量的加法和数乘仍属于 U,则称 U 是 V 的子空间.

【例 4.6】　平面 $\mathbf{R}^2$ 的子空间 U 有三种类型:

(1) 只含有零向量:$U=\{\mathbf{0}\}$;

(2) 平面 $\mathbf{R}^2$ 中的全体向量:$U=\mathbf{R}^2$;

(3) 位于过原点的直线 L 上的向量.

类似地,可以给出空间 $\mathbf{R}^3$ 的子空间类型,留作习题. 同时,平面 $\mathbf{R}^2$ 及空间 $\mathbf{R}^3$ 都是向量空间 $\mathbf{R}^n(n\geqslant 3)$ 的子空间.

定义 4.4 若向量空间 V 中的一组向量 $\boldsymbol{\alpha}_1,\boldsymbol{\alpha}_2,\cdots,\boldsymbol{\alpha}_r$,满足

(1) 向量组 $\boldsymbol{\alpha}_1,\boldsymbol{\alpha}_2,\cdots,\boldsymbol{\alpha}_r$ 线性无关;

(2) 任意向量 $\boldsymbol{\alpha}\in V$ 均能由向量组 $\boldsymbol{\alpha}_1,\boldsymbol{\alpha}_2,\cdots,\boldsymbol{\alpha}_r$ 线性表出.

则称向量组 $\boldsymbol{\alpha}_1,\boldsymbol{\alpha}_2,\cdots,\boldsymbol{\alpha}_r$ 为向量空间 V 的一个基.

简单地说,线性无关且生成 V 的任意一个向量组即为 V 的一个基. 由定义 4.4 可知,若向量组 $\boldsymbol{\alpha}_1,\boldsymbol{\alpha}_2,\cdots,\boldsymbol{\alpha}_r$ 是 V 的一个基,则 V 可表示为

$$V=\{k_1\boldsymbol{\alpha}_1+k_2\boldsymbol{\alpha}_2+\cdots+k_r\boldsymbol{\alpha}_r \mid k_i\in\mathbf{R};i=1,2,\cdots,r\}$$

即 V 是由这个基生成的向量空间. 上述表示也较清楚地揭示了向量空间的构成.

【例 4.7】 向量组

$$\boldsymbol{\varepsilon}_1=\begin{bmatrix}1\\0\\\vdots\\0\end{bmatrix},\quad \boldsymbol{\varepsilon}_2=\begin{bmatrix}0\\1\\\vdots\\0\end{bmatrix},\quad \cdots,\quad \boldsymbol{\varepsilon}_n=\begin{bmatrix}0\\0\\\vdots\\1\end{bmatrix}$$

是向量空间 $\mathbf{R}^n$ 的一个基.

因为 $\boldsymbol{\varepsilon}_1,\boldsymbol{\varepsilon}_2,\cdots,\boldsymbol{\varepsilon}_n$ 线性无关,且对任意一个 n 维列向量 $\boldsymbol{x}=[x_1,x_2,\cdots,x_n]^{\mathrm{T}}\in\mathbf{R}^n$,都有 $\boldsymbol{x}=x_1\boldsymbol{\varepsilon}_1+x_2\boldsymbol{\varepsilon}_2+\cdots+x_n\boldsymbol{\varepsilon}_n$,故 $\boldsymbol{\varepsilon}_1,\boldsymbol{\varepsilon}_2,\cdots,\boldsymbol{\varepsilon}_n$ 为向量空间 $\mathbf{R}^n$ 的一个基. 又线性表出的系数正好是向量 $\boldsymbol{x}$ 对应分量,所以也将这个基称为**向量空间 $\mathbf{R}^n$ 的自然基或标准基**.

由本例可以得到,任意一组 n 维向量 $\boldsymbol{\alpha}_1,\boldsymbol{\alpha}_2,\cdots,\boldsymbol{\alpha}_m$ 生成的向量空间 V 都是向量空间 $\mathbf{R}^n$ 的子空间.

定义 4.5 设 $\boldsymbol{\alpha}_1,\boldsymbol{\alpha}_2,\cdots,\boldsymbol{\alpha}_n$ 为向量空间 V 的一个基,对于属于 V 的任意一个向量 $\boldsymbol{\alpha}$,则表达式 $\boldsymbol{\alpha}=x_1\boldsymbol{\alpha}_1+\cdots+x_n\boldsymbol{\alpha}_n$ 唯一,称 $x_1,x_2,\cdots,x_n$ 为向量 $\boldsymbol{\alpha}$ 在基 $\boldsymbol{\alpha}_1,\boldsymbol{\alpha}_2,\cdots,\boldsymbol{\alpha}_n$ 下的坐标,而向量 $\boldsymbol{x}=[x_1,x_2,\cdots,x_n]^{\mathrm{T}}$ 称为向量 $\boldsymbol{\alpha}$ 关于这个基的坐标向量.

定义 4.6 向量空间 V 的一个基所包含的向量的个数称为 V 的维数,记为 $\dim V$.

由定义 4.6 知,平面是二维的,空间是三维的. 只含有零向量的向量空间称为**零维向量空间**,因此它没有基(零向量自身是线性相关的). 若把向量空间 V 看做向量组,那么 V 的一个基即为向量组的一个极大无关组,V 的维数即为向量组的秩.

定理 4.1 设 $\boldsymbol{A}$ 为 n 阶方阵,则 $\boldsymbol{A}$ 的各列对应的向量构成 $\mathbf{R}^n$ 的一个基当且仅当 $\boldsymbol{A}$ 是可逆的.

证明 记 $\boldsymbol{A}$ 的第 i 列对应向量为 $\boldsymbol{v}_i$,对任意 n 维向量 $\boldsymbol{x}=[x_1,x_2,\cdots,x_n]^{\mathrm{T}}$,矩阵乘积 $\boldsymbol{Ax}=x_1\boldsymbol{v}_1+x_2\boldsymbol{v}_2+\cdots+x_n\boldsymbol{v}_n$ 是向量组 $\boldsymbol{v}_1,\boldsymbol{v}_2,\cdots,\boldsymbol{v}_n$ 的线性组合. 因此向量组 $\boldsymbol{v}_1,\boldsymbol{v}_2,\cdots,\boldsymbol{v}_n$ 线性无关当且仅当齐次线性方程组 $\boldsymbol{Ax}=\boldsymbol{0}$ 仅有零解,由定理 3.2 可知,齐次线性方程组 $\boldsymbol{Ax}=\boldsymbol{0}$ 仅有零解当且仅当 $\boldsymbol{A}$ 是可逆的,故向量组 $\boldsymbol{v}_1,\boldsymbol{v}_2,\cdots,\boldsymbol{v}_n$ 是线性无关当且仅当 $\boldsymbol{A}$ 是可逆的,又因为 $\mathbf{R}^n$ 的维数

为 n,且向量组 $\boldsymbol{v}_1,\boldsymbol{v}_2,\cdots,\boldsymbol{v}_n$ 线性无关,则向量组 $\boldsymbol{v}_1,\boldsymbol{v}_2,\cdots,\boldsymbol{v}_n$ 构成向量空间 $\mathbf{R}^n$ 的一个基.

【例4.8】　已知矩阵

$$\boldsymbol{A}=[\boldsymbol{\alpha}_1\ \boldsymbol{\alpha}_2\ \boldsymbol{\alpha}_3]=\begin{bmatrix}2 & 2 & -1\\2 & -1 & 2\\-1 & 2 & 2\end{bmatrix},\quad \boldsymbol{B}=[\boldsymbol{\beta}_1\ \boldsymbol{\beta}_2]=\begin{bmatrix}1 & 1\\2 & 0\\1 & -1\end{bmatrix}$$

验证 $\boldsymbol{\alpha}_1,\boldsymbol{\alpha}_2,\boldsymbol{\alpha}_3$ 是 $\mathbf{R}^3$ 的一个基,并将 $\boldsymbol{\beta}_1,\boldsymbol{\beta}_2$ 用这个基线性表出.

解　因为

$$\det \boldsymbol{A}=\begin{vmatrix}2 & 2 & -1\\2 & -1 & 2\\-1 & 2 & 2\end{vmatrix}=-27\neq 0$$

所以矩阵 $\boldsymbol{A}$ 是可逆的,从而 $\boldsymbol{A}$ 的各列对应的向量 $\boldsymbol{\alpha}_1,\boldsymbol{\alpha}_2,\boldsymbol{\alpha}_3$ 是 $\mathbf{R}^3$ 的一个基.

设 $\boldsymbol{\beta}_1=x_1\boldsymbol{\alpha}_1+x_2\boldsymbol{\alpha}_2+x_3\boldsymbol{\alpha}_3,\boldsymbol{\beta}_2=y_1\boldsymbol{\alpha}_1+y_2\boldsymbol{\alpha}_2+y_3\boldsymbol{\alpha}_3$,写成矩阵形式

$$[\boldsymbol{\beta}_1\ \boldsymbol{\beta}_2]=[\boldsymbol{\alpha}_1\ \boldsymbol{\alpha}_2\ \boldsymbol{\alpha}_3]\begin{bmatrix}x_1 & y_1\\x_2 & y_2\\x_3 & y_3\end{bmatrix}$$

记 $\boldsymbol{B}=\boldsymbol{A}\boldsymbol{X}$,对矩阵 $[\boldsymbol{A}\ \vdots\ \boldsymbol{B}]$ 施行初等行变换化为行最简形

$$[\boldsymbol{A}\ \vdots\ \boldsymbol{B}]=\begin{bmatrix}2 & 2 & -1 & 1 & 1\\2 & -1 & 2 & 2 & 0\\-1 & 2 & 2 & 1 & -1\end{bmatrix}\rightarrow\begin{bmatrix}1 & 0 & 0 & \frac{5}{9} & \frac{1}{3}\\0 & 1 & 0 & \frac{2}{9} & 0\\0 & 0 & 1 & \frac{5}{9} & -\frac{1}{3}\end{bmatrix}$$

所以 $\boldsymbol{\beta}_1=\frac{5}{9}\boldsymbol{\alpha}_1+\frac{2}{9}\boldsymbol{\alpha}_2+\frac{5}{9}\boldsymbol{\alpha}_3,\boldsymbol{\beta}_2=\frac{1}{3}\boldsymbol{\alpha}_1-\frac{1}{3}\boldsymbol{\alpha}_3$.

由例4.8的计算过程可以看出,向量空间中的向量用一个基的表出方式是唯一的.

【例4.9】　在 $\mathbf{R}^2$ 中,将向量 $\boldsymbol{\beta}=[2,3]^{\mathrm{T}}$ 用下列两个基线性表出

(1) $\boldsymbol{\varepsilon}_1=\begin{bmatrix}1\\0\end{bmatrix},\boldsymbol{\varepsilon}_2=\begin{bmatrix}0\\1\end{bmatrix}$;　　(2) $\boldsymbol{\alpha}_1=\begin{bmatrix}1\\1\end{bmatrix},\boldsymbol{\alpha}_2=\begin{bmatrix}0\\1\end{bmatrix}$.

解　不难求得(1) $\boldsymbol{\beta}=2\boldsymbol{\varepsilon}_1+3\boldsymbol{\varepsilon}_2$;(2) $\boldsymbol{\beta}=2\boldsymbol{\alpha}_1+\boldsymbol{\alpha}_2$.

例4.9说明同一个向量在不同基下的坐标向量是不同的.

所以下面考虑这样两个问题:如何用一个给定的基表示向量空间中的某个向量;如何将同一个向量空间的两个不同的基联系起来.首先,给出以下定理:

定理4.2　向量组 $\boldsymbol{\alpha}_1,\boldsymbol{\alpha}_2,\cdots,\boldsymbol{\alpha}_r$ 是向量空间 V 的一个基当且仅当对任意的向量 $\boldsymbol{\alpha}\in V$ 都可唯一地由这个基表示为

$$\boldsymbol{\alpha} = k_1\boldsymbol{\alpha}_1 + k_2\boldsymbol{\alpha}_2 + \cdots + k_r\boldsymbol{\alpha}_r \tag{4.1}$$

其中 $k_i \in \mathbf{R}(i=1,\cdots,r)$.

证明 首先设向量组 $\boldsymbol{\alpha}_1,\boldsymbol{\alpha}_2,\cdots,\boldsymbol{\alpha}_r$ 是向量空间 V 的一个基,$\boldsymbol{\alpha}$ 是属于 V 的任意一个向量.因为 $\boldsymbol{\alpha}_1,\boldsymbol{\alpha}_2,\cdots,\boldsymbol{\alpha}_r$ 生成向量空间 V,所以存在 $k_i \in \mathbf{R}(i=1,\cdots,r)$ 使得式(4.1)成立.假设又有实数 $l_1,l_2,\cdots,l_r$,使得 $\boldsymbol{\alpha} = l_1\boldsymbol{\alpha}_1 + l_2\boldsymbol{\alpha}_2 + \cdots + l_r\boldsymbol{\alpha}_r$,用式(4.1)减去此式可得

$$\mathbf{0} = (k_1 - l_1)\boldsymbol{\alpha}_1 + (k_2 - l_2)\boldsymbol{\alpha}_2 + \cdots + (k_r - l_r)\boldsymbol{\alpha}_r$$

这说明 $k_j - l_j = 0(j=1,\cdots,r)$(这是因为向量组 $\boldsymbol{\alpha}_1,\boldsymbol{\alpha}_2,\cdots,\boldsymbol{\alpha}_r$ 是线性无关的),因此 $k_1 = l_1$,$k_2 = l_2,\cdots,k_r = l_r$,表示方式唯一.

另一方面,设每个属于 V 的向量 $\boldsymbol{\alpha}$ 都可以唯一地写成式(4.1)的形式,那么要说明向量组 $\boldsymbol{\alpha}_1,\boldsymbol{\alpha}_2,\cdots,\boldsymbol{\alpha}_r$ 是基,只要说明它是线性无关的.设 $a_i \in \mathbf{R}(i=1,\cdots,r)$,使得

$$\mathbf{0} = a_1\boldsymbol{\alpha}_1 + a_2\boldsymbol{\alpha}_2 + \cdots + a_r\boldsymbol{\alpha}_r$$

同时由于 $\mathbf{0} = 0\boldsymbol{\alpha}_1 + 0\boldsymbol{\alpha}_2 + \cdots + 0\boldsymbol{\alpha}_r$ 以及表示方式唯一可得 $a_1 = a_2 = \cdots = a_r = 0$,因此 $\boldsymbol{\alpha}_1$,$\boldsymbol{\alpha}_2,\cdots,\boldsymbol{\alpha}_r$ 是线性无关的,从而它是 V 的一个基.

【例 4.10】 已知 $\boldsymbol{\alpha}_1 = [1,1,1]^{\mathrm{T}}$,$\boldsymbol{\alpha}_2 = [1,1,-1]^{\mathrm{T}}$,$\boldsymbol{\alpha}_3 = [1,-1,-1]^{\mathrm{T}}$ 为向量空间 $\mathbf{R}^3$ 的一个基,求 $\boldsymbol{\alpha} = [1,2,1]^{\mathrm{T}}$ 在该基下的坐标向量.

解 设 $\boldsymbol{\alpha} = x_1\boldsymbol{\alpha}_1 + x_2\boldsymbol{\alpha}_2 + x_3\boldsymbol{\alpha}_3$,比较等式两端的对应分量可得

$$\begin{bmatrix} 1 & 1 & 1 \\ 1 & 1 & -1 \\ 1 & -1 & -1 \end{bmatrix}\begin{bmatrix} x_1 \\ x_2 \\ x_3 \end{bmatrix} = \begin{bmatrix} 1 \\ 2 \\ 1 \end{bmatrix}$$

解此矩阵方程,可得

$$\begin{bmatrix} x_1 \\ x_2 \\ x_3 \end{bmatrix} = \begin{bmatrix} 1 \\ \dfrac{1}{2} \\ -\dfrac{1}{2} \end{bmatrix}$$

即为向量 $\boldsymbol{\alpha}$ 在所给基下的坐标向量.

定义 4.7 设向量组 $\boldsymbol{\alpha}_1,\boldsymbol{\alpha}_2,\cdots,\boldsymbol{\alpha}_n$ 与 $\boldsymbol{\beta}_1,\boldsymbol{\beta}_2,\cdots,\boldsymbol{\beta}_n$ 是 n 维向量空间的两个基,若基 $\boldsymbol{\beta}_1$,$\boldsymbol{\beta}_2,\cdots,\boldsymbol{\beta}_n$ 由基 $\boldsymbol{\alpha}_1,\boldsymbol{\alpha}_2,\cdots,\boldsymbol{\alpha}_n$ 表示为

$$\begin{cases} \boldsymbol{\beta}_1 = p_{11}\boldsymbol{\alpha}_1 + p_{21}\boldsymbol{\alpha}_2 + \cdots + p_{n1}\boldsymbol{\alpha}_n \\ \boldsymbol{\beta}_2 = p_{12}\boldsymbol{\alpha}_1 + p_{22}\boldsymbol{\alpha}_2 + \cdots + p_{n2}\boldsymbol{\alpha}_n \\ \quad\vdots \\ \boldsymbol{\beta}_n = p_{1n}\boldsymbol{\alpha}_1 + p_{2n}\boldsymbol{\alpha}_2 + \cdots + p_{nn}\boldsymbol{\alpha}_n \end{cases}$$

记

$$P = \begin{bmatrix} p_{11} & p_{12} & \cdots & p_{1n} \\ p_{21} & p_{22} & \cdots & p_{2n} \\ \vdots & \vdots & & \vdots \\ p_{n1} & p_{n2} & \cdots & p_{nn} \end{bmatrix}$$

称矩阵 $\boldsymbol{P} = (p_{ij})_{n\times n}$ 为由基 $\boldsymbol{\alpha}_1,\boldsymbol{\alpha}_2,\cdots,\boldsymbol{\alpha}_n$ 到基 $\boldsymbol{\beta}_1,\boldsymbol{\beta}_2,\cdots,\boldsymbol{\beta}_n$ 的过渡矩阵,称

$$[\boldsymbol{\beta}_1 \quad \boldsymbol{\beta}_2 \quad \cdots \quad \boldsymbol{\beta}_n] = [\boldsymbol{\alpha}_1 \quad \boldsymbol{\alpha}_2 \quad \cdots \quad \boldsymbol{\alpha}_n]\boldsymbol{P}$$

为基变换公式. 记 $\boldsymbol{A} = [\boldsymbol{\alpha}_1 \quad \boldsymbol{\alpha}_2 \quad \cdots \quad \boldsymbol{\alpha}_n]$,$\boldsymbol{B} = [\boldsymbol{\beta}_1 \quad \boldsymbol{\beta}_2 \quad \cdots \quad \boldsymbol{\beta}_n]$,则不难得到 $\boldsymbol{P} = \boldsymbol{A}^{-1}\boldsymbol{B}$.

定义 4.8　设 $\boldsymbol{\alpha}_1,\boldsymbol{\alpha}_2,\cdots,\boldsymbol{\alpha}_n$ 与 $\boldsymbol{\beta}_1,\boldsymbol{\beta}_2,\cdots,\boldsymbol{\beta}_n$ 是 n 维向量空间 V 的两个基,且由基 $\boldsymbol{\alpha}_1,\boldsymbol{\alpha}_2,\cdots,\boldsymbol{\alpha}_n$ 到 $\boldsymbol{\beta}_1,\boldsymbol{\beta}_2,\cdots,\boldsymbol{\beta}_n$ 的过渡矩阵为 $\boldsymbol{P}$,又假设 V 中的向量 $\boldsymbol{\alpha}$ 在基 $\boldsymbol{\alpha}_1,\boldsymbol{\alpha}_2,\cdots,\boldsymbol{\alpha}_n$ 下的坐标向量为 $\boldsymbol{x} = [x_1,x_2,\cdots,x_n]^{\mathrm{T}}$,在基 $\boldsymbol{\beta}_1,\boldsymbol{\beta}_2,\cdots,\boldsymbol{\beta}_n$ 下的坐标向量为 $\boldsymbol{y} = [y_1,y_2,\cdots,y_n]^{\mathrm{T}}$,则

$$\boldsymbol{x} = \boldsymbol{P}\boldsymbol{y} \text{ 或 } \boldsymbol{y} = \boldsymbol{P}^{-1}\boldsymbol{x} \tag{4.2}$$

上式称为坐标变换公式.

【例 4.11】　设空间 $\mathbf{R}^3$ 中两个基 $\boldsymbol{\alpha}_1 = [1,0,1]^{\mathrm{T}}$,$\boldsymbol{\alpha}_2 = [1,1,0]^{\mathrm{T}}$,$\boldsymbol{\alpha}_3 = [0,1,1]^{\mathrm{T}}$ 和 $\boldsymbol{\beta}_1 = [1,1,1]^{\mathrm{T}}$,$\boldsymbol{\beta}_2 = [1,1,2]^{\mathrm{T}}$,$\boldsymbol{\beta}_3 = [1,2,1]^{\mathrm{T}}$.

(1) 求基 $\boldsymbol{\beta}_1,\boldsymbol{\beta}_2,\boldsymbol{\beta}_3$ 到基 $\boldsymbol{\alpha}_1,\boldsymbol{\alpha}_2,\boldsymbol{\alpha}_3$ 的过渡矩阵;

(2) 已知 $\boldsymbol{\alpha}$ 在基 $\boldsymbol{\beta}_1,\boldsymbol{\beta}_2,\boldsymbol{\beta}_3$ 下的坐标向量为 $[0,1,1]^{\mathrm{T}}$,求 $\boldsymbol{\alpha}$ 在基 $\boldsymbol{\alpha}_1,\boldsymbol{\alpha}_2,\boldsymbol{\alpha}_3$ 下的坐标向量.

解　(1) 设由基 $\boldsymbol{\beta}_1,\boldsymbol{\beta}_2,\boldsymbol{\beta}_3$ 到基 $\boldsymbol{\alpha}_1,\boldsymbol{\alpha}_2,\boldsymbol{\alpha}_3$ 的过渡矩阵为 $\boldsymbol{P}$,即

$$[\boldsymbol{\alpha}_1\ \boldsymbol{\alpha}_2\ \boldsymbol{\alpha}_3] = [\boldsymbol{\beta}_1\ \boldsymbol{\beta}_2\ \boldsymbol{\beta}_3]\boldsymbol{P}$$

则

$$\boldsymbol{P} = [\boldsymbol{\beta}_1\ \boldsymbol{\beta}_2\ \boldsymbol{\beta}_3]^{-1}[\boldsymbol{\alpha}_1\ \boldsymbol{\alpha}_2\ \boldsymbol{\alpha}_3] = \begin{bmatrix} 2 & 2 & -2 \\ 0 & -1 & 1 \\ -1 & 0 & 1 \end{bmatrix}$$

(2) 设 $\boldsymbol{\alpha}$ 在基 $\boldsymbol{\alpha}_1,\boldsymbol{\alpha}_2,\boldsymbol{\alpha}_3$ 下的坐标向量为 $[x_1,x_2,x_3]^{\mathrm{T}}$,由题设知

$$\boldsymbol{\alpha} = [\boldsymbol{\alpha}_1\ \boldsymbol{\alpha}_2\ \boldsymbol{\alpha}_3]\begin{bmatrix} x_1 \\ x_2 \\ x_3 \end{bmatrix} = [\boldsymbol{\beta}_1\ \boldsymbol{\beta}_2\ \boldsymbol{\beta}_3]\begin{bmatrix} 0 \\ 1 \\ 1 \end{bmatrix}$$

即

$$[\boldsymbol{\beta}_1\ \boldsymbol{\beta}_2\ \boldsymbol{\beta}_3]\boldsymbol{P}\begin{bmatrix} x_1 \\ x_2 \\ x_3 \end{bmatrix} = [\boldsymbol{\beta}_1\ \boldsymbol{\beta}_2\ \boldsymbol{\beta}_3]\begin{bmatrix} 0 \\ 1 \\ 1 \end{bmatrix}$$

所以

$$\begin{bmatrix} x_1 \\ x_2 \\ x_3 \end{bmatrix} = \boldsymbol{P}^{-1}\begin{bmatrix} 0 \\ 1 \\ 1 \end{bmatrix} = \begin{bmatrix} 2 & 2 & -2 \\ 0 & -1 & 1 \\ -1 & 0 & 1 \end{bmatrix}^{-1}\begin{bmatrix} 0 \\ 1 \\ 1 \end{bmatrix} = \begin{bmatrix} 1 \\ 1 \\ 2 \end{bmatrix}$$

4.2 向量的内积

4.2.1 内积的定义

向量空间是几何空间的抽象,基是坐标系的抽象. 几何空间的直角坐标系、两个向量的夹角、数量积、垂直、向量的长度等概念,均可推广到向量空间中来. 向量的内积是定义在两个向量之间的一种特殊的"乘法" 运算,也叫向量的数量积或点积.

定义 4.9 设向量 $\boldsymbol{\alpha}=[a_1,a_2,\cdots,a_n]^{\mathrm{T}}$,$\boldsymbol{\beta}=[b_1,b_2,\cdots,b_n]^{\mathrm{T}}$,称

$$(\boldsymbol{\alpha},\boldsymbol{\beta})=a_1b_1+a_2b_2+\cdots+a_nb_n=\boldsymbol{\alpha}^{\mathrm{T}}\boldsymbol{\beta}=\boldsymbol{\beta}^{\mathrm{T}}\boldsymbol{\alpha}$$

为 $\boldsymbol{\alpha}$ 与 $\boldsymbol{\beta}$ 的内积. 定义了内积的向量空间称为欧几里得空间,简称欧氏空间.

向量内积具有下列性质:

设 $\boldsymbol{\alpha},\boldsymbol{\beta},\boldsymbol{\gamma}$ 是向量空间 V 中任意 n 维向量,k 为任意实常数,则

(1) $(\boldsymbol{\alpha},\boldsymbol{\beta})=(\boldsymbol{\beta},\boldsymbol{\alpha})$;

(2) $(k\boldsymbol{\alpha},\boldsymbol{\beta})=k(\boldsymbol{\alpha},\boldsymbol{\beta})$;

(3) $(\boldsymbol{\alpha}+\boldsymbol{\beta},\boldsymbol{\gamma})=(\boldsymbol{\alpha},\boldsymbol{\gamma})+(\boldsymbol{\beta},\boldsymbol{\gamma})$;

(4) $(\boldsymbol{\alpha},\boldsymbol{\alpha})\geqslant 0$,当且仅当 $\boldsymbol{\alpha}=\mathbf{0}$ 时 $(\boldsymbol{\alpha},\boldsymbol{\alpha})=0$;

(5) $(\boldsymbol{\alpha},\boldsymbol{\beta})^2\leqslant(\boldsymbol{\alpha},\boldsymbol{\alpha})(\boldsymbol{\beta},\boldsymbol{\beta})$,等号成立当且仅当 $\boldsymbol{\alpha}$ 与 $\boldsymbol{\beta}$ 线性相关.

定义 4.10 设 $\boldsymbol{\alpha}$ 为实向量,称 $\|\boldsymbol{\alpha}\|=\sqrt{(\boldsymbol{\alpha},\boldsymbol{\alpha})}$ 为 $\boldsymbol{\alpha}$ 的模(或范数),当 $\|\boldsymbol{\alpha}\|=1$ 时,称 $\boldsymbol{\alpha}$ 为单位向量.

向量模具有下列性质:

(1) 非负性:当 $\boldsymbol{\alpha}\neq\mathbf{0}$ 时,$\|\boldsymbol{\alpha}\|>0$,当 $\boldsymbol{\alpha}=\mathbf{0}$ 时,$\|\boldsymbol{\alpha}\|=0$;

(2) 齐次性:$\|k\boldsymbol{\alpha}\|=|k|\,\|\boldsymbol{\alpha}\|$,$k$ 为常数;

(3) 三角不等式:$\|\boldsymbol{\alpha}+\boldsymbol{\beta}\|\leqslant\|\boldsymbol{\alpha}\|+\|\boldsymbol{\beta}\|$,$\|\boldsymbol{\alpha}-\boldsymbol{\beta}\|\geqslant\big|\,\|\boldsymbol{\alpha}\|-\|\boldsymbol{\beta}\|\,\big|$.

事实上,三角不等式说明:三角形一边的长度不超过另两边长度之和(两点之间线段最短),三角形一边的长度不小于另两边长度之差,如图 4.1 所示.

若 $\boldsymbol{\alpha}\neq\mathbf{0}$,由向量模的性质可知,向量 $\boldsymbol{\alpha}_0=\dfrac{1}{\|\boldsymbol{\alpha}\|}\boldsymbol{\alpha}$ 的模 $\|\boldsymbol{\alpha}_0\|=1$,则称 $\boldsymbol{\alpha}_0$ 为 $\boldsymbol{\alpha}$ 的**单位化向量**.

【例 4.12】 设 $\boldsymbol{\alpha}=[1,-2,1]^{\mathrm{T}}$,$\boldsymbol{\beta}=[2,-1,1]^{\mathrm{T}}$,求(1) $(\boldsymbol{\alpha}+\boldsymbol{\beta},\boldsymbol{\alpha}-\boldsymbol{\beta})$;(2) $\|3\boldsymbol{\alpha}+4\boldsymbol{\beta}\|$.

解:(1)

$$(\boldsymbol{\alpha}+\boldsymbol{\beta},\boldsymbol{\alpha}-\boldsymbol{\beta})=(\boldsymbol{\alpha},\boldsymbol{\alpha})-(\boldsymbol{\alpha},\boldsymbol{\beta})+(\boldsymbol{\beta},\boldsymbol{\alpha})-(\boldsymbol{\beta},\boldsymbol{\beta})=(\boldsymbol{\alpha},\boldsymbol{\alpha})-(\boldsymbol{\beta},\boldsymbol{\beta})=6-6=0$$

(2) 因为 $3\boldsymbol{\alpha}+4\boldsymbol{\beta}=[3,-6,3]^{\mathrm{T}}+[8,-4,4]^{\mathrm{T}}=[11,-10,7]^{\mathrm{T}}$,所以

$$\|3\boldsymbol{\alpha}+4\boldsymbol{\beta}\|=\sqrt{11^2+(-10)^2+7^2}=3\sqrt{30}$$

有了向量模的定义,下面给出内积的几何意义. 对于给定的 n 维向量空间 V 中的两个向量 $\boldsymbol{\alpha}$ 和 $\boldsymbol{\beta}$,选取适当的坐标轴,使 $\boldsymbol{\alpha}$ 与第一条坐标轴同向并且 $\boldsymbol{\beta}$ 位于前两条坐标轴张成的平面上,如图 4.2 所示.

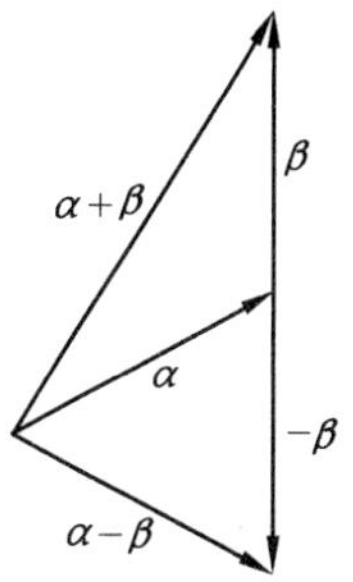

$\boldsymbol{\alpha}$ 和 $\boldsymbol{\beta}$ 在此坐标系下的坐标为 $\boldsymbol{\alpha}=(\|\boldsymbol{\alpha}\|,0,\cdots,0)$ 和 $\boldsymbol{\beta}=(\|\boldsymbol{\beta}\|\cos\theta,\cdots)$,因为 $\boldsymbol{\beta}$ 的第 2 个到第 n 个分量与 $\boldsymbol{\alpha}$ 的对应分量乘积总为零,故不必考虑 $\boldsymbol{\beta}$ 的第 2 个到第 n 个分量的具体形式. 因此,由内积的定义得

$$(\boldsymbol{\alpha},\boldsymbol{\beta})=\|\boldsymbol{\alpha}\|\ \|\boldsymbol{\beta}\|\cos\theta \tag{4.3}$$

其中 θ 为 $\boldsymbol{\alpha}$ 与 $\boldsymbol{\beta}$ 的夹角.

图 4.1　三角不等式

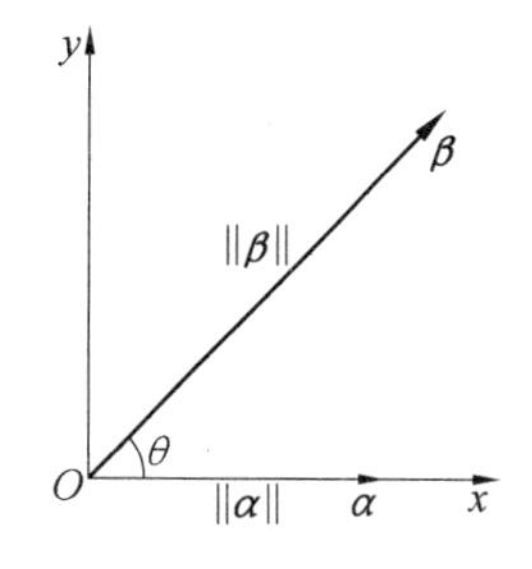

图 4.2　内积的几何意义

由式(4.3) 可以看出,若已知两个向量 $\boldsymbol{\alpha}$ 与 $\boldsymbol{\beta}$,则它们之间的夹角为

$$\theta=\arccos\frac{(\boldsymbol{\alpha},\boldsymbol{\beta})}{\|\boldsymbol{\alpha}\|\ \|\boldsymbol{\beta}\|} \tag{4.4}$$

【例 4.13】　设 $\boldsymbol{\alpha}=[1,2,1]^{\mathrm{T}},\boldsymbol{\beta}=[-1,1,2]^{\mathrm{T}}$,求向量 $\boldsymbol{\alpha}$ 与 $\boldsymbol{\beta}$ 的夹角 θ.

解　$$(\boldsymbol{\alpha},\boldsymbol{\beta})=1\times(-1)+2\times1+1\times2=3$$

$$\|\boldsymbol{\alpha}\|=\sqrt{1^2+(-2)^2+1^2}=\sqrt{6},\ \|\boldsymbol{\beta}\|=\sqrt{(-1)^2+1^2+2^2}=\sqrt{6}$$

所以由式(4.4) 得

$$\theta=\arccos\frac{(\boldsymbol{\alpha},\boldsymbol{\beta})}{\|\boldsymbol{\alpha}\|\ \|\boldsymbol{\beta}\|}=\arccos\frac{1}{2}=\frac{\pi}{3}$$

当 $\theta=\pi/2$ 时,在几何意义上 $\boldsymbol{\alpha}$ 与 $\boldsymbol{\beta}$ 相互垂直,此种情况下,无论 $\|\boldsymbol{\alpha}\|$ 与 $\|\boldsymbol{\beta}\|$ 取什么值 $(\boldsymbol{\alpha},\boldsymbol{\beta})\equiv0$,对这种情况给出一个定义

定义 4.11　若向量 $\boldsymbol{\alpha}$ 与向量 $\boldsymbol{\beta}$ 的内积 $(\boldsymbol{\alpha},\boldsymbol{\beta})=0$,则称 $\boldsymbol{\alpha}$ 与 $\boldsymbol{\beta}$ 正交,记为 $\boldsymbol{\alpha}\perp\boldsymbol{\beta}$.

由定义 4.11,对任意的向量 $\boldsymbol{\alpha}$,都有 $(\boldsymbol{\alpha},\boldsymbol{0})=0$,所以零向量是与任何向量都是正交的. 从几何上可以理解为零向量的方向是任意的.

4.2.2　正交向量组

下面讨论两个问题:向量空间 V 中一个标准正交基可以简单地表示 V 中任意一个向量;任意一个基可以通过正交化方法化为标准正交基.

定义 4.12　一组两两正交的非零向量组称为正交向量组,若每个向量的模为 1,称其为标准正交向量组.

由定义 4.12,若向量组 $\boldsymbol{\varepsilon}_1,\boldsymbol{\varepsilon}_2,\cdots,\boldsymbol{\varepsilon}_n$ 是一组标准正交向量组,则有

$$(\boldsymbol{\varepsilon}_i,\boldsymbol{\varepsilon}_j)=\begin{cases}0, & i\neq j\\1, & i=j\end{cases}$$

【例4.14】 向量组$\boldsymbol{\alpha}_1=[1,1,0]^{\mathrm{T}},\boldsymbol{\alpha}_2=[1,-1,0]^{\mathrm{T}},\boldsymbol{\alpha}_3=[0,0,1]^{\mathrm{T}}$是一个正交向量组,向量组$\boldsymbol{\varepsilon}_1=[1,0,0]^{\mathrm{T}},\boldsymbol{\varepsilon}_2=[0,1,0]^{\mathrm{T}},\boldsymbol{\varepsilon}_3=[0,0,1]^{\mathrm{T}}$是一个标准正交向量组.

定理4.3 正交向量组是线性无关的.

证明 设$\boldsymbol{\alpha}_1,\boldsymbol{\alpha}_2,\cdots,\boldsymbol{\alpha}_m$是向量空间$V$中的一正交向量组,若存在$k_i\in\mathbf{R}(i=1,\cdots,m)$,使$k_1\boldsymbol{\alpha}_1+k_2\boldsymbol{\alpha}_2+\cdots+k_m\boldsymbol{\alpha}_m=\mathbf{0}$,两端与$\boldsymbol{\alpha}_i$作内积可得

$$k_1(\boldsymbol{\alpha}_1,\boldsymbol{\alpha}_i)+\cdots+k_i(\boldsymbol{\alpha}_i,\boldsymbol{\alpha}_i)+\cdots+k_m(\boldsymbol{\alpha}_m,\boldsymbol{\alpha}_i)=(\mathbf{0},\boldsymbol{\alpha}_i)$$

当$i\neq j$时,$(\boldsymbol{\alpha}_i,\boldsymbol{\alpha}_j)=0$,于是有$k_i(\boldsymbol{\alpha}_i,\boldsymbol{\alpha}_i)=0$,而当$i=j$时,$(\boldsymbol{\alpha}_i,\boldsymbol{\alpha}_i)\neq0$,所以$k_i=0$,此式对于$i=1,\cdots,m$都成立,这就说明向量组$\boldsymbol{\alpha}_1,\boldsymbol{\alpha}_2,\cdots,\boldsymbol{\alpha}_m$是线性无关的.

推论1 n维空间$\mathbf{R}^n$中两两正交的非零向量个数不能超过n个.

这一事实的几何意义很清楚,平面$\mathbf{R}^2$上找不到三个两两垂直的非零向量,空间$\mathbf{R}^3$中找不到四个两两垂直的非零向量.

另外,容易看出定理4.3的逆命题不成立,即线性无关的向量组不一定是正交向量组. 如空间$\mathbf{R}^3$中的一组向量$\boldsymbol{\alpha}_1=[1,1,1]^{\mathrm{T}},\boldsymbol{\alpha}_2=[1,1,0]^{\mathrm{T}},\boldsymbol{\alpha}_3=[1,0,0]^{\mathrm{T}}$就是线性无关的,但$(\boldsymbol{\alpha}_1,\boldsymbol{\alpha}_2)=2\neq0$,所以向量$\boldsymbol{\alpha}_1$与$\boldsymbol{\alpha}_2$不正交. 这表明正交向量组是比线性无关组更强的概念.

定义4.13 若向量组$\boldsymbol{\varepsilon}_1,\boldsymbol{\varepsilon}_2,\cdots,\boldsymbol{\varepsilon}_n$是向量空间$V$的一个基,并且$\boldsymbol{\varepsilon}_1,\boldsymbol{\varepsilon}_2,\cdots,\boldsymbol{\varepsilon}_n$是标准正交向量组,则称其为$V$的一个标准正交基.

【例4.15】 验证

$$\boldsymbol{\alpha}_1=\left[-\frac{1}{2},-\frac{1}{2},\frac{1}{2},\frac{1}{2}\right]^{\mathrm{T}},\quad \boldsymbol{\alpha}_2=\left[\frac{1}{2},\frac{1}{2},-\frac{1}{2},-\frac{1}{2}\right]^{\mathrm{T}}$$

$$\boldsymbol{\alpha}_3=\left[\frac{1}{2},-\frac{1}{2},-\frac{1}{2},\frac{1}{2}\right]^{\mathrm{T}},\quad \boldsymbol{\alpha}_4=\left[-\frac{1}{2},\frac{1}{2},-\frac{1}{2},\frac{1}{2}\right]^{\mathrm{T}}$$

为四维空间$\mathbf{R}^4$的一个标准正交基.

解 按照内积及模的定义计算可得

$$\|\boldsymbol{\alpha}_1\|=\|\boldsymbol{\alpha}_2\|=\|\boldsymbol{\alpha}_3\|=\|\boldsymbol{\alpha}_4\|=1$$

$$(\boldsymbol{\alpha}_i,\boldsymbol{\alpha}_j)=0,\quad i\neq j;i=1,\cdots,4;j=1,\cdots,4$$

这说明$\boldsymbol{\alpha}_1,\boldsymbol{\alpha}_2,\boldsymbol{\alpha}_3,\boldsymbol{\alpha}_4$是正交向量组,所以是线性无关的,进而可知它是空间$\mathbf{R}^4$的一个基,并且是一个标准正交基.

标准正交基有一个很好的性质,就是由其所生成的向量空间中任意一个向量很容易写成它们的线性组合,这也正是标准正交基的重要应用.

定理4.4 设$\boldsymbol{\varepsilon}_1,\boldsymbol{\varepsilon}_2,\cdots,\boldsymbol{\varepsilon}_n$是向量空间$V$的一个标准正交基,则对每个$\boldsymbol{\alpha}\in V$,都有

$$\boldsymbol{\alpha}=(\boldsymbol{\alpha},\boldsymbol{\varepsilon}_1)\boldsymbol{\varepsilon}_1+(\boldsymbol{\alpha},\boldsymbol{\varepsilon}_2)\boldsymbol{\varepsilon}_2+\cdots+(\boldsymbol{\alpha},\boldsymbol{\varepsilon}_n)\boldsymbol{\varepsilon}_n$$

证明 设$\boldsymbol{\alpha}\in V$,因为向量组$\boldsymbol{\varepsilon}_1,\boldsymbol{\varepsilon}_2,\cdots,\boldsymbol{\varepsilon}_n$是向量空间$V$的一个基,所以存在实数$k_1$,

$k_2,\cdots,k_n$,使得

$$\boldsymbol{\alpha}=k_1\boldsymbol{\varepsilon}_1+k_2\boldsymbol{\varepsilon}_2+\cdots+k_n\boldsymbol{\varepsilon}_n$$

等式两端同时与 $\boldsymbol{\varepsilon}_j$ 作内积,又由 $\boldsymbol{\varepsilon}_1,\boldsymbol{\varepsilon}_2,\cdots,\boldsymbol{\varepsilon}_n$ 标准正交可得 $(\boldsymbol{\alpha},\boldsymbol{\varepsilon}_j)=k_j(j=1,2,\cdots,n)$,因此定理得证.

【例4.16】 已知向量组 $\boldsymbol{\alpha}_1=[1,0,0]^{\mathrm{T}},\boldsymbol{\alpha}_2=\left[0,\frac{4}{5},\frac{3}{5}\right]^{\mathrm{T}},\boldsymbol{\alpha}_3=\left[0,\frac{3}{5},-\frac{4}{5}\right]^{\mathrm{T}}$ 是向量空间 $\mathbf{R}^3$ 的一个标准正交基,将向量 $\boldsymbol{\alpha}=[2,-1,3]^{\mathrm{T}}$ 表示为它们的线性组合.

解　由内积的定义得

$$(\boldsymbol{\alpha},\boldsymbol{\alpha}_1)=1\times2+0\times(-1)+0\times3=2,\quad(\boldsymbol{\alpha},\boldsymbol{\alpha}_2)=0\times2+\frac{4}{5}\times(-1)+\frac{3}{5}\times3=1$$

$$(\boldsymbol{\alpha},\boldsymbol{\alpha}_3)=0\times2+\frac{3}{5}\times(-1)+\left(-\frac{4}{5}\right)\times3=-3$$

根据定理4.4有 $\boldsymbol{\alpha}=2\boldsymbol{\alpha}_1+\boldsymbol{\alpha}_2-3\boldsymbol{\alpha}_3$.

既然知道了标准正交基的作用,那么怎么找到它们呢?下面首先分析对两条不共线的向量采用什么方法,使它们成为正交向量.

设 $\boldsymbol{\alpha}$ 与 $\boldsymbol{\beta}$ 是属于向量空间 V 的线性无关的两个向量,如图4.3所示,为怎样进行正交化提供了一个思想. 记 $\boldsymbol{\omega}$ 为向量 $\boldsymbol{\beta}$ 减去 $\boldsymbol{\alpha}$ 的常数倍,如图4.3所示,则 $\boldsymbol{\alpha}$ 与 $\boldsymbol{\omega}$ 正交.

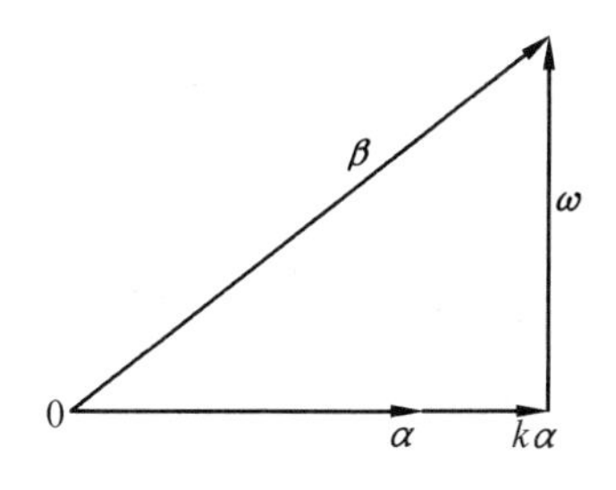

图4.3　正交分解

向量 $\boldsymbol{\alpha}$ 与向量 $\boldsymbol{\beta}$ 减去向量 $\boldsymbol{\alpha}$ 的常数倍(图中的向量 $\boldsymbol{\omega}$)是正交的,因此需要考虑的问题是,如何选取实数 k,使得 $\boldsymbol{\alpha}$ 与 $\boldsymbol{\beta}-k\boldsymbol{\alpha}$ 正交,即 $0=(\boldsymbol{\alpha},\boldsymbol{\beta}-k\boldsymbol{\alpha})=(\boldsymbol{\alpha},\boldsymbol{\beta})-k(\boldsymbol{\alpha},\boldsymbol{\alpha})$. 由此可知,应选取 $k=\frac{(\boldsymbol{\alpha},\boldsymbol{\beta})}{(\boldsymbol{\alpha},\boldsymbol{\alpha})}$.

从而,若令 $\boldsymbol{\alpha}_1=\boldsymbol{\alpha},\boldsymbol{\beta}_1=\boldsymbol{\beta}-\frac{(\boldsymbol{\alpha},\boldsymbol{\beta})}{(\boldsymbol{\alpha},\boldsymbol{\alpha})}\boldsymbol{\alpha}$,则有 $(\boldsymbol{\alpha}_1,\boldsymbol{\beta}_1)=0$. 同时易见,向量组 $\boldsymbol{\alpha}_1,\boldsymbol{\beta}_1$ 与向量组 $\boldsymbol{\alpha},\boldsymbol{\beta}$ 是等价的.

将此方法推广到多个向量之间,就是施密特(E. Schmidt)所给出的正交化方法,此方法可以把一个线性无关组转化为与其具有相同生成空间的一个标准正交基. 设向量组 $\boldsymbol{\alpha}_1,\boldsymbol{\alpha}_2,\cdots,\boldsymbol{\alpha}_m$ 线性无关,可构造出一个两两正交的正交向量组 $\boldsymbol{\beta}_1,\boldsymbol{\beta}_2,\cdots,\boldsymbol{\beta}_m$,其中

$$\boldsymbol{\beta}_1=\boldsymbol{\alpha}_1$$

$$\boldsymbol{\beta}_2=\boldsymbol{\alpha}_2-\frac{(\boldsymbol{\alpha}_2,\boldsymbol{\beta}_1)}{(\boldsymbol{\beta}_1,\boldsymbol{\beta}_1)}\boldsymbol{\beta}_1$$

$$\boldsymbol{\beta}_3=\boldsymbol{\alpha}_3-\frac{(\boldsymbol{\alpha}_3,\boldsymbol{\beta}_2)}{(\boldsymbol{\beta}_2,\boldsymbol{\beta}_2)}\boldsymbol{\beta}_2-\frac{(\boldsymbol{\alpha}_3,\boldsymbol{\beta}_1)}{(\boldsymbol{\beta}_1,\boldsymbol{\beta}_1)}\boldsymbol{\beta}_1$$

$$\vdots$$

$$\boldsymbol{\beta}_m=\boldsymbol{\alpha}_m-\frac{(\boldsymbol{\alpha}_m,\boldsymbol{\beta}_{m-1})}{(\boldsymbol{\beta}_{m-1},\boldsymbol{\beta}_{m-1})}\boldsymbol{\beta}_{m-1}-\cdots-\frac{(\boldsymbol{\alpha}_m,\boldsymbol{\beta}_1)}{(\boldsymbol{\beta}_1,\boldsymbol{\beta}_1)}\boldsymbol{\beta}_1$$

可以证明,由此构造的向量组$\boldsymbol{\beta}_1,\boldsymbol{\beta}_2,\cdots,\boldsymbol{\beta}_m$不但是正交的,而且是与向量组$\boldsymbol{\alpha}_1,\boldsymbol{\alpha}_2,\cdots,\boldsymbol{\alpha}_m$等价的. 若再令$\boldsymbol{\gamma}_j=\frac{\boldsymbol{\beta}_j}{\|\boldsymbol{\beta}_j\|}(j=1,2,\cdots,n)$,则向量组$\boldsymbol{\gamma}_1,\boldsymbol{\gamma}_2,\cdots,\boldsymbol{\gamma}_m$是与向量组$\boldsymbol{\alpha}_1,\boldsymbol{\alpha}_2,\cdots,\boldsymbol{\alpha}_m$等价的标准正交向量组.

施密特 * **正交化方法**可分为两步:即先对向量组正交化,然后再单位化. 根据施密特正交化方法,向量空间V的任意一个基可以化为一个标准正交基.

【例 4.17】 用施密特正交化方法将向量组

$$\boldsymbol{\alpha}_1=[1,1,0,0]^{\mathrm{T}},\quad \boldsymbol{\alpha}_2=[1,0,1,0]^{\mathrm{T}},\quad \boldsymbol{\alpha}_3=[-1,0,0,1]^{\mathrm{T}}$$

化为标准正交向量组.

解 先将向量组$\boldsymbol{\alpha}_1,\boldsymbol{\alpha}_2,\boldsymbol{\alpha}_3$正交化,令

$$\boldsymbol{\beta}_1=\boldsymbol{\alpha}_1=[1,1,0,0]^{\mathrm{T}}$$

$$\boldsymbol{\beta}_2=\boldsymbol{\alpha}_2-\frac{(\boldsymbol{\alpha}_2,\boldsymbol{\beta}_1)}{(\boldsymbol{\beta}_1,\boldsymbol{\beta}_1)}\boldsymbol{\beta}_1=\boldsymbol{\alpha}_2-\frac{1}{2}\boldsymbol{\beta}_1=\left[\frac{1}{2},-\frac{1}{2},1,0\right]^{\mathrm{T}}$$

$$\boldsymbol{\beta}_3=\boldsymbol{\alpha}_3-\frac{(\boldsymbol{\alpha}_3,\boldsymbol{\beta}_2)}{(\boldsymbol{\beta}_2,\boldsymbol{\beta}_2)}\boldsymbol{\beta}_2-\frac{(\boldsymbol{\alpha}_3,\boldsymbol{\beta}_1)}{(\boldsymbol{\beta}_1,\boldsymbol{\beta}_1)}\boldsymbol{\beta}_1=\boldsymbol{\alpha}_3+\frac{1}{3}\boldsymbol{\beta}_2+\frac{1}{2}\boldsymbol{\beta}_1=\left[-\frac{1}{3},\frac{1}{3},\frac{1}{3},1\right]^{\mathrm{T}}$$

则向量组$\boldsymbol{\beta}_1,\boldsymbol{\beta}_2,\boldsymbol{\beta}_3$是正交向量组,然后将其单位化,再令

---

* **数学家小传**

施密特(E. Schmidt,1876 ~ 1959),德国数学家,1876 年生于多帕特,1959 年 12 月 6 日卒于柏林,他的工作对 20 世纪数学发展方向有着深远影响. 施密特师从希尔伯特. 1905 年获得哥廷根大学博士学位.

施密特终身从事科学研究,他的主要研究兴趣为积分方程和希尔伯特空间. 他将希尔伯特的各种思想应用在积分方程上,将其整合成希尔伯特空间的概念. 他证明对称核的积分方程有实特征值,并将对应于这些特征值的方程解定义为特征函数. 1907 年施密特发表论文,给出了现在称之为 Gram – Schmidt 正交化的方法,用来从线性无关函数集中构造正交函数集. “施密特正交化过程”是他对代数学的一个主要贡献.

$$\boldsymbol{\gamma}_1=\frac{\boldsymbol{\beta}_1}{\|\boldsymbol{\beta}_1\|}=\frac{1}{\sqrt{2}}\boldsymbol{\beta}_1=\left[\frac{\sqrt{2}}{2},\frac{\sqrt{2}}{2},0,0\right]^{\mathrm{T}}$$

$$\boldsymbol{\gamma}_2=\frac{\boldsymbol{\beta}_2}{\|\boldsymbol{\beta}_2\|}=\frac{\sqrt{6}}{3}\boldsymbol{\beta}_2=\left[\frac{\sqrt{6}}{6},-\frac{\sqrt{6}}{6},\frac{\sqrt{6}}{3},0\right]^{\mathrm{T}}$$

$$\boldsymbol{\gamma}_3=\frac{\boldsymbol{\beta}_3}{\|\boldsymbol{\beta}_3\|}=\frac{\sqrt{3}}{2}\boldsymbol{\beta}_3=\left[-\frac{\sqrt{3}}{6},\frac{\sqrt{3}}{6},\frac{\sqrt{3}}{6},\frac{\sqrt{3}}{2}\right]^{\mathrm{T}}$$

于是向量组 $\boldsymbol{\gamma}_1,\boldsymbol{\gamma}_2,\boldsymbol{\gamma}_3$ 即为所求的标准正交向量组.

4.3　正交矩阵与正交变换

定义 4.14　若 n 阶方阵 $\boldsymbol{A}$ 满足 $\boldsymbol{A}^{\mathrm{T}}\boldsymbol{A}=\boldsymbol{E}$,那么称 $\boldsymbol{A}$ 为正交矩阵.

可以看出,$\boldsymbol{A}$ 为正交矩阵,则 $\boldsymbol{A}$ 可逆,且 $\boldsymbol{A}^{-1}=\boldsymbol{A}^{\mathrm{T}}$.

如

$$\begin{bmatrix}\cos\alpha & -\sin\alpha\\ \sin\alpha & \cos\alpha\end{bmatrix},\quad \begin{bmatrix}1 & 0 & 0\\ 0 & \frac{\sqrt{2}}{2} & -\frac{\sqrt{2}}{2}\\ 0 & \frac{\sqrt{2}}{2} & \frac{\sqrt{2}}{2}\end{bmatrix},\quad \begin{bmatrix}1 & 0 & 0\\ 0 & 0 & -1\\ 0 & -1 & 0\end{bmatrix}$$

都是正交矩阵.

定理 4.5　n 阶方阵 $\boldsymbol{A}$ 为正交矩阵当且仅当 $\boldsymbol{A}$ 的各列对应的 n 个向量是标准正交向量组.

证明　设 n 阶正交矩阵 $\boldsymbol{A}=[\boldsymbol{\alpha}_1\quad\boldsymbol{\alpha}_2\quad\cdots\quad\boldsymbol{\alpha}_n]$,其中 $\boldsymbol{\alpha}_1,\boldsymbol{\alpha}_2,\cdots,\boldsymbol{\alpha}_n$ 是 $\boldsymbol{A}$ 的各列对应的向量,则有

$$\boldsymbol{E}=\boldsymbol{A}^{\mathrm{T}}\boldsymbol{A}=\begin{bmatrix}\boldsymbol{\alpha}_1^{\mathrm{T}}\\ \boldsymbol{\alpha}_2^{\mathrm{T}}\\ \vdots\\ \boldsymbol{\alpha}_n^{\mathrm{T}}\end{bmatrix}[\boldsymbol{\alpha}_1\ \boldsymbol{\alpha}_2\ \cdots\ \boldsymbol{\alpha}_n]=\begin{bmatrix}\boldsymbol{\alpha}_1^{\mathrm{T}}\boldsymbol{\alpha}_1 & \boldsymbol{\alpha}_1^{\mathrm{T}}\boldsymbol{\alpha}_2 & \cdots & \boldsymbol{\alpha}_1^{\mathrm{T}}\boldsymbol{\alpha}_n\\ \boldsymbol{\alpha}_2^{\mathrm{T}}\boldsymbol{\alpha}_1 & \boldsymbol{\alpha}_2^{\mathrm{T}}\boldsymbol{\alpha}_2 & \cdots & \boldsymbol{\alpha}_2^{\mathrm{T}}\boldsymbol{\alpha}_n\\ \vdots & \vdots & & \vdots\\ \boldsymbol{\alpha}_n^{\mathrm{T}}\boldsymbol{\alpha}_1 & \boldsymbol{\alpha}_n^{\mathrm{T}}\boldsymbol{\alpha}_2 & \cdots & \boldsymbol{\alpha}_n^{\mathrm{T}}\boldsymbol{\alpha}_n\end{bmatrix}$$

按照矩阵相等的定义,比较上式两端有

$$\boldsymbol{\alpha}_i^{\mathrm{T}}\boldsymbol{\alpha}_j=\begin{cases}0, & i\neq j\\ 1, & i=j\end{cases},\quad i=1,2,\cdots,n;j=1,2,\cdots,n$$

由此可见,$\boldsymbol{A}$ 为正交矩阵当且仅当 $\boldsymbol{A}$ 的各列对应的向量是标准正交向量组.

因为 $\boldsymbol{A}^{\mathrm{T}}\boldsymbol{A}=\boldsymbol{E}$ 与 $\boldsymbol{A}\boldsymbol{A}^{\mathrm{T}}=\boldsymbol{E}$ 等价,所以上述结论对 $\boldsymbol{A}$ 的行向量也成立. 由此可知,n 阶正交矩阵 $\boldsymbol{A}$ 的 n 个列(行)向量构成 n 维向量空间 $\mathbf{R}^n$ 的一个标准正交基.

【例 4.18】　验证矩阵

$$P=\begin{bmatrix}\frac{1}{2} & -\frac{1}{2} & \frac{1}{2} & -\frac{1}{2}\\ \frac{1}{2} & -\frac{1}{2} & -\frac{1}{2} & \frac{1}{2}\\ \frac{1}{\sqrt{2}} & \frac{1}{\sqrt{2}} & 0 & 0\\ 0 & 0 & \frac{1}{\sqrt{2}} & \frac{1}{\sqrt{2}}\end{bmatrix}$$

是正交矩阵.

解 P 的每一个列向量都是单位向量,且两两正交,所以 P 是正交矩阵.

【例 4.19】 设 A 为正交矩阵,则 $|A|=1$ 或 $|A|=-1$.

解 因为 $A^{T}A=E$,两边取行列式有 $1=|E|=|A^{T}A|=|A^{T}||A|=|A|^{2}$,所以 $|A|=1$ 或 $|A|=-1$.

【例 4.20】 设矩阵 A 和 B 均为正交矩阵,则 A^{-1},A^{*} 和 AB 也为正交矩阵.

证明 因为 $A^{T}A=AA^{T}=E$,$B^{T}B=BB^{T}=E$,所以

$$A^{-1}(A^{-1})^{T}=A^{-1}(A^{T})^{-1}=(A^{T}A)^{-1}=E^{-1}=E$$

$$(A^{*})^{T}A^{*}=(|A|A^{-1})^{T}(|A|A^{-1})=|A|^{2}AA^{-1}=E$$

$$(AB)^{T}(AB)=B^{T}A^{T}AB=B^{T}EB=B^{T}B=E$$

根据定义 4.14,A^{-1},A^{*} 和 AB 为正交矩阵.

定义 4.15 若两个向量 $x=[x_1,x_2,\cdots,x_n]^{T}$,$y=[y_1,y_2,\cdots,y_n]^{T}$ 满足

$$x=Py \tag{4.5}$$

其中 $P=(p_{ij})$ 为 $n\times n$ 矩阵,称式(4.5)为 x 到 y 的一个线性变换,P 称为线性变换矩阵. 若 P 为可逆矩阵,式(4.5)称为可逆线性变换;若 P 为正交矩阵,式(4.5)称为正交线性变换,简称正交变换.

设 $y=Px$ 为正交变换,则有

$$\|y\|=\sqrt{y^{T}y}=\sqrt{x^{T}P^{T}Px}=\sqrt{x^{T}x}=\|x\|$$

这说明,正交变换不改变向量的长度.

4.4 经济应用实例:基因距离的度量问题

【例 4.21】 基因的"距离",在 A,B,O 血型的人群中,对各种群体的基因频率进行了研究. 若把四种等位基因 A_1,A_2,B,O 区别开,有人报告了如表 4.1 所示的相对频率:

表 4.1

	爱斯基摩人 f_{1k}	班图人 f_{2k}	英国人 f_{3k}	朝鲜人 f_{4k}
A_1	0.291 4	0.103 4	0.209 0	0.220 8
A_2	0.000 0	0.086 6	0.069 6	0.000 0
B	0.031 6	0.120 0	0.061 2	0.206 9
O	0.677 0	0.690 0	0.660 2	0.572 3
合计	1	1	1	1

现在的问题是:一个群体与另一个群体的接近程度如何? 换句话说,就是要找到一个表示基因的距离的合适的度量.

解决这个问题可以用向量代数的方法. 首先,用单位向量表示每一个群体,为此对各个群体向量单位化:$\boldsymbol{\alpha}_i=\begin{bmatrix}x_{i1}\\x_{i2}\\x_{i3}\\x_{i4}\end{bmatrix}=\dfrac{1}{\sqrt{\sum\limits_{k=1}^{4}f_{ik}^2}}\begin{bmatrix}f_{i1}\\f_{i2}\\f_{i3}\\f_{i4}\end{bmatrix}\ (i=1,2,3,4)$,所以有

$$\boldsymbol{\alpha}_1=\begin{bmatrix}0.395\,0\\0\\0.042\,8\\0.917\,7\end{bmatrix},\quad \boldsymbol{\alpha}_2=\begin{bmatrix}0.145\,0\\0.121\,4\\0.168\,2\\0.967\,4\end{bmatrix},\quad \boldsymbol{\alpha}_3=\begin{bmatrix}0.299\,1\\0.099\,6\\0.087\,6\\0.944\,9\end{bmatrix},\quad \boldsymbol{\alpha}_4=\begin{bmatrix}0.341\,1\\0\\0.319\,6\\0.884\,0\end{bmatrix}$$

一种方法是利用欧氏空间的距离 $\|\boldsymbol{\alpha}_i-\boldsymbol{\alpha}_j\|=\sqrt{\sum\limits_{k=1}^{4}(x_{ik}-x_{jk})^2}$ 来度量各个向量之间的距离,距离小的,它们就接近. 经计算,得

$$\|\boldsymbol{\alpha}_1-\boldsymbol{\alpha}_2\|=0.309\,0,\quad \|\boldsymbol{\alpha}_1-\boldsymbol{\alpha}_3\|=0.147\,8,\quad \|\boldsymbol{\alpha}_1-\boldsymbol{\alpha}_4\|=0.284\,0$$

$$\|\boldsymbol{\alpha}_2-\boldsymbol{\alpha}_3\|=0.176\,8,\quad \|\boldsymbol{\alpha}_2-\boldsymbol{\alpha}_4\|=0.288\,2,\quad \|\boldsymbol{\alpha}_3-\boldsymbol{\alpha}_4\|=0.263\,1$$

由此可见,最小的基因"距离"是爱斯基摩人与英国人之间的基因"距离" $\|\boldsymbol{\alpha}_1-\boldsymbol{\alpha}_3\|=0.147\,8$,最大的基因"距离"是爱斯基摩人与班图人之间的基因"距离" $\|\boldsymbol{\alpha}_1-\boldsymbol{\alpha}_2\|=0.309\,0$.

另一种度量方法是考虑在四维向量空间中,这些向量都是单位向量,它们的终点都位于一个球心在原点半径为 1 的球面上,现在用两个向量的夹角来表示对应的群体间的"距离"的合理性. 如果把 $\boldsymbol{\alpha}_i$ 与 $\boldsymbol{\alpha}_j$ 之间的夹角记为 θ_{ij},由于 $\|\boldsymbol{\alpha}_i\|=1$, $\|\boldsymbol{\alpha}_j\|=1$,再由夹角公式 $\cos\theta_{ij}=\dfrac{(\boldsymbol{\alpha}_i,\boldsymbol{\alpha}_j)}{\|\boldsymbol{\alpha}_i\|\,\|\boldsymbol{\alpha}_j\|}$,其数值为 $\theta_{ij}=\arccos(\boldsymbol{\alpha}_i,\boldsymbol{\alpha}_j)\ (0\leqslant\theta_{ij}\leqslant\pi)$. $(\boldsymbol{\alpha}_i,\boldsymbol{\alpha}_j)$ 越大,则 $\cos\theta_{ij}$ 越大,θ_{ij} 越

小,$\boldsymbol{\alpha}_i$ 与 $\boldsymbol{\alpha}_j$ 的距离就越小;$(\boldsymbol{\alpha}_i,\boldsymbol{\alpha}_j)$ 越小,则 $\cos\theta_{ij}$ 越小,θ_{ij} 越大,$\boldsymbol{\alpha}_i$ 与 $\boldsymbol{\alpha}_j$ 的距离就越大. 因此,可以通过单位向量的内积来度量它们之间的“距离”,经计算,得

$$(\boldsymbol{\alpha}_1,\boldsymbol{\alpha}_2)=0.952\,3,\quad (\boldsymbol{\alpha}_1,\boldsymbol{\alpha}_3)=0.989\,1,\quad (\boldsymbol{\alpha}_1,\boldsymbol{\alpha}_4)=0.959\,7$$
$$(\boldsymbol{\alpha}_2,\boldsymbol{\alpha}_3)=0.984\,4,\quad (\boldsymbol{\alpha}_2,\boldsymbol{\alpha}_4)=0.958\,5,\quad (\boldsymbol{\alpha}_3,\boldsymbol{\alpha}_4)=0.965\,4$$

由于 $\boldsymbol{\alpha}_1$ 与 $\boldsymbol{\alpha}_3$ 的内积 $(\boldsymbol{\alpha}_1,\boldsymbol{\alpha}_3)=0.989\,1$ 最大,$\boldsymbol{\alpha}_1$ 与 $\boldsymbol{\alpha}_2$ 的内积 $(\boldsymbol{\alpha}_1,\boldsymbol{\alpha}_2)=0.952\,3$ 最小. 所以,最小的基因“距离”是爱斯基摩人与英国人之间的基因“距离”;最大的基因“距离”是爱斯基摩人与班图人之间的基因“距离”.

以上两种度量方法的结果一致,这不是偶然的. 由于

$$\|\boldsymbol{\alpha}_i-\boldsymbol{\alpha}_j\|^2=\|\boldsymbol{\alpha}_i\|^2+\|\boldsymbol{\alpha}_j\|^2-2(\boldsymbol{\alpha}_i,\boldsymbol{\alpha}_j)=2-2(\boldsymbol{\alpha}_i,\boldsymbol{\alpha}_j)$$

因而 $(\boldsymbol{\alpha}_i,\boldsymbol{\alpha}_j)$ 越大,则 $\|\boldsymbol{\alpha}_i-\boldsymbol{\alpha}_j\|^2$ 越小,$\|\boldsymbol{\alpha}_i-\boldsymbol{\alpha}_j\|$ 也越小;$(\boldsymbol{\alpha}_i,\boldsymbol{\alpha}_j)$ 越小,则 $\|\boldsymbol{\alpha}_i-\boldsymbol{\alpha}_j\|^2$ 越大,$\|\boldsymbol{\alpha}_i-\boldsymbol{\alpha}_j\|$ 也越大,反之亦然. 所以,用欧氏空间的距离和用两个向量的内积来度量两个单位向量的“距离”,其结果是一致的.

【例 4.22】 平行四边形的面积与平行六面体的体积.

在平面或空间直角坐标系下,平行四边形的面积 S 与平行六面体的体积 V 可由行列式给出. 设平行四边形的两条边由向量 $\boldsymbol{\alpha}$ 与 $\boldsymbol{\beta}$ 确定,则其面积 S 的平方为

$$S^2=\begin{vmatrix}(\boldsymbol{\alpha},\boldsymbol{\alpha}) & (\boldsymbol{\alpha},\boldsymbol{\beta})\\(\boldsymbol{\beta},\boldsymbol{\alpha}) & (\boldsymbol{\beta},\boldsymbol{\beta})\end{vmatrix}=(\boldsymbol{\alpha},\boldsymbol{\alpha})(\boldsymbol{\beta},\boldsymbol{\beta})-(\boldsymbol{\alpha},\boldsymbol{\beta})^2=$$
$$\|\boldsymbol{\alpha}\|^2\ \|\boldsymbol{\beta}\|^2-\|\boldsymbol{\alpha}\|^2\ \|\boldsymbol{\beta}\|^2\cos^2\theta=\|\boldsymbol{\alpha}\|^2\ \|\boldsymbol{\beta}\|^2\sin^2\theta$$

其中 θ 为 $\boldsymbol{\alpha}$ 与 $\boldsymbol{\beta}$ 的夹角.

当平行六面体的三条棱由三个向量

$$\boldsymbol{\alpha}=[a_1,a_2,a_3]^{\mathrm{T}},\quad \boldsymbol{\beta}=[b_1,b_2,b_3]^{\mathrm{T}},\quad \boldsymbol{\gamma}=[c_1,c_2,c_3]^{\mathrm{T}}$$

给出时,其体积 V 的平方为

$$V^2=\begin{vmatrix}(\boldsymbol{\alpha},\boldsymbol{\alpha}) & (\boldsymbol{\alpha},\boldsymbol{\beta}) & (\boldsymbol{\alpha},\boldsymbol{\gamma})\\(\boldsymbol{\beta},\boldsymbol{\alpha}) & (\boldsymbol{\beta},\boldsymbol{\beta}) & (\boldsymbol{\beta},\boldsymbol{\gamma})\\(\boldsymbol{\gamma},\boldsymbol{\alpha}) & (\boldsymbol{\gamma},\boldsymbol{\beta}) & (\boldsymbol{\gamma},\boldsymbol{\gamma})\end{vmatrix}=\begin{vmatrix}\sum a_i^2 & \sum a_ib_i & \sum a_ic_i\\\sum b_ia_i & \sum b_i^2 & \sum b_ic_i\\\sum c_ia_i & \sum c_ib_i & \sum c_i^2\end{vmatrix}=$$
$$\begin{vmatrix}a_1 & a_2 & a_3\\b_1 & b_2 & b_3\\c_1 & c_2 & c_3\end{vmatrix}\begin{vmatrix}a_1 & b_1 & c_1\\a_2 & b_2 & c_2\\a_3 & b_3 & c_3\end{vmatrix}=\begin{vmatrix}a_1 & a_2 & a_3\\b_1 & b_2 & b_3\\c_1 & c_2 & c_3\end{vmatrix}^2$$

所以,体积 $V=\left|\begin{vmatrix}a_1 & a_2 & a_3\\b_1 & b_2 & b_3\\c_1 & c_2 & c_3\end{vmatrix}\right|$(注:行列式的绝对值).

当 $\boldsymbol{\xi}_1,\boldsymbol{\xi}_2,\boldsymbol{\xi}_3$ 是 $\mathbf{R}^3$ 的一个标准正交基时,由 $\mathbf{R}^3$ 中的任意三个向量 $\boldsymbol{\alpha}_i=a_{i1}\boldsymbol{\xi}_1+a_{i2}\boldsymbol{\xi}_2+a_{i3}\boldsymbol{\xi}_3$

$(i=1,2,3)$ 为棱的平行六面体的体积 V 的平方为

$$V^2=\begin{vmatrix}(\boldsymbol{\alpha}_1,\boldsymbol{\alpha}_1) & (\boldsymbol{\alpha}_1,\boldsymbol{\alpha}_2) & (\boldsymbol{\alpha}_1,\boldsymbol{\alpha}_3)\\(\boldsymbol{\alpha}_2,\boldsymbol{\alpha}_1) & (\boldsymbol{\alpha}_2,\boldsymbol{\alpha}_2) & (\boldsymbol{\alpha}_2,\boldsymbol{\alpha}_3)\\(\boldsymbol{\alpha}_3,\boldsymbol{\alpha}_1) & (\boldsymbol{\alpha}_3,\boldsymbol{\alpha}_2) & (\boldsymbol{\alpha}_3,\boldsymbol{\alpha}_3)\end{vmatrix}=\begin{vmatrix}\sum a_{1i}^2 & \sum a_{1i}a_{2i} & \sum a_{1i}a_{3i}\\\sum a_{2i}a_{1i} & \sum a_{2i}^2 & \sum a_{2i}a_{3i}\\\sum a_{3i}a_{1i} & \sum a_{3i}a_{2i} & \sum a_{3i}^2\end{vmatrix}=$$

$$\begin{vmatrix}a_{11} & a_{12} & a_{13}\\a_{21} & a_{22} & a_{23}\\a_{31} & a_{32} & a_{33}\end{vmatrix}\begin{vmatrix}a_{11} & a_{21} & a_{31}\\a_{12} & a_{22} & a_{32}\\a_{13} & a_{23} & a_{33}\end{vmatrix}=\begin{vmatrix}a_{11} & a_{12} & a_{13}\\a_{21} & a_{22} & a_{23}\\a_{31} & a_{32} & a_{33}\end{vmatrix}^2$$

同样,由 $\mathbf{R}^n$ 中任意 $k(k\leqslant n)$ 个向量 $\boldsymbol{\alpha}_1,\boldsymbol{\alpha}_2,\cdots,\boldsymbol{\alpha}_k$ 为棱的 k 维平行体体积 V 的平方为

$$V^2=\begin{vmatrix}(\boldsymbol{\alpha}_1,\boldsymbol{\alpha}_1) & (\boldsymbol{\alpha}_1,\boldsymbol{\alpha}_2) & \cdots & (\boldsymbol{\alpha}_1,\boldsymbol{\alpha}_k)\\(\boldsymbol{\alpha}_2,\boldsymbol{\alpha}_1) & (\boldsymbol{\alpha}_2,\boldsymbol{\alpha}_2) & \cdots & (\boldsymbol{\alpha}_2,\boldsymbol{\alpha}_k)\\\vdots & \vdots & & \vdots\\(\boldsymbol{\alpha}_k,\boldsymbol{\alpha}_1) & (\boldsymbol{\alpha}_k,\boldsymbol{\alpha}_2) & \cdots & (\boldsymbol{\alpha}_k,\boldsymbol{\alpha}_k)\end{vmatrix}$$

称其为由 $\boldsymbol{\alpha}_1,\boldsymbol{\alpha}_2,\cdots,\boldsymbol{\alpha}_k$ 构成的**格拉姆(Gram)行列式**.

另一方面,$\boldsymbol{\alpha}_1,\boldsymbol{\alpha}_2,\cdots,\boldsymbol{\alpha}_k$ 线性无关的充分必要条件是格拉姆行列式

$$\begin{vmatrix}(\boldsymbol{\alpha}_1,\boldsymbol{\alpha}_1) & (\boldsymbol{\alpha}_1,\boldsymbol{\alpha}_2) & \cdots & (\boldsymbol{\alpha}_1,\boldsymbol{\alpha}_k)\\(\boldsymbol{\alpha}_2,\boldsymbol{\alpha}_1) & (\boldsymbol{\alpha}_2,\boldsymbol{\alpha}_2) & \cdots & (\boldsymbol{\alpha}_2,\boldsymbol{\alpha}_k)\\\vdots & \vdots & & \vdots\\(\boldsymbol{\alpha}_k,\boldsymbol{\alpha}_1) & (\boldsymbol{\alpha}_k,\boldsymbol{\alpha}_2) & \cdots & (\boldsymbol{\alpha}_k,\boldsymbol{\alpha}_k)\end{vmatrix}\neq 0$$

所以,$\mathbf{R}^n$ 中的任意 k 个向量 $\boldsymbol{\alpha}_1,\boldsymbol{\alpha}_2,\cdots,\boldsymbol{\alpha}_k$ 线性无关(线性相关)的充分必要条件是以 $\boldsymbol{\alpha}_1,\boldsymbol{\alpha}_2,\cdots,\boldsymbol{\alpha}_k$ 为棱的 k 维平行体体积不等于零(等于零).

当然,若 $\boldsymbol{\xi}_1,\boldsymbol{\xi}_2,\cdots,\boldsymbol{\xi}_n$ 是 $\mathbf{R}^n$ 的一个标准正交基,$\boldsymbol{\alpha}_1,\boldsymbol{\alpha}_2,\cdots,\boldsymbol{\alpha}_k$ 的表达式为

$$\boldsymbol{\alpha}_i=a_{i1}\boldsymbol{\xi}_1+a_{i2}\boldsymbol{\xi}_2+\cdots+a_{in}\boldsymbol{\xi}_n,\quad i=1,2,\cdots,k$$

则有格拉姆行列式

$$V^2=\begin{vmatrix}(\boldsymbol{\alpha}_1,\boldsymbol{\alpha}_1) & (\boldsymbol{\alpha}_1,\boldsymbol{\alpha}_2) & \cdots & (\boldsymbol{\alpha}_1,\boldsymbol{\alpha}_k)\\(\boldsymbol{\alpha}_2,\boldsymbol{\alpha}_1) & (\boldsymbol{\alpha}_2,\boldsymbol{\alpha}_2) & \cdots & (\boldsymbol{\alpha}_2,\boldsymbol{\alpha}_k)\\\vdots & \vdots & & \vdots\\(\boldsymbol{\alpha}_k,\boldsymbol{\alpha}_1) & (\boldsymbol{\alpha}_k,\boldsymbol{\alpha}_2) & \cdots & (\boldsymbol{\alpha}_k,\boldsymbol{\alpha}_k)\end{vmatrix}=$$

$$\begin{vmatrix}\sum a_{1i}^2 & \sum a_{1i}a_{2i} & \cdots & \sum a_{1i}a_{ki}\\\sum a_{2i}a_{1i} & \sum a_{2i}^2 & \cdots & \sum a_{2i}a_{ki}\\\vdots & \vdots & & \vdots\\\sum a_{ki}a_{1i} & \sum a_{ki}a_{2i} & \cdots & \sum a_{ki}^2\end{vmatrix}$$

向量理论发展简史

向量(矢量)这个术语作为现代数学、物理学中的一个重要概念,首先是由英国数学家哈密顿(W - R. Hamilton,1805 ~ 1865)使用的,他是第一个用“向量”表示有向线段的数学家.“向量”这个名词虽来自哈密顿,但它作为一条有向线段的思想却由来已久.

向量理论的起源与发展主要有三条线索:物理学中的速度和力的平行四边形法则、位置几何、复数的几何表示.向量工具在物理学等方面广泛的、成功的应用促进了向量理论的进一步迅速发展和完善,现代意义上的向量概念其内涵已经远远超出了最初的“有向线段”,它被推广到维数更高的空间或更为抽象的空间.现代向量理论已经渗透到数学的各个领域,而且它在物理学、力学、天文学、生物力学等众多领域也已得到广泛应用.

物理学中的速度和力的平行四边形法则是向量理论的一个重要起源.力和速度是质点力学中的向量,随着力学的不断发展,数学物理学家们又发现了其他力学对象的向量特征.18世纪中叶,欧拉和达朗贝尔建立了刚体的一般动力系统.之后,在1759年至1826年间,一些数学家又发现了用来描述刚体运动的力矩和角速度的向量特点.这个时期领头的数学家主要是欧拉、拉格朗日、拉普拉斯、潘索、泊松和柯西等.他们的工作导致了在19世纪中叶向量力学的建立.由此发展起来的向量理论直到19世纪上半叶主要是和力学应用紧密结合在一起的,这一时期向量主要是以笛卡尔坐标的形式出现,并反过来为力学应用提供了一种有效的数学工具.向量概念是近代数学中重要和基本的概念之一,有着深刻的几何背景.

位置几何是向量理论又一个重要的思想源泉.这一源泉早期可以追溯到莱布尼茨(G - W. Leibniz,1646 ~ 1716)的位置几何的概念.莱布尼茨位置几何的主要思想包含在他于1679年9月8日写给惠更斯(A. Huygens,1629 ~ 1695)的一封信里.信中提到一篇重要的文章,文章中莱布尼茨试图创造一种可以作为空间分析的直接方法的系统,但他只给出了一个框架.之后,德国数学家格拉斯曼(H - G. Grassmann,1809 ~ 1877)的工作把莱布尼茨构思的系统的几何特征充分带到现实中来.

复数的几何表示是向量理论起源的一条最重要的线索,因为现代向量理论就是在这条线索上建立、发展起来的.自从1545年意大利数学家卡尔达诺在其《大术》中通过解方程将复数引入数学后,很长一段时间,这个“怪物”都没有在数学中得到它应有的地位.直到18世纪,由于在数学的推导中用到复数,人们才又重新审视它的作用,为其寻找易被接受的根据,于是复数的几何表示一时成为人们探讨的热点.哈密顿正是在做三维数的模拟物的过程中发现了四元数,之后,泰特使哈密顿的四元数朝着物理应用的方向发展,在泰特的影响下,麦克斯韦在他著名的《电磁通论》中批判性的使用了四元数.19世纪下半叶,吉布斯和亥维赛由于对麦克斯韦《电磁通论》的兴趣转而去阅读泰特所用的四元数,随着电磁理论的进一步发展,他们发现四元数作为描述物理问题的一个数学工具很不方便,于是他们在四元数的基础上进行了选择,创造了备受物理学家欢迎的现代意义下的向量分析系统. 这也正是现在大学或中学教科书中的有关向量代数的主要内容. 本来这个发现应该有助于提高哈密顿的声誉,但由泰特挑起的“战争”使吉布斯—亥维赛系统与哈密顿的四元数系统成了对立的两方. 辩论的最终结果是四元数的地位降低,而吉布斯—亥维赛系统广为人知.

从1894年以后,吉布斯和亥维赛的向量理论最终在物理学中站稳脚跟并得到普遍认可. 物理学家和应用数学家开始把向量语言大量地用在物理学和数学的各个分支. 向量的引进还揭开了新的数学前景,数学家还对向量进行了公理化. 现代数学意义上的向量概念,其内涵要比物理学中向量概念的内涵深刻得多,它包涵的对象极为丰富,已经被推广到更高维的空间或更抽象的空间. 和物理学紧密联系的向量理论始于哈密顿系统,而现代数学意义上的向量概念则始于格拉斯曼系统.

习题四

1. 判断下列各向量集合是否构成向量空间:

(1) $V_1=\{[x_1,x_2,\cdots,x_n]^{\mathrm{T}}\mid x_1+2x_2+\cdots+nx_n=0,x_i\in\mathbf{R};i=1,2,\cdots,n\}$;

(2) $V_2=\{[x_1,x_2,\cdots,x_n]^{\mathrm{T}}\mid x_1+2x_2+\cdots+nx_n=1,x_i\in\mathbf{R};i=1,2,\cdots,n\}$;

(3) $V_3=\{[x_1,x_2,\cdots,x_n]^{\mathrm{T}}\mid x_1x_2\cdots x_n=0,x_i\in\mathbf{R};i=1,2,\cdots,n\}$;

(4) $V_4=\{[1,0,\cdots,0,x_n]^{\mathrm{T}}\mid x_n\in\mathbf{R}\}$.

2. 写出向量空间 $\mathbf{R}^3$ 的全部四种子空间.

3. 设 U_1 与 U_2 是 n 维向量空间 V 的两个子空间,证明:

(1) U_1 与 U_2 的交 $U_1\cap U_2=\{\boldsymbol{\alpha}\mid\boldsymbol{\alpha}\in U_1$ 且 $\boldsymbol{\alpha}\in U_2\}$;

(2) U_1 与 U_2 的和 $U_1+U_2=\{\boldsymbol{\alpha}_1+\boldsymbol{\alpha}_2\mid\boldsymbol{\alpha}_1\in U_1,\boldsymbol{\alpha}_2\in U_2\}$.

也是 V 的子空间.

4. 求下列向量空间 V 的一个基和维数:

(1) $V=\mathrm{span}\{\boldsymbol{\alpha}_1,\boldsymbol{\alpha}_2,\boldsymbol{\alpha}_3\}\subseteq\mathbf{R}^3$,其中 $\boldsymbol{\alpha}_1=[2,3,1]^{\mathrm{T}},\boldsymbol{\alpha}_2=[1,0,-1]^{\mathrm{T}},\boldsymbol{\alpha}_3=[2,0,1]^{\mathrm{T}}$;

(2) $V=\{[x_1,x_2,\cdots,x_n]^{\mathrm{T}}\mid x_1+2x_2+\cdots+nx_n=0,x_i\in\mathbf{R};i=1,2,\cdots,n\}$.

5. 将向量组 $\boldsymbol{\alpha}_1=[1,2,3,4]^{\mathrm{T}},\boldsymbol{\alpha}_2=[1,1,1,1]^{\mathrm{T}}$ 扩充为 $\mathbf{R}^4$ 的一个基.

6. 证明向量组

$$\boldsymbol{\alpha}_1=[1,2,-1,-2]^{\mathrm{T}},\quad\boldsymbol{\alpha}_2=[2,3,0,1]^{\mathrm{T}},\quad\boldsymbol{\alpha}_3=[1,3,-1,1]^{\mathrm{T}},\quad\boldsymbol{\alpha}_4=[1,2,1,3]^{\mathrm{T}}$$

是 $\mathbf{R}^4$ 的一组基,并求向量 $\boldsymbol{\alpha}=[2,-1,4,2]^{\mathrm{T}}$ 在该基下的坐标.

7. 在向量空间 $\mathbf{R}^3$ 中取两个基

$$\boldsymbol{\alpha}_1=[1,0,1]^{\mathrm{T}},\quad\boldsymbol{\alpha}_2=[1,1,0]^{\mathrm{T}},\quad\boldsymbol{\alpha}_3=[0,1,1]^{\mathrm{T}}$$

$$\boldsymbol{\beta}_1=[1,0,3]^{\mathrm{T}},\quad\boldsymbol{\beta}_2=[2,2,2]^{\mathrm{T}},\quad\boldsymbol{\beta}_3=[-1,1,4]^{\mathrm{T}}$$

(1) 求基 $\boldsymbol{\alpha}_1,\boldsymbol{\alpha}_2,\boldsymbol{\alpha}_3$ 到基 $\boldsymbol{\beta}_1,\boldsymbol{\beta}_2,\boldsymbol{\beta}_3$ 的过渡矩阵;

(2) 设 $\boldsymbol{\alpha}$ 在基 $\boldsymbol{\alpha}_1,\boldsymbol{\alpha}_2,\boldsymbol{\alpha}_3$ 下的坐标为 $[1,1,3]^{\mathrm{T}}$,求 $\boldsymbol{\alpha}$ 在基 $\boldsymbol{\beta}_1,\boldsymbol{\beta}_2,\boldsymbol{\beta}_3$ 下的坐标.

8. 设 $\boldsymbol{\alpha}=[2,1,3,1]^{\mathrm{T}},\boldsymbol{\beta}=[1,2,0,1]^{\mathrm{T}}$,求:

(1) $(\boldsymbol{\alpha}+\boldsymbol{\beta},\boldsymbol{\alpha}-\boldsymbol{\beta})$;(2) $\|2\boldsymbol{\alpha}+3\boldsymbol{\beta}\|$;(3) $\boldsymbol{\alpha}$ 与 $\boldsymbol{\beta}$ 的夹角 θ.

9. 设向量 $\boldsymbol{\alpha}_1=[2,-1,1]^{\mathrm{T}},\boldsymbol{\alpha}_2=[1,3,1]^{\mathrm{T}}$,求向量 $\boldsymbol{\beta}$ 使它与 $\boldsymbol{\alpha}_1,\boldsymbol{\alpha}_2$ 都正交.

10. 在实数乘法中,若 $ab=ac$,并且 $a\neq 0$,那么可以消去 a,得到 $b=c$. 在内积中是否存在同样的法则:若 $(\boldsymbol{\alpha},\boldsymbol{\beta})=(\boldsymbol{\alpha},\boldsymbol{\gamma})$,并且 $\boldsymbol{\alpha}\neq\mathbf{0}$,能否得到 $\boldsymbol{\beta}=\boldsymbol{\gamma}$? 给出答案的理由.

11. 在 n 维向量空间 $\mathbf{R}^n$ 中,对任意的向量 $\boldsymbol{\alpha}$ 和 $\boldsymbol{\beta}$,证明:

(1) $\|\boldsymbol{\alpha}-\boldsymbol{\beta}\|\geqslant\big|\|\boldsymbol{\alpha}\|-\|\boldsymbol{\beta}\|\big|$;(2) $\|\boldsymbol{\alpha}+\boldsymbol{\beta}\|^2+\|\boldsymbol{\alpha}-\boldsymbol{\beta}\|^2=2(\|\boldsymbol{\alpha}\|^2+\|\boldsymbol{\beta}\|^2)$ 且说明在平面解析几何中(2) 的几何意义是什么?

12. 证明:向量 $\boldsymbol{\alpha}$ 与 $\boldsymbol{\beta}$ 正交的充分必要条件是对任意的 t,均有 $\|\boldsymbol{\alpha}+t\boldsymbol{\beta}\|\geqslant\|\boldsymbol{\alpha}\|$.

13. 验证 $\mathbf{R}^n$ 的自然基是一个标准正交基.

14. 将下列向量组单位正交化:

(1) $\boldsymbol{\alpha}_1=[1,-1,1]^{\mathrm{T}},\boldsymbol{\alpha}_2=[0,1,1]^{\mathrm{T}},\boldsymbol{\alpha}_3=[1,2,1]^{\mathrm{T}}$;

(2) $\boldsymbol{\alpha}_1=[1,1,0,1]^{\mathrm{T}},\boldsymbol{\alpha}_2=[1,0,0,1]^{\mathrm{T}},\boldsymbol{\alpha}_3=[0,1,1,1]^{\mathrm{T}}$.

15. 在 $\mathbf{R}^4$ 中求出与向量 $\boldsymbol{\alpha}_1=[1,0,1,0]^{\mathrm{T}},\boldsymbol{\alpha}_2=[1,0,1,1]^{\mathrm{T}}$ 正交的两个线性无关的向量 $\boldsymbol{\alpha}_3,\boldsymbol{\alpha}_4$,并由此求出 $\mathbf{R}^4$ 的一个标准正交基.

第5章

Chapter 5

特征值与特征向量

学习目标和要求

1. 理解矩阵的特征值与特征向量的概念;掌握矩阵的特征值与特征向量的基本性质,会求矩阵的特征值与特征向量.

2. 理解相似矩阵的概念、性质,掌握矩阵可对角化的条件,会判断矩阵是否可对角化.

3. 掌握实对称矩阵特征值与特征向量的性质和将实对称矩阵对角化的方法.

4. 了解矩阵的特征值在实际问题中的应用.

在工程技术和经济管理等领域中,经常会遇到需要定量分析的问题,如震动问题和稳定性问题等,矩阵的特征值、特征向量是解决这些问题的重要工具.

5.1 矩阵的特征值与特征向量

5.1.1 矩阵的特征值与特征向量的概念

定义 5.1 设 $\boldsymbol{A}$ 为数域 F 上的 n 阶矩阵,若存在 F 上的 n 维非零向量 $\boldsymbol{x}$ 使

$$\boldsymbol{A}\boldsymbol{x}=\lambda\boldsymbol{x},\quad \boldsymbol{x}\neq\boldsymbol{0} \tag{5.1}$$

成立,则称 λ 为 $\boldsymbol{A}$ 的一个特征值,$\boldsymbol{x}$ 为 $\boldsymbol{A}$ 的属于特征值 λ 的一个特征向量.

如,对于 n 阶单位矩阵 $\boldsymbol{E}$ 及任意非零向量 $\boldsymbol{x}$,有

$$\boldsymbol{E}\boldsymbol{x}=\boldsymbol{x}$$

所以 $\lambda=1$ 是 $\boldsymbol{E}$ 的特征值,$\boldsymbol{x}$ 是 $\boldsymbol{E}$ 的属于特征值 $\lambda=1$ 的特征向量.

为求 n 阶矩阵 $\boldsymbol{A}$ 的特征值与特征向量,可将式(5.1)改写为 $\lambda\boldsymbol{E}\boldsymbol{x}-\boldsymbol{A}\boldsymbol{x}=\boldsymbol{0}$,即

$$(\lambda\boldsymbol{E}-\boldsymbol{A})\boldsymbol{x}=\boldsymbol{0},\quad \boldsymbol{x}\neq\boldsymbol{0}$$

上式说明 $\boldsymbol{x}$ 是齐次线性方程组

$$(\lambda\boldsymbol{E}-\boldsymbol{A})\boldsymbol{x}=\boldsymbol{0} \tag{5.2}$$

的非零解. 此方程组有非零解的充分必要条件是其系数行列式

$$|\lambda\boldsymbol{E}-\boldsymbol{A}|=0 \tag{5.3}$$

即

$$\begin{vmatrix} \lambda-a_{11} & -a_{12} & \cdots & -a_{1n} \\ -a_{21} & \lambda-a_{22} & \cdots & -a_{2n} \\ \vdots & \vdots & & \vdots \\ -a_{n1} & -a_{n2} & \cdots & \lambda-a_{nn} \end{vmatrix}=0$$

方程组(5.2)的系数矩阵 $\lambda\boldsymbol{E}-\boldsymbol{A}$ 称为 $\boldsymbol{A}$ 的**特征矩阵**;$|\lambda\boldsymbol{E}-\boldsymbol{A}|$是关于 λ 的 n 次多项式,称为 $\boldsymbol{A}$ 的**特征多项式**;$|\lambda\boldsymbol{E}-\boldsymbol{A}|=0$ 称为 $\boldsymbol{A}$ 的**特征方程**. 可见,矩阵 $\boldsymbol{A}$ 的特征值就是特征方程 $|\lambda\boldsymbol{E}-\boldsymbol{A}|=0$ 的解,特征方程在复数范围内恒有解,其个数为方程的次数(重根按重数计算). 因此,n 阶矩阵 $\boldsymbol{A}$ 在复数范围内有 n 个特征值.

5.1.2 特征值与特征向量的求法

求 n 阶矩阵 $\boldsymbol{A}$ 的特征值与特征向量的步骤:

(1) 计算 $\boldsymbol{A}$ 的特征多项式$|\lambda\boldsymbol{E}-\boldsymbol{A}|$;

(2) 求出特征方程$|\lambda\boldsymbol{E}-\boldsymbol{A}|=0$ 的全部根,即 $\boldsymbol{A}$ 的全部特征值;

(3) 对于每个特征值 λ_i,求齐次线性方程组$(\lambda_i\boldsymbol{E}-\boldsymbol{A})\boldsymbol{x}=\boldsymbol{0}$ 的一个基础解系

$$\boldsymbol{\eta}_{i1},\boldsymbol{\eta}_{i2},\cdots,\boldsymbol{\eta}_{is}$$

即得对应于特征值 λ_i 的全部特征向量

$$k_{i1}\boldsymbol{\eta}_{i1}+k_{i2}\boldsymbol{\eta}_{i2}+\cdots+k_{is}\boldsymbol{\eta}_{is}$$

其中 $k_{i1},k_{i2},\cdots,k_{is}$ 是不全为零的任意常数.

【例 5.1】 求矩阵

$$\boldsymbol{A}=\begin{bmatrix} -2 & 1 & 1 \\ 0 & 2 & 0 \\ -4 & 1 & 3 \end{bmatrix}$$

的特征值与特征向量.

解　矩阵 $\boldsymbol{A}$ 的特征多项式

$$|\lambda\boldsymbol{E}-\boldsymbol{A}|=\begin{vmatrix}\lambda+2 & -1 & -1\\0 & \lambda-2 & 0\\4 & -1 & \lambda-3\end{vmatrix}=(\lambda-2)^2(\lambda+1)$$

所以 $\boldsymbol{A}$ 的特征方程为 $(\lambda-2)^2(\lambda+1)=0$，故 $\boldsymbol{A}$ 的特征值为 $\lambda_1=-1,\lambda_2=\lambda_3=2$.

当 $\lambda_1=-1$ 时，解方程组 $(-\boldsymbol{E}-\boldsymbol{A})\boldsymbol{x}=\boldsymbol{0}$. 由

$$-\boldsymbol{E}-\boldsymbol{A}=\begin{bmatrix}1 & -1 & -1\\0 & -3 & 0\\4 & -1 & -4\end{bmatrix}\rightarrow\begin{bmatrix}1 & 0 & -1\\0 & 1 & 0\\0 & 0 & 0\end{bmatrix}$$

所以方程组 $(-\boldsymbol{E}-\boldsymbol{A})\boldsymbol{x}=\boldsymbol{0}$ 与

$$\begin{cases}x_1=x_3\\x_2=0\\x_3=x_3\end{cases}$$

同解，故得一基础解系

$$\boldsymbol{\eta}_1=\begin{bmatrix}1\\0\\1\end{bmatrix}$$

所以，属于特征值 $\lambda_1=-1$ 的全部特征向量为 $k_1\boldsymbol{\eta}_1$，其中 k_1 为任意非零常数.

当 $\lambda_2=\lambda_3=2$ 时，解方程组 $(2\boldsymbol{E}-\boldsymbol{A})\boldsymbol{x}=\boldsymbol{0}$，由

$$2\boldsymbol{E}-\boldsymbol{A}=\begin{bmatrix}4 & -1 & -1\\0 & 0 & 0\\4 & -1 & -1\end{bmatrix}\rightarrow\begin{bmatrix}4 & -1 & -1\\0 & 0 & 0\\0 & 0 & 0\end{bmatrix}$$

所以方程组 $(2\boldsymbol{E}-\boldsymbol{A})\boldsymbol{x}=\boldsymbol{0}$ 与

$$\begin{cases}x_1=x_1\\x_2=\qquad\quad x_2\\x_3=4x_1-x_2\end{cases}$$

同解，故得一基础解系

$$\boldsymbol{\eta}_2=\begin{bmatrix}0\\1\\-1\end{bmatrix},\quad \boldsymbol{\eta}_3=\begin{bmatrix}1\\0\\4\end{bmatrix}$$

所以，属于特征值 $\lambda_2=\lambda_3=2$ 的全部特征向量为 $k_2\boldsymbol{\eta}_2+k_3\boldsymbol{\eta}_3$，其中 k_2,k_3 是不全为零的任意常数.

【例 5.2】　求矩阵

$$A=\begin{bmatrix}3 & 2 & -1\\ -2 & -2 & 2\\ 3 & 6 & -1\end{bmatrix}$$

的特征值与特征向量.

解 矩阵 A 的特征多项式

$$|\lambda E-A|=\begin{vmatrix}\lambda-3 & -2 & 1\\ 2 & \lambda+2 & -2\\ -3 & -6 & \lambda+1\end{vmatrix}=(\lambda+4)(\lambda-2)^2$$

所以 A 的特征方程为 $(\lambda+4)(\lambda-2)^2=0$,故 A 的特征值为 $\lambda_1=-4,\lambda_2=\lambda_3=2$.

当 $\lambda_1=-4$ 时,解方程组 $(-4E-A)x=0$. 由

$$-4E-A=\begin{bmatrix}-7 & -2 & 1\\ 2 & -2 & -2\\ -3 & -6 & -3\end{bmatrix}\rightarrow\begin{bmatrix}1 & 0 & -\frac{1}{3}\\ 0 & 1 & \frac{2}{3}\\ 0 & 0 & 0\end{bmatrix}$$

所以方程组 $(-4E-A)x=0$ 与

$$\begin{cases}x_1=\frac{1}{3}x_3\\ x_2=-\frac{2}{3}x_3\\ x_3=x_3\end{cases}$$

同解,故得一基础解系

$$\eta_1=\begin{bmatrix}\frac{1}{3}\\ -\frac{2}{3}\\ 1\end{bmatrix}$$

所以,属于特征值 $\lambda_1=-4$ 的全部特征向量为 $k_1\eta_1$,其中 k_1 为任意非零常数.

当 $\lambda_2=\lambda_3=2$ 时,解方程组 $(2E-A)x=0$,由

$$2E-A=\begin{bmatrix}-1 & -2 & 1\\ 2 & 4 & -2\\ -3 & -6 & 3\end{bmatrix}\rightarrow\begin{bmatrix}1 & 2 & -1\\ 0 & 0 & 0\\ 0 & 0 & 0\end{bmatrix}$$

所以方程组 $(2E-A)x=0$ 与

$$\begin{cases} x_1 = -2x_2 + x_3 \\ x_2 = \quad x_2 \\ x_3 = \qquad x_3 \end{cases}$$

同解,故得一基础解系

$$\boldsymbol{\eta}_2 = \begin{bmatrix} -2 \\ 1 \\ 0 \end{bmatrix}, \quad \boldsymbol{\eta}_3 = \begin{bmatrix} 1 \\ 0 \\ 1 \end{bmatrix}$$

所以,属于特征值 $\lambda_2 = \lambda_3 = 2$ 的全部特征向量为 $k_2\boldsymbol{\eta}_2 + k_3\boldsymbol{\eta}_3$,其中 k_2, k_3 是不全为零的任意常数.

5.1.3　特征值与特征向量的性质

定理 5.1　设 $\boldsymbol{A}$ 是 n 阶矩阵,则矩阵 $\boldsymbol{A}$ 与 $\boldsymbol{A}^{\mathrm{T}}$ 有相同的特征值.

证明　由于

$$|\lambda \boldsymbol{E} - \boldsymbol{A}^{\mathrm{T}}| = |(\lambda \boldsymbol{E} - \boldsymbol{A})^{\mathrm{T}}| = |\lambda \boldsymbol{E} - \boldsymbol{A}|$$

所以矩阵 $\boldsymbol{A}$ 与 $\boldsymbol{A}^{\mathrm{T}}$ 有相同的特征多项式,因此有相同的特征值.

定理 5.2　设 λ 是 n 阶矩阵 $\boldsymbol{A}$ 的特征值,$k \in \mathbf{N}^+$,则

(1)λ^k 是 $\boldsymbol{A}^k$ 的特征值;

(2) 当 $\boldsymbol{A}$ 可逆时,$\dfrac{1}{\lambda}$ 是 $\boldsymbol{A}^{-1}$ 的特征值.

证明　设 $\boldsymbol{\eta} \neq \boldsymbol{0}$ 是矩阵 $\boldsymbol{A}$ 的属于特征值 λ 的特征向量,则 $\boldsymbol{A\eta} = \lambda\boldsymbol{\eta}$,于是

(1)
$$\boldsymbol{A}^k\boldsymbol{\eta} = \boldsymbol{A}^{k-1}(\boldsymbol{A\eta}) = \lambda(\boldsymbol{A}^{k-1}\boldsymbol{\eta}) = \cdots = \lambda^{k-1}(\boldsymbol{A\eta}) = \lambda^k\boldsymbol{\eta}$$

所以 λ^k 是 $\boldsymbol{A}^k$ 的特征值;

(2) 当 $\boldsymbol{A}$ 可逆时,由 $\boldsymbol{A\eta} = \lambda\boldsymbol{\eta}$,有 $\boldsymbol{\eta} = \lambda\boldsymbol{A}^{-1}\boldsymbol{\eta}$,因为 $\boldsymbol{\eta} \neq \boldsymbol{0}, \lambda \neq 0$

$$\boldsymbol{A}^{-1}\boldsymbol{\eta} = \frac{1}{\lambda}\boldsymbol{\eta}$$

所以$\dfrac{1}{\lambda}$ 是 $\boldsymbol{A}^{-1}$ 的特征值.

类似地,不难证明:若 λ 是 $\boldsymbol{A}$ 的特征值,则 $\varphi(\lambda)$ 是 $\varphi(\boldsymbol{A})$ 的特征值,其中 $\varphi(\lambda) = a_0 + a_1\lambda + \cdots + a_t\lambda^t$ 是 λ 的多项式,$\varphi(\boldsymbol{A}) = a_0\boldsymbol{E} + a_1\boldsymbol{A} + \cdots + a_t\boldsymbol{A}^t$ 是矩阵 $\boldsymbol{A}$ 的多项式.

定理 5.3　设 n 阶矩阵 $\boldsymbol{A} = (a_{ij})$ 的 n 个特征值 $\lambda_1, \lambda_2, \cdots, \lambda_n$,则

(1)$\lambda_1 + \lambda_2 + \cdots + \lambda_n = a_{11} + a_{22} + \cdots + a_{nn}$;

(2)$\lambda_1\lambda_2\cdots\lambda_n = |\boldsymbol{A}|$.

其中 $a_{11} + a_{22} + \cdots + a_{nn}$ 是 $\boldsymbol{A}$ 的主对角线上元素之和,称为**矩阵 $\boldsymbol{A}$ 的迹**,记作 $\mathrm{tr}(\boldsymbol{A})$. 定理 5.3 的证明要用到 n 次多项式根与系数的关系,在此不予证明.

【例 5.3】 已知三阶矩阵 $\boldsymbol{A}$ 的特征值为 1,2,3,求 $|\boldsymbol{A}^3-5\boldsymbol{A}^2+7\boldsymbol{A}|$.

解 记 $\varphi(\boldsymbol{A})=\boldsymbol{A}^3-5\boldsymbol{A}^2+7\boldsymbol{A}$,则 $\varphi(\lambda)=\lambda^3-5\lambda^2+7\lambda$,故 $\varphi(\boldsymbol{A})$ 的特征值为 $\varphi(1)=3,\varphi(2)=2,\varphi(3)=3$,于是 $|\boldsymbol{A}^3-5\boldsymbol{A}^2+7\boldsymbol{A}|=3\times2\times3=18$.

定理 5.4 设 $\lambda_1,\lambda_2,\cdots,\lambda_t$ 是 n 阶矩阵 $\boldsymbol{A}$ 的 t 个不同的特征值,$\boldsymbol{\eta}_1,\boldsymbol{\eta}_2,\cdots,\boldsymbol{\eta}_t$ 依次是与之对应的特征向量,则 $\boldsymbol{\eta}_1,\boldsymbol{\eta}_2,\cdots,\boldsymbol{\eta}_t$ 线性无关.

证明略.

5.2 相似矩阵和矩阵可对角化的条件

5.2.1 相似矩阵的概念与性质

定义 5.2 设 $\boldsymbol{A},\boldsymbol{B}$ 都是 n 阶矩阵,若存在可逆矩阵 $\boldsymbol{P}$,使得

$$\boldsymbol{P}^{-1}\boldsymbol{A}\boldsymbol{P}=\boldsymbol{B}$$

则称 $\boldsymbol{B}$ 是 $\boldsymbol{A}$ 的相似矩阵,或称矩阵 $\boldsymbol{A}$ 与 $\boldsymbol{B}$ 相似,记为 $\boldsymbol{A}\sim\boldsymbol{B}$,对 $\boldsymbol{A}$ 进行运算 $\boldsymbol{P}^{-1}\boldsymbol{A}\boldsymbol{P}$ 称为对 $\boldsymbol{A}$ 进行相似变换,可逆矩阵 $\boldsymbol{P}$ 称为将 $\boldsymbol{A}$ 变成 $\boldsymbol{B}$ 的相似变换矩阵.

如,设

$$\boldsymbol{A}=\begin{bmatrix}2&-1\\-1&2\end{bmatrix},\boldsymbol{P}=\begin{bmatrix}2&-1\\-1&1\end{bmatrix},\boldsymbol{Q}=\begin{bmatrix}-1&1\\1&1\end{bmatrix}$$

则

$$\boldsymbol{P}^{-1}\boldsymbol{A}\boldsymbol{P}=\begin{bmatrix}2&-1\\-1&1\end{bmatrix}^{-1}\begin{bmatrix}2&-1\\-1&2\end{bmatrix}\begin{bmatrix}2&-1\\-1&1\end{bmatrix}=\begin{bmatrix}1&0\\-3&3\end{bmatrix}$$

$$\boldsymbol{Q}^{-1}\boldsymbol{A}\boldsymbol{Q}=\begin{bmatrix}-1&1\\1&1\end{bmatrix}^{-1}\begin{bmatrix}2&-1\\-1&2\end{bmatrix}\begin{bmatrix}-1&1\\1&1\end{bmatrix}=\begin{bmatrix}3&0\\0&1\end{bmatrix}$$

由此可知,$\begin{bmatrix}1&0\\-3&3\end{bmatrix}$ 与 $\begin{bmatrix}3&0\\0&1\end{bmatrix}$ 为 $\boldsymbol{A}$ 的相似矩阵. 故与 $\boldsymbol{A}$ 相似的矩阵并不唯一,也不一定是对角矩阵.

定理 5.5 若 n 阶矩阵 $\boldsymbol{A}$ 与 $\boldsymbol{B}$ 相似,则矩阵 $\boldsymbol{A}$ 与 $\boldsymbol{B}$ 的特征值相同且 $|\boldsymbol{A}|=|\boldsymbol{B}|$.

证明 由 n 阶矩阵 $\boldsymbol{A}$ 与 $\boldsymbol{B}$ 相似,则存在可逆矩阵 $\boldsymbol{P}$,使

$$\boldsymbol{P}^{-1}\boldsymbol{A}\boldsymbol{P}=\boldsymbol{B}$$

因为

$$\begin{aligned}|\lambda\boldsymbol{E}-\boldsymbol{B}|&=|\lambda\boldsymbol{E}-\boldsymbol{P}^{-1}\boldsymbol{A}\boldsymbol{P}|=|\boldsymbol{P}^{-1}(\lambda\boldsymbol{E})\boldsymbol{P}-\boldsymbol{P}^{-1}\boldsymbol{A}\boldsymbol{P}|=\\&|\boldsymbol{P}^{-1}(\lambda\boldsymbol{E}-\boldsymbol{A})\boldsymbol{P}|=|\boldsymbol{P}^{-1}||\lambda\boldsymbol{E}-\boldsymbol{A}||\boldsymbol{P}|=\\&|\lambda\boldsymbol{E}-\boldsymbol{A}|\end{aligned}$$

即 $\boldsymbol{A}$ 与 $\boldsymbol{B}$ 的特征多项式相同,所以矩阵 $\boldsymbol{A}$ 与 $\boldsymbol{B}$ 的特征值相同.

又因为

$$|\boldsymbol{B}| = |\boldsymbol{P}^{-1}\boldsymbol{A}\boldsymbol{P}| = |\boldsymbol{P}^{-1}||\boldsymbol{A}||\boldsymbol{P}| = |\boldsymbol{A}|$$

即 $\boldsymbol{A}$ 与 $\boldsymbol{B}$ 的行列式也相同.

推论 1　若 n 阶矩阵 $\boldsymbol{A}$ 与对角阵

$$\boldsymbol{\Lambda} = \begin{bmatrix} \lambda_1 & & & \\ & \lambda_2 & & \\ & & \ddots & \\ & & & \lambda_n \end{bmatrix}$$

相似,则 $\lambda_1,\lambda_2,\cdots,\lambda_n$ 为 $\boldsymbol{A}$ 的 n 个特征值.

相似矩阵有很多共同性质,这里不一一证明,仅作如下总结:

(1) 相似矩阵有相同的行列式;

(2) 相似矩阵有相同的特征多项式和特征值;

(3) 相似矩阵或者都可逆或者都不可逆,若可逆,相似矩阵的逆矩阵也相似;

(4) 相似矩阵的幂仍然相似;

(5) 相似矩阵有相同的迹;

(6) 相似矩阵有相同的秩.

5.2.2　矩阵可对角化的条件

对角矩阵是最简单的一类矩阵之一,对于任意 n 阶方阵 $\boldsymbol{A}$,能否将其化为对角矩阵,并保持 $\boldsymbol{A}$ 的许多原有性质,在理论和实际应用方面都具有重要意义.

若 n 阶矩阵 $\boldsymbol{A}$ 与一个 n 阶对角矩阵 $\boldsymbol{\Lambda}$ 相似,则称 $\boldsymbol{A}$ 可对角化. 由推论 1 可知,$\boldsymbol{\Lambda}$ 对角线上的元素就是 $\boldsymbol{A}$ 的 n 个特征值. 接下来研究将 n 阶矩阵 $\boldsymbol{A}$ 对角化的方法,即求可逆矩阵 $\boldsymbol{P}$,使 $\boldsymbol{P}^{-1}\boldsymbol{A}\boldsymbol{P} = \boldsymbol{\Lambda}$ 为对角阵.

定理 5.6　n 阶矩阵 $\boldsymbol{A}$ 与 n 阶对角阵相似的充分必要条件是 $\boldsymbol{A}$ 有 n 个线性无关的特征向量.

证明　**必要性**　设 $\boldsymbol{A}$ 与对角阵

$$\boldsymbol{\Lambda} = \begin{bmatrix} \lambda_1 & & & \\ & \lambda_2 & & \\ & & \ddots & \\ & & & \lambda_n \end{bmatrix}$$

相似,则存在可逆矩阵 $\boldsymbol{P}$,使 $\boldsymbol{P}^{-1}\boldsymbol{A}\boldsymbol{P} = \boldsymbol{\Lambda}$,即 $\boldsymbol{A}\boldsymbol{P} = \boldsymbol{P}\boldsymbol{\Lambda}$.

把矩阵 $\boldsymbol{P}$ 按列分块,记为 $\boldsymbol{P} = [\boldsymbol{p}_1 \quad \boldsymbol{p}_2 \quad \cdots \quad \boldsymbol{p}_n]$,其中 $\boldsymbol{p}_i$ 为 $\boldsymbol{P}$ 的第 i 列($i = 1,2,\cdots,n$),则

$$[\boldsymbol{A}\boldsymbol{p}_1 \quad \boldsymbol{A}\boldsymbol{p}_2 \quad \cdots \quad \boldsymbol{A}\boldsymbol{p}_n] = [\boldsymbol{p}_1 \quad \boldsymbol{p}_2 \quad \cdots \quad \boldsymbol{p}_n]\begin{bmatrix} \lambda_1 & & & \\ & \lambda_2 & & \\ & & \ddots & \\ & & & \lambda_n \end{bmatrix} =$$

$$[\lambda_1\boldsymbol{p}_1 \quad \lambda_2\boldsymbol{p}_2 \quad \cdots \quad \lambda_n\boldsymbol{p}_n]$$

由此可知

$$\boldsymbol{A}\boldsymbol{p}_i = \lambda_i\boldsymbol{p}_i, \quad i = 1,2,\cdots,n$$

因 $\boldsymbol{P}$ 可逆,则 $\boldsymbol{p}_i \neq \boldsymbol{0}(i = 1,2,\cdots,n)$,且 $\boldsymbol{p}_1,\boldsymbol{p}_2,\cdots,\boldsymbol{p}_n$ 线性无关,因此 $\boldsymbol{p}_i$ 是 $\boldsymbol{A}$ 的属于特征值 λ_i 的特征向量.

充分性 取 $\boldsymbol{A}$ 的 n 个线性无关的特征向量 $\boldsymbol{p}_1,\boldsymbol{p}_2,\cdots,\boldsymbol{p}_n$,相对应的特征值依次为 $\lambda_1, \lambda_2,\cdots,\lambda_n$. 记矩阵 $\boldsymbol{P}$ 为 $[\boldsymbol{p}_1 \quad \boldsymbol{p}_2 \quad \cdots \quad \boldsymbol{p}_n]$,则 $\boldsymbol{P}$ 可逆,且

$$\boldsymbol{A}\boldsymbol{P} = \boldsymbol{A}[\boldsymbol{p}_1 \quad \boldsymbol{p}_2 \quad \cdots \quad \boldsymbol{p}_n] = [\boldsymbol{A}\boldsymbol{p}_1 \quad \boldsymbol{A}\boldsymbol{p}_2 \quad \cdots \quad \boldsymbol{A}\boldsymbol{p}_n] =$$

$$[\lambda_1\boldsymbol{p}_1 \quad \lambda_2\boldsymbol{p}_2 \quad \cdots \quad \lambda_n\boldsymbol{p}_n] =$$

$$[\boldsymbol{p}_1 \quad \boldsymbol{p}_2 \quad \cdots \quad \boldsymbol{p}_n]\begin{bmatrix} \lambda_1 & & & \\ & \lambda_2 & & \\ & & \ddots & \\ & & & \lambda_n \end{bmatrix} = \boldsymbol{P}\boldsymbol{\Lambda}$$

于是有 $\boldsymbol{P}^{-1}\boldsymbol{A}\boldsymbol{P} = \boldsymbol{\Lambda}$,即 n 阶矩阵 $\boldsymbol{A}$ 与 n 阶对角阵相似.

由定理5.4及定理5.6可得下面推论:

推论2 若 n 阶矩阵 $\boldsymbol{A}$ 有 n 个互异的特征值,那么 $\boldsymbol{A}$ 与对角矩阵相似.

推论3 n 阶矩阵 $\boldsymbol{A}$ 相似于对角矩阵的充分必要条件是 $\boldsymbol{A}$ 的每一个 $s_i(i = 1,2,\cdots,t)$ 重特征值对应有 $s_i(s_1 + s_2 + \cdots + s_t = n)$ 个线性无关的特征向量.

【例5.4】 设矩阵

$$\boldsymbol{A} = \begin{bmatrix} -2 & 1 & 1 \\ 0 & 2 & 0 \\ -4 & 1 & 3 \end{bmatrix}$$

判断矩阵 $\boldsymbol{A}$ 能否对角化. 若能,求出一个相似变换矩阵 $\boldsymbol{P}$,使 $\boldsymbol{P}^{-1}\boldsymbol{A}\boldsymbol{P} = \boldsymbol{\Lambda}$;若不能,说明理由.

解 由例5.1可知,$\boldsymbol{A}$ 的特征值为 $\lambda_1 = -1, \lambda_2 = \lambda_3 = 2$,任取三个对应的线性无关的特征向量为

$$\boldsymbol{\eta}_1 = \begin{bmatrix} 1 \\ 0 \\ 1 \end{bmatrix}, \quad \boldsymbol{\eta}_2 = \begin{bmatrix} 0 \\ 1 \\ -1 \end{bmatrix}, \quad \boldsymbol{\eta}_3 = \begin{bmatrix} 1 \\ 0 \\ 4 \end{bmatrix}$$

由推论3可知,$\boldsymbol{A}$ 可对角化,取相似变换矩阵

$$P = [\boldsymbol{\eta}_1 \quad \boldsymbol{\eta}_2 \quad \boldsymbol{\eta}_3] = \begin{bmatrix} 1 & 0 & 1 \\ 0 & 1 & 0 \\ 1 & -1 & 4 \end{bmatrix}$$

则

$$P^{-1}AP = \begin{bmatrix} -1 & 0 & 0 \\ 0 & 2 & 0 \\ 0 & 0 & 2 \end{bmatrix}$$

【例5.5】　设矩阵

$$A = \begin{bmatrix} 2 & 0 & 1 \\ 3 & 1 & a \\ 4 & 0 & 5 \end{bmatrix}$$

可对角化,求 a 的值.

解　矩阵 A 的特征多项式

$$|\lambda E - A| = \begin{vmatrix} \lambda - 2 & 0 & -1 \\ -3 & \lambda - 1 & -a \\ -4 & 0 & \lambda - 5 \end{vmatrix} = (\lambda - 1)\begin{vmatrix} \lambda - 2 & -1 \\ -4 & \lambda - 5 \end{vmatrix} = (\lambda - 1)^2(\lambda - 6)$$

所以 A 的特征方程为 $(\lambda - 1)^2(\lambda - 6) = 0$,故 A 的特征值为 $\lambda_1 = 6, \lambda_2 = \lambda_3 = 1$.

当 $\lambda_1 = 6$ 时,可求得线性无关的特征向量恰有一个,故矩阵 A 可对角化的充分必要条件是特征值 $\lambda_2 = \lambda_3 = 1$ 有两个线性无关的特征向量,即 $(E - A)x = 0$ 有两个线性无关的解,即 $r(E - A) = 1$.

又

$$E - A = \begin{bmatrix} -1 & 0 & -1 \\ -3 & 0 & -a \\ -4 & 0 & -4 \end{bmatrix} \to \begin{bmatrix} 1 & 0 & 1 \\ 0 & 0 & 3 - a \\ 0 & 0 & 0 \end{bmatrix}$$

故 $3 - a = 0$,即 $a = 3$. 所以,当 $a = 3$ 时,矩阵 A 可对角化.

5.3　实对称矩阵的对角化

在经济管理、工程技术等许多领域中经常会遇到实对称矩阵的对角化问题,所以本节对实对称矩阵的对角化问题进行介绍.

5.3.1 实对称矩阵特征值与特征向量的性质

定理 5.7 实对称矩阵的特征值为实数.

证明 设复数 λ 为 n 阶实对称矩阵 $\boldsymbol{A}$ 的特征值,复向量 $\boldsymbol{\alpha}=[a_1,a_2,\cdots,a_n]^{\mathrm{T}}$ 为属于特征值 λ 的特征向量,即 $\boldsymbol{A\alpha}=\lambda\boldsymbol{\alpha}(\boldsymbol{\alpha}\neq\boldsymbol{0})$.

用 $\overline{\lambda}$ 表示 λ 的共轭复数,$\overline{\boldsymbol{\alpha}}$ 表示 $\boldsymbol{\alpha}$ 的共轭复向量,而 $\boldsymbol{A}$ 为实矩阵,有 $\boldsymbol{A}=\overline{\boldsymbol{A}}$,故

$$\boldsymbol{A}\overline{\boldsymbol{\alpha}}=\overline{\boldsymbol{A}}\,\overline{\boldsymbol{\alpha}}=\overline{\boldsymbol{A\alpha}}=\overline{\lambda\boldsymbol{\alpha}}=\overline{\lambda}\,\overline{\boldsymbol{\alpha}}$$

即 $\overline{\boldsymbol{\alpha}}$ 为矩阵 $\boldsymbol{A}$ 的属于特征值 $\overline{\lambda}$ 的特征向量. 于是

$$\overline{\boldsymbol{\alpha}}^{\mathrm{T}}\boldsymbol{A\alpha}=\overline{\boldsymbol{\alpha}}^{\mathrm{T}}(\boldsymbol{A\alpha})=\overline{\boldsymbol{\alpha}}^{\mathrm{T}}\lambda\boldsymbol{\alpha}=\lambda\overline{\boldsymbol{\alpha}}^{\mathrm{T}}\boldsymbol{\alpha}$$

$$\overline{\boldsymbol{\alpha}}^{\mathrm{T}}\boldsymbol{A\alpha}=(\overline{\boldsymbol{\alpha}}^{\mathrm{T}}\boldsymbol{A})\boldsymbol{\alpha}=(\boldsymbol{A}\overline{\boldsymbol{\alpha}})^{\mathrm{T}}\boldsymbol{\alpha}=(\overline{\lambda\boldsymbol{\alpha}})^{\mathrm{T}}\boldsymbol{\alpha}=\overline{\lambda}\,\overline{\boldsymbol{\alpha}}^{\mathrm{T}}\boldsymbol{\alpha}$$

两式相减,得

$$(\lambda-\overline{\lambda})\overline{\boldsymbol{\alpha}}^{\mathrm{T}}\boldsymbol{\alpha}=0$$

但因为 $\boldsymbol{\alpha}\neq\boldsymbol{0}$,所以

$$\overline{\boldsymbol{\alpha}}^{\mathrm{T}}\boldsymbol{\alpha}=\sum_{i=1}^{n}\overline{a}_i a_i=\sum_{i=1}^{n}|a_i|^2\neq 0$$

故 $\lambda-\overline{\lambda}=0$,即 $\lambda=\overline{\lambda}$,这说明 λ 是实数.

因此,当特征值 λ 为实数时,齐次线性方程组

$$(\lambda\boldsymbol{E}-\boldsymbol{A})\boldsymbol{x}=\boldsymbol{0}$$

是实系数方程组,由 $|\lambda\boldsymbol{E}-\boldsymbol{A}|=0$ 知对应齐次线性方程组必有实的基础解系,所以对应的特征向量可以取实向量.

定理 5.8(实对称阵的正交对角化定理) 设 λ_1,λ_2 是实对称矩阵 $\boldsymbol{A}$ 的两个特征值,$\boldsymbol{\eta}_1,\boldsymbol{\eta}_2$ 分别是 λ_1,λ_2 对应的特征向量. 若 $\lambda_1\neq\lambda_2$,则 $\boldsymbol{\eta}_1$ 与 $\boldsymbol{\eta}_2$ 正交.

证明 由于 $\boldsymbol{A\eta}_1=\lambda_1\boldsymbol{\eta}_1,\boldsymbol{A\eta}_2=\lambda_2\boldsymbol{\eta}_2,\lambda_1\neq\lambda_2$,又因为 $\boldsymbol{A}$ 为实对称矩阵,故

$$\lambda_1\boldsymbol{\eta}_1^{\mathrm{T}}=\boldsymbol{A\eta}_1^{\mathrm{T}}=(\lambda_1\boldsymbol{\eta}_1)^{\mathrm{T}}=(\boldsymbol{A\eta}_1)^{\mathrm{T}}=\boldsymbol{\eta}_1^{\mathrm{T}}\boldsymbol{A}^{\mathrm{T}}=\boldsymbol{\eta}_1^{\mathrm{T}}\boldsymbol{A}$$

于是

$$\lambda_1\boldsymbol{\eta}_1^{\mathrm{T}}\boldsymbol{\eta}_2=\boldsymbol{\eta}_1^{\mathrm{T}}\boldsymbol{A\eta}_2=\boldsymbol{\eta}_1^{\mathrm{T}}(\lambda_2\boldsymbol{\eta}_2)=\lambda_2\boldsymbol{\eta}_1^{\mathrm{T}}\boldsymbol{\eta}_2$$

即

$$(\lambda_1-\lambda_2)\boldsymbol{\eta}_1^{\mathrm{T}}\boldsymbol{\eta}_2=0$$

但 $\lambda_1\neq\lambda_2$,故 $\boldsymbol{\eta}_1^{\mathrm{T}}\boldsymbol{\eta}_2=0$,即 $\boldsymbol{\eta}_1$ 与 $\boldsymbol{\eta}_2$ 正交.

定理 5.9 对任意一个 n 阶实对称矩阵 $\boldsymbol{A}$,都存在正交矩阵 $\boldsymbol{P}$,使得

$$\boldsymbol{P}^{-1}\boldsymbol{AP}=\boldsymbol{P}^{\mathrm{T}}\boldsymbol{AP}=\boldsymbol{\Lambda}=\begin{bmatrix}\lambda_1 & & & \\ & \lambda_2 & & \\ & & \ddots & \\ & & & \lambda_n\end{bmatrix}$$

其中 $\lambda_1,\lambda_2,\cdots,\lambda_n$ 为 $\boldsymbol{A}$ 的 n 个特征值.

证明略.

推论1　设 $\boldsymbol{A}$ 为 n 阶实对称阵,λ 是 $\boldsymbol{A}$ 的特征方程的 k 重根,则特征值 λ 恰有 k 个线性无关的特征向量.

这里不予证明.

5.3.2　实对称矩阵的对角化

下面给出 n 阶实对称矩阵 $\boldsymbol{A}$ 对角化的具体步骤.

(1) 解特征方程 $|\lambda\boldsymbol{E}-\boldsymbol{A}|=0$,求出 $\boldsymbol{A}$ 的全部不同的特征值 $\lambda_1,\lambda_2,\cdots,\lambda_t$,它们的重数依次为 $s_1,s_2,\cdots,s_t(s_1+s_2+\cdots+s_t=n)$;

(2) 对每个 s_i 重特征值 λ_i,求齐次线性方程组 $(\lambda_i\boldsymbol{E}-\boldsymbol{A})\boldsymbol{x}=\boldsymbol{0}$ 的基础解系,得 s_i 个线性无关的特征向量

$$\boldsymbol{\eta}_{i1},\boldsymbol{\eta}_{i2},\cdots,\boldsymbol{\eta}_{is_i},\quad i=1,2,\cdots,t$$

(3) 将属于每个特征值 λ_i 的特征向量 $\boldsymbol{\eta}_{i1},\boldsymbol{\eta}_{i2},\cdots,\boldsymbol{\eta}_{is_i}$ 先正交化为

$$\boldsymbol{\xi}_{i1},\boldsymbol{\xi}_{i2},\cdots,\boldsymbol{\xi}_{is_i},\quad i=1,2,\cdots,t$$

这样便得到 $s_1+s_2+\cdots+s_t=n$ 个两两正交的特征向量

$$\boldsymbol{\xi}_{11},\boldsymbol{\xi}_{12},\cdots,\boldsymbol{\xi}_{1s_1},\boldsymbol{\xi}_{21},\boldsymbol{\xi}_{22},\cdots,\boldsymbol{\xi}_{2s_2},\cdots,\boldsymbol{\xi}_{t1},\boldsymbol{\xi}_{t2},\cdots,\boldsymbol{\xi}_{ts_t}$$

再把这 n 个向量单位化,得

$$\boldsymbol{p}_{11},\boldsymbol{p}_{12},\cdots,\boldsymbol{p}_{1s_1},\boldsymbol{p}_{21},\boldsymbol{p}_{22},\cdots,\boldsymbol{p}_{2s_2},\cdots,\boldsymbol{p}_{t1},\boldsymbol{p}_{t2},\cdots,\boldsymbol{p}_{ts_t}$$

(4) 将这 n 个两两正交的单位特征向量组成正交矩阵 $\boldsymbol{P}$,即

$$\boldsymbol{P}=[\boldsymbol{p}_{11}\quad\boldsymbol{p}_{12}\quad\cdots\quad\boldsymbol{p}_{1s_1}\quad\boldsymbol{p}_{21}\quad\boldsymbol{p}_{22}\quad\cdots\quad\boldsymbol{p}_{2s_2}\quad\cdots\quad\boldsymbol{p}_{t1}\quad\boldsymbol{p}_{t2}\quad\cdots\quad\boldsymbol{p}_{ts_t}]$$

就有

$$\boldsymbol{P}^{-1}\boldsymbol{A}\boldsymbol{P}=\boldsymbol{P}\boldsymbol{A}\boldsymbol{P}^{-1}=\boldsymbol{\Lambda}=\mathrm{diag}(\underbrace{\lambda_1,\cdots,\lambda_1}_{s_1\text{个}},\underbrace{\lambda_2,\cdots,\lambda_2}_{s_2\text{个}},\cdots,\underbrace{\lambda_t,\cdots,\lambda_t}_{s_t\text{个}})$$

下面举例说明.

【例5.6】　设实对称矩阵

$$\boldsymbol{A}=\begin{bmatrix}1&2&2\\2&1&2\\2&2&1\end{bmatrix}$$

求一个正交矩阵 $\boldsymbol{P}$,将 $\boldsymbol{A}$ 对角化.

解　矩阵 $\boldsymbol{A}$ 的特征多项式

$$|\lambda\boldsymbol{E}-\boldsymbol{A}|=\begin{vmatrix}\lambda-1&-2&-2\\-2&\lambda-1&-2\\-2&-2&\lambda-1\end{vmatrix}=(\lambda+1)^2(\lambda-5)$$

所以,$\boldsymbol{A}$ 的特征方程为$(\lambda+1)^2(\lambda-5)=0$,故 $\boldsymbol{A}$ 的特征值为$\lambda_1=\lambda_2=-1,\lambda_3=5$.

当$\lambda_1=\lambda_2=-1$时,解齐次线性方程组$(-\boldsymbol{E}-\boldsymbol{A})\boldsymbol{x}=\boldsymbol{0}$, 由

$$-\boldsymbol{E}-\boldsymbol{A}=\begin{bmatrix}-2&-2&-2\\-2&-2&-2\\-2&-2&-2\end{bmatrix}\to\begin{bmatrix}1&1&1\\0&0&0\\0&0&0\end{bmatrix}$$

得一基础解系

$$\boldsymbol{\eta}_1=\begin{bmatrix}-1\\0\\1\end{bmatrix},\quad \boldsymbol{\eta}_2=\begin{bmatrix}-1\\1\\0\end{bmatrix}$$

将特征向量$\boldsymbol{\eta}_1,\boldsymbol{\eta}_2$正交化,取

$$\boldsymbol{\xi}_1=\boldsymbol{\eta}_1=\begin{bmatrix}-1\\0\\1\end{bmatrix}$$

$$\boldsymbol{\xi}_2=\boldsymbol{\eta}_2-\frac{(\boldsymbol{\eta}_2,\boldsymbol{\xi}_1)}{(\boldsymbol{\xi}_1,\boldsymbol{\xi}_1)}\boldsymbol{\xi}_1=\begin{bmatrix}-1\\1\\0\end{bmatrix}-\frac{1}{2}\begin{bmatrix}-1\\0\\1\end{bmatrix}=\begin{bmatrix}-\frac{1}{2}\\1\\-\frac{1}{2}\end{bmatrix}$$

将$\boldsymbol{\xi}_1,\boldsymbol{\xi}_2$单位化,得

$$\boldsymbol{p}_1=\begin{bmatrix}-\frac{1}{\sqrt{2}}\\0\\\frac{1}{\sqrt{2}}\end{bmatrix},\quad \boldsymbol{p}_2=\begin{bmatrix}-\frac{1}{\sqrt{6}}\\\frac{2}{\sqrt{6}}\\-\frac{1}{\sqrt{6}}\end{bmatrix}$$

当$\lambda_3=5$时,解齐次线性方程组$(5\boldsymbol{E}-\boldsymbol{A})\boldsymbol{x}=\boldsymbol{0}$,由

$$5\boldsymbol{E}-\boldsymbol{A}=\begin{bmatrix}4&-2&-2\\-2&4&-2\\-2&-2&4\end{bmatrix}\to\begin{bmatrix}1&0&-1\\0&1&-1\\0&0&0\end{bmatrix}$$

得一基础解系

$$\boldsymbol{\eta}_3=\begin{bmatrix}1\\1\\1\end{bmatrix}$$

将$\boldsymbol{\eta}_3$单位化,得

$$p_3 = \begin{bmatrix} \frac{1}{\sqrt{3}} \\ \frac{1}{\sqrt{3}} \\ \frac{1}{\sqrt{3}} \end{bmatrix}$$

于是得到正交矩阵

$$P = \begin{bmatrix} -\frac{1}{\sqrt{2}} & -\frac{1}{\sqrt{6}} & \frac{1}{\sqrt{3}} \\ 0 & \frac{2}{\sqrt{6}} & \frac{1}{\sqrt{3}} \\ \frac{1}{\sqrt{2}} & -\frac{1}{\sqrt{6}} & \frac{1}{\sqrt{3}} \end{bmatrix}$$

从而

$$P^{-1}AP = P^{T}AP = \Lambda = \begin{bmatrix} -1 & 0 & 0 \\ 0 & -1 & 0 \\ 0 & 0 & 5 \end{bmatrix}$$

【例 5.7】　设矩阵 $A = \begin{bmatrix} 2 & 1 \\ 1 & 2 \end{bmatrix}$,求 A^n.

解　因矩阵 A 为实对称矩阵,故矩阵 A 可对角化,即存在可逆矩阵 P 及对角阵 Λ,使得 $P^{-1}AP = \Lambda$. 于是 $A = P\Lambda P^{-1}$,从而 $A^n = P\Lambda^n P^{-1}$.

因

$$|\lambda E - A| = \begin{vmatrix} \lambda - 2 & -1 \\ -1 & \lambda - 2 \end{vmatrix} = (\lambda - 1)(\lambda - 3)$$

故 A 的特征值 $\lambda_1 = 1, \lambda_2 = 3$. 于是

$$\Lambda = \begin{bmatrix} 1 & 0 \\ 0 & 3 \end{bmatrix}, \quad \Lambda^n = \begin{bmatrix} 1 & 0 \\ 0 & 3^n \end{bmatrix}$$

对应 $\lambda_1 = 1$,由

$$E - A = \begin{bmatrix} -1 & -1 \\ -1 & -1 \end{bmatrix} \to \begin{bmatrix} 1 & 1 \\ 0 & 0 \end{bmatrix}$$

得

$$\xi_1 = \begin{bmatrix} -1 \\ 1 \end{bmatrix}$$

对应 $\lambda_2 = 3$,由

$$3\boldsymbol{E}-\boldsymbol{A}=\begin{bmatrix}1 & -1\\ -1 & 1\end{bmatrix}\to\begin{bmatrix}1 & -1\\ 0 & 0\end{bmatrix}$$

得

$$\boldsymbol{\xi}_2=\begin{bmatrix}1\\ 1\end{bmatrix}$$

于是

$$\boldsymbol{P}=[\xi_1\quad \xi_2]=\begin{bmatrix}-1 & 1\\ 1 & 1\end{bmatrix}$$

从而

$$\boldsymbol{P}^{-1}=\frac{1}{2}\begin{bmatrix}-1 & 1\\ 1 & 1\end{bmatrix}$$

故

$$\boldsymbol{A}^n=\boldsymbol{P\Lambda P}^{-1}=\frac{1}{2}\begin{bmatrix}-1 & 1\\ 1 & 1\end{bmatrix}\begin{bmatrix}1 & 0\\ 0 & 3^n\end{bmatrix}\begin{bmatrix}-1 & 1\\ 1 & 1\end{bmatrix}=\frac{1}{2}\begin{bmatrix}3^n+1 & 3^n-1\\ 3^n-1 & 3^n+1\end{bmatrix}$$

5.4 经济应用实例:受教育程度依赖性与劳动力就业转移问题

5.4.1 受教育程度的依赖性问题

社会学的某些调查结果表明,儿童受教育的程度依赖于他们父母受教育的程度. 调查过程中将人受教育的程度划分为三类. C 类:这类人具有初中或初中以下文化程度;X 类:这类人具有高中文化程度;J 类:这类人受过高等教育. 当父母中文化程度较高者是这三类人中的一种类型时,其子女将属于这三种类型中的任意类型的概率(占总人数的百分比)如表 5.1 所示.

表 5.1 子女受三种不同教育程度占总人数的比例

父母 / 子女	C	X	J
C	0.6	0.4	0.1
X	0.3	0.4	0.2
J	0.1	0.2	0.7

用三阶矩阵 $\boldsymbol{A}=(a_{ij})$ 来刻画所调查的人群受教育程度的转移,称这样的矩阵为**转移概率矩阵**.

转移概率矩阵具有元素非负,每列元素之和等于1,并且转移概率矩阵的方幂也是转移概率矩阵等性质.

由调查表可得本问题的转移概率矩阵

$$\boldsymbol{A}=\begin{bmatrix}0.6 & 0.4 & 0.1\\ 0.3 & 0.4 & 0.2\\ 0.1 & 0.2 & 0.7\end{bmatrix}$$

表示当父母是这三类人中的某一种类型时,其子女将属于这三类人中任一类型的概率,经过两次转移得

$$\boldsymbol{A}^2=\begin{bmatrix}0.49 & 0.42 & 0.21\\ 0.32 & 0.32 & 0.25\\ 0.19 & 0.26 & 0.54\end{bmatrix}$$

反映出当祖父母是这三类人中的某一种类型时第3代受教育的程度,例如当祖父母受过高等教育,其第3代接受高等教育的概率是54%. $\boldsymbol{A}^3$ 表示当祖父母是这三类人中的某一种类型时第4代受教育的程度,…,依此类推,$\boldsymbol{A}^k$ 表示当祖父母是这三类人中的某一种类型时第 $k+1$ $(k=1,2,\cdots)$ 代受教育的程度.

本问题的转移概率矩阵 $\boldsymbol{A}$ 的三个特征值分别为

$$\lambda_1=1,\quad \lambda_2=\frac{7+\sqrt{21}}{20}\approx 0.5791,\quad \lambda_3=\frac{7-\sqrt{21}}{20}\approx 0.1209$$

所以 $\boldsymbol{A}$ 可对角化,当 $n\to\infty$时,

$$\lambda_1^n\to 1,\quad \lambda_2^n\to 0,\quad \lambda_3^n\to 0,\quad \boldsymbol{A}^n\to\begin{bmatrix}0.3784 & 0.3784 & 0.3784\\ 0.2973 & 0.2973 & 0.2973\\ 0.3243 & 0.3243 & 0.3243\end{bmatrix}$$

由此可得,不论现在的受教育水平的比例如何,按照这种趋势发展下去,其最终趋势是受教育程度属于C,X,J三类的人口分别是37.84%,29.73%,32.43%.

若假设父母之一受过高等教育,那么他们的子女总是可以进入大学,则上面的转移概率矩阵可修改为

$$\boldsymbol{B}=\begin{bmatrix}0.6 & 0.4 & 0\\ 0.3 & 0.4 & 0\\ 0.1 & 0.2 & 1\end{bmatrix}$$

同理可以计算

$$\boldsymbol{B}^2=\begin{bmatrix}0.48 & 0.4 & 0\\ 0.3 & 0.28 & 0\\ 0.22 & 0.32 & 1\end{bmatrix}$$

可以求得 $\boldsymbol{B}$ 的三个特征值分别为

$$\lambda_1=\frac{10+\sqrt{52}}{20}\approx 0.8606,\quad \lambda_2=\frac{10-\sqrt{52}}{20}\approx 0.1394,\quad \lambda_3=1$$

所以 $\boldsymbol{B}$ 可以对角化,当 $n\to\infty$时,

$$\lambda_1^n\to 0,\quad \lambda_2^n\to 0,\quad \lambda_3^n\to 1,\quad \boldsymbol{B}^n\to\begin{bmatrix}0&0&0\\0&0&0\\1&1&1\end{bmatrix}$$

若父母之一受过高等教育,那么他们的子女总是可以进入大学这一假设成立,那么不论现在的受教育水平比例如何,按照这种趋势发展下去,其最终趋势是受教育程度属于C,X,J这三种类型的人口分别是0,0,100%. 由此可知,按这种趋势发展下去,其最终趋势是所有人都可以接受高等教育.

5.4.2 劳动力就业的转移问题

某城市共有30万人从事农业、商业、工业这三种行业的工作,假定这个总人数在若干年内保持不变,经社会调查表明:在这30万就业人员中,目前约有15万人从事农业,9万人经商,其余6万人从事工业. 在从事农业的人员中,每年约有20%的人改为经商,10%的人改为从事工业生产;在经商的人员中,每年约有20%的人改为从事农业生产,10%的人改为从事工业生产;在从事工业生产的人员中,每年约有10%的人改为从事农业生产,10%的人改为经商.

现在需要预测一两年后从事这三种行业人员的人数,以及经过多年之后,从事各行业人员总数的发展趋势.

若用三维列向量 $\boldsymbol{\alpha}_i$ 表示第 $i(i=1,2,\cdots)$ 年后从事这三种职业的人员总数(单位:万人),则已知 $\boldsymbol{\alpha}_0=[15,9,6]^{\mathrm{T}}$,求 $\boldsymbol{\alpha}_1,\boldsymbol{\alpha}_2$,并考察当 $n\to\infty$时,$\boldsymbol{\alpha}_n$ 的发展趋势.

本问题中的转移概率矩阵

$$\boldsymbol{A}=\begin{bmatrix}0.7&0.2&0.1\\0.2&0.7&0.1\\0.1&0.1&0.8\end{bmatrix}$$

恰为一个对称矩阵,由矩阵的乘法,得

$$\boldsymbol{\alpha}_1=\boldsymbol{A}^{\mathrm{T}}\boldsymbol{\alpha}_0=\boldsymbol{A}\boldsymbol{\alpha}_0=\begin{bmatrix}0.7&0.2&0.1\\0.2&0.7&0.1\\0.1&0.1&0.8\end{bmatrix}\begin{bmatrix}15\\9\\6\end{bmatrix}=\begin{bmatrix}12.9\\9.9\\7.2\end{bmatrix}$$

$$\boldsymbol{\alpha}_2=\boldsymbol{A}^{\mathrm{T}}\boldsymbol{\alpha}_1=\boldsymbol{A}\boldsymbol{\alpha}_1=\boldsymbol{A}^2\boldsymbol{\alpha}_0=\begin{bmatrix}0.7&0.2&0.1\\0.2&0.7&0.1\\0.1&0.1&0.8\end{bmatrix}\begin{bmatrix}12.9\\9.9\\7.2\end{bmatrix}=\begin{bmatrix}11.73\\10.23\\8.04\end{bmatrix}$$

因为

$$\boldsymbol{\alpha}_n=\boldsymbol{A}\boldsymbol{\alpha}_{n-1}=\boldsymbol{A}^2\boldsymbol{\alpha}_{n-2}=\cdots=\boldsymbol{A}^n\boldsymbol{\alpha}_0$$

所以要分析 $\boldsymbol{\alpha}_n$，就要计算 $\boldsymbol{A}^n$，由于 $\boldsymbol{A}$ 可对角化. 利用 Matlab 软件求解

$$\boldsymbol{A} = [0.7,0.2,0.1;0.2,0.7,0.1;0.1,0.1,0.8]$$

$$[\boldsymbol{Q},\boldsymbol{X}] = \mathrm{eig}(\boldsymbol{A})$$

可以得到对应的对角矩阵为

$$\boldsymbol{\Lambda} = \begin{bmatrix} 1 & 0 & 0 \\ 0 & 0.7 & 0 \\ 0 & 0 & 0.5 \end{bmatrix}$$

可逆变换矩阵为

$$\boldsymbol{P} = \begin{bmatrix} 0.3334 & 0.3333 & 0.5 \\ 0.3334 & 0.3333 & 0.5 \\ 0.3334 & -0.3334 & 0 \end{bmatrix}$$

因为 $\boldsymbol{P}^{-1}\boldsymbol{A}\boldsymbol{P} = \boldsymbol{\Lambda}, \boldsymbol{A} = \boldsymbol{P}\boldsymbol{\Lambda}\boldsymbol{P}^{-1}$，所以

$$\boldsymbol{A}^n = \boldsymbol{P}\boldsymbol{\Lambda}^n\boldsymbol{P}^{-1} = \boldsymbol{P}\begin{bmatrix} 1 & 0 & 0 \\ 0 & (0.7)^n & 0 \\ 0 & 0 & (0.5)^n \end{bmatrix}\boldsymbol{P}^{-1}$$

由此可知，当 $n \to \infty$ 时，

$$\boldsymbol{A}^n = \boldsymbol{P}\boldsymbol{\Lambda}^n\boldsymbol{P}^{-1} = \boldsymbol{P}\begin{bmatrix} 1 & 0 & 0 \\ 0 & 0 & 0 \\ 0 & 0 & 0 \end{bmatrix}\boldsymbol{P}^{-1} = \frac{1}{3}\begin{bmatrix} 1 & 1 & 1 \\ 1 & 1 & 1 \\ 1 & 1 & 1 \end{bmatrix}$$

$$\boldsymbol{\alpha}_n = \boldsymbol{A}^n\boldsymbol{\alpha}_0 = \frac{1}{3}\begin{bmatrix} 1 & 1 & 1 \\ 1 & 1 & 1 \\ 1 & 1 & 1 \end{bmatrix}\begin{bmatrix} 15 \\ 9 \\ 6 \end{bmatrix} = \begin{bmatrix} 10 \\ 10 \\ 10 \end{bmatrix}$$

若按照此规律转移，很多年之后，从事这三种职业的人数将趋于相等，均约为10万人. 与最初从事各行业的人数比例无关.

延伸阅读1：矩阵特征值的趣味应用

矩阵的特征值和特征向量不仅在研究矩阵的可对角化问题中起着关键作用，而且在概率统计、随机过程、振动、机械压力、电子系统、化学反应、遗传学、经济学等领域中起着重要作用. 下面举一些特征值应用在实际问题中的例子.

美国1940年建造了塔科马(Tacoma)海峡桥，一开始这座桥有小的振动，许多人好奇地在这座振动的桥上驾驶汽车. 大约4个月后，振动变得更大. 最后这座桥坠落到水中. 对于这座桥倒塌的解释是：由于风的频率太接近这座桥的固有频率引起的振动. 而这座桥的固有频率是桥

的建模系统的绝对值最小的特征值.这就是特征值对于工程分析建筑物的结构时非常重要的原因.

用各种乐器演奏乐曲时,需要调音,使它们的频率相匹配,这是我们所听到的音乐的频率.虽然音乐家为了更好地演奏他们的乐曲并不学习特征值,但是学习特征值能够解释为什么某种声音使耳朵感到舒适,而其他声音是“降半音的”或“升半音的”.当两个人在和声地唱歌时,一个人的嗓音的频率是另一个人的常数倍,这是使人舒适的声音.特征值可以用于音乐的许多方面,从乐器的最初设计到演奏时的调音与和声,甚至连音乐厅的每一个座位如何接受到高品质的声音也被研究.

小汽车的设计者研究特征值是为了抑制噪音从而创造一个安静的乘车环境.特征值分析也用于小汽车的立体声系统的设计,使收听广播的声音对于司机和乘客都感到舒适,并且减少由于音乐声音太大而引起的车的颤动.

特征值也可以用于检查固体的裂缝或缺陷,当一根梁被撞击,它的固有频率(特征值)能被听到.如果这根梁有回响声,那么它没有裂缝;如果声音迟钝,那么这根梁有裂缝.因为裂缝或缺陷会引起特征值变化.灵敏的仪器能被用于更精确的“看见”和“听到”特征值.

石油公司把特征值分析用于勘探采掘石油的地点.石油、泥土和其他物质都会引起线性系统,它们有不同的特征值.于是分析特征值能够对查找石油储藏的地点给出一个好的预测.石油公司把探测器放在场地四周,检测来自用于使地面振动巨大卡车的波,当波穿过地下不同的物质时会发生变化,分析这些波可以给石油公司指出可能的钻孔地点.

延伸阅读2:矩阵特征值的产生与发展

在历史上,特征值概念是独立于矩阵理论自身,从不同思想的研究发展起来的.18世纪,达朗贝尔*(D. Alembert,1717 ~ 1783)对常系数的线性微分方程组解的研究最早引起对矩阵特征值问题的研究,而柯西(A - L. Cauchy,1789 ~ 1857)通过二次曲面、二次型的研究,证明

---

* **数学家小传**

达朗贝尔(D. Alembert,1717 ~ 1783),法国数学家,1717年11月17日生于巴黎,是圣让勒隆教堂附近的一个弃婴,被一位玻璃匠收养,后来这个教堂的名字就成了他的教名.由于生父的暗中资助,他自幼受到良好的教育,早年曾攻读过神学、法学和医学,但后来发现最感兴趣的是数学,于是决心献身数学事业.

达朗贝尔在数学、力学、天文学等领域都作出了贡献,1741年成为法国科学院院士,1754年被选为法兰西学院院士.1772年起任学院的终身秘书,是当时法国科学界最有影响力的人物之一,1746年他与著名哲学家丹尼斯·狄德罗一起编纂法国《百科全书》,并负责撰写数学和自然科学条目.他还是哲学家,是18世纪法国启蒙运动的一位杰出代表.

了所有对角矩阵的特征向量都是实的,对称矩阵可以通过正交变换实现对角化.

1854 年,法国数学家埃尔米特(C. Hermite,1822 ~ 1901) 首次使用了"正交矩阵"这一术语. 1855 年,埃尔米特证明了别的数学家发现的一些矩阵类的特征根的特殊性质,如现在称为埃尔米特矩阵的特征根的特征性质等. 数学家柯西首先给出了特征方程的术语,并证明了阶数超过 3 的矩阵有特征值及任意阶实对称矩阵都有实特征值;给出了相似矩阵有相同的特征值. 后来,克莱布什(A. Clebsch,1831 ~ 1872)、布克海姆(A. Buchheim) 等证明了对称矩阵的特征根性质. 泰伯(H. Taber) 引入了矩阵的迹的概念并给出了一些有关的结论.

习题五

1. 已知矩阵 $\boldsymbol{A}$ 的特征值为 λ:

(1) 求 $\boldsymbol{A}^{\mathrm{T}}$ 的特征值;

(2) 求 $a\boldsymbol{A}$ 的特征值,a 为任意实数;

(3) 求 $\boldsymbol{A}^k$ 的特征值,k 为正整数;

(4) 设 $\boldsymbol{A}$ 可逆,求 $\boldsymbol{A}^{-1}$ 的特征值.

2. 求下列矩阵的特征值与特征向量:

(1) $\begin{bmatrix} -3 & 4 \\ 2 & -1 \end{bmatrix}$; (2) $\begin{bmatrix} 0 & 0 & 1 \\ 0 & 1 & 0 \\ 1 & 0 & 0 \end{bmatrix}$; (3) $\begin{bmatrix} 0 & 1 & 0 \\ 0 & 0 & 1 \\ 6 & -11 & 6 \end{bmatrix}$;

(4) $\begin{bmatrix} -1 & 2 & 2 \\ 2 & -1 & -2 \\ 2 & -2 & -1 \end{bmatrix}$; (5) $\begin{bmatrix} 2 & -1 & 2 \\ 5 & -3 & 3 \\ -1 & 0 & -2 \end{bmatrix}$; (6) $\begin{bmatrix} 3 & 1 & 0 \\ -4 & -1 & 0 \\ 4 & -8 & -2 \end{bmatrix}$.

3. 对于 n 阶矩阵 $\boldsymbol{A}$,若存在正整数 k,使得 $\boldsymbol{A}^k = \boldsymbol{O}$,则称 $\boldsymbol{A}$ 是**幂零矩阵**,证明幂零矩阵的特征值为零.

4. 已知三阶可逆矩阵 $\boldsymbol{A}$ 的特征值为 1,2,3,求矩阵$\left(\frac{1}{3}\boldsymbol{A}^2\right)^{-1}$ 的特征值.

5. 已知三阶矩阵 $\boldsymbol{A}$ 的特征值为 1,0,−1,分别属于它们的特征向量是

$$\boldsymbol{\eta}_1 = \begin{bmatrix} 1 \\ 2 \\ 2 \end{bmatrix}, \quad \boldsymbol{\eta}_2 = \begin{bmatrix} 2 \\ -2 \\ 1 \end{bmatrix}, \quad \boldsymbol{\eta}_3 = \begin{bmatrix} -2 \\ -1 \\ 2 \end{bmatrix}$$

求矩阵 $\boldsymbol{A}$.

6. 设 λ_1,λ_2 是三阶实对称矩阵 $\boldsymbol{A}$ 的两个不同的特征值,分别属于它们的特征向量是

$$\boldsymbol{\eta}_1 = \begin{bmatrix} 2 \\ 2 \\ 3 \end{bmatrix}, \quad \boldsymbol{\eta}_2 = \begin{bmatrix} 3 \\ 3 \\ a \end{bmatrix}$$

求 a 的值.

7. 设三阶矩阵

$$A=\begin{bmatrix}1&2&2\\1&2&-1\\3&-3&0\end{bmatrix}$$

已知矩阵 $\boldsymbol{A}$ 有二重特征值 3,求其另一个特征值.

8. 已知三阶矩阵

$$A=\begin{bmatrix}2&3&2\\1&4&2\\1&-3&1\end{bmatrix}$$

求 $\boldsymbol{A}$ 的伴随矩阵 $\boldsymbol{A}^*$ 的特征值.

9. 已知 $\boldsymbol{A}$ 为 n 阶矩阵,且 $\boldsymbol{A}^2-5\boldsymbol{A}+6\boldsymbol{E}=\boldsymbol{O}$,证明 $\boldsymbol{A}$ 的特征值只能取 2 或 3.

10. 已知矩阵

$$A=\begin{bmatrix}k&-1&2\\5&-3&3\\-1&0&-2\end{bmatrix}$$

且 $\boldsymbol{\alpha}=[1,1,-1]^{\mathrm{T}}$ 是矩阵 $\boldsymbol{A}$ 的一个特征向量,求 k 的值.

11. 设 $\boldsymbol{A},\boldsymbol{B}$ 都是 n 阶矩阵,且 $|\boldsymbol{AB}|\neq 0$,证明 $\boldsymbol{AB}$ 与 $\boldsymbol{BA}$ 相似.

12. 已知矩阵

$$A=\begin{bmatrix}0&0&1\\1&1&a\\1&0&0\end{bmatrix}$$

可相似对角化,求 a 的值.

13. 设矩阵

$$A=\begin{bmatrix}-2&0&0\\2&a&2\\3&1&1\end{bmatrix},\quad B=\begin{bmatrix}-1&0&0\\0&2&0\\0&0&b\end{bmatrix}$$

且 $\boldsymbol{A}$ 与 $\boldsymbol{B}$ 相似,求 a 与 b 的值.

14. 判断下列矩阵是否相似:

(1) $A=\begin{bmatrix}1&1&0\\0&2&1\\0&0&3\end{bmatrix},B=\begin{bmatrix}1&0&0\\0&2&0\\0&0&3\end{bmatrix}$;

(2) $A=\begin{bmatrix}2&0&0\\0&0&1\\0&1&0\end{bmatrix},B=\begin{bmatrix}0&0&1\\3&2&5\\1&0&0\end{bmatrix}$;

(3) $\boldsymbol{A}=\begin{bmatrix}3&1&0\\0&3&1\\0&0&2\end{bmatrix}$, $\boldsymbol{B}=\begin{bmatrix}3&0&0\\0&3&0\\0&0&3\end{bmatrix}$.

15. 已知三阶矩阵 $\boldsymbol{A}$ 的特征值为 1,1, -2,求 $|\boldsymbol{A}^2+2\boldsymbol{A}-4\boldsymbol{E}|$.

16. 已知三阶矩阵 $\boldsymbol{A}$ 的特征值为 2,1, -2,$\boldsymbol{B}=\boldsymbol{A}^3-3\boldsymbol{A}^2$,求 $\boldsymbol{B}^*$ 的特征值.

17. 设矩阵

$$\boldsymbol{A}=\begin{bmatrix}-1&2&2\\2&-1&-2\\2&-2&-1\end{bmatrix}$$

求矩阵 $\boldsymbol{E}+\boldsymbol{A}^{-1}$ 的特征值.

18. 已知矩阵

$$\boldsymbol{A}=\begin{bmatrix}0&0&1\\a&1&b\\1&0&0\end{bmatrix}$$

有三个线性无关的特征向量,求 a 与 b 应满足的条件.

19. 已知矩阵

$$\boldsymbol{A}=\begin{bmatrix}2&2&0\\8&2&a\\0&0&6\end{bmatrix}$$

与对角矩阵 $\boldsymbol{\Lambda}$ 相似,确定 a 的值,并求可逆矩阵 $\boldsymbol{P}$ 使得 $\boldsymbol{P}^{-1}\boldsymbol{A}\boldsymbol{P}=\boldsymbol{\Lambda}$.

20. 设矩阵

$$\boldsymbol{A}=\begin{bmatrix}11&2&8\\2&2&-10\\8&-10&5\end{bmatrix}$$

求(1) 矩阵 $\boldsymbol{A}$ 的特征值;(2) 求一个正交矩阵 $\boldsymbol{P}$,将 $\boldsymbol{A}$ 对角化.

21. 求正交矩阵 $\boldsymbol{P}$,使 $\boldsymbol{P}^{-1}\boldsymbol{A}\boldsymbol{P}$ 为对角阵:

(1) $\boldsymbol{A}=\begin{bmatrix}1&-2&-4\\-2&4&-2\\-4&-2&1\end{bmatrix}$;　(2) $\boldsymbol{A}=\begin{bmatrix}0&-2&2\\-2&-3&4\\2&4&-3\end{bmatrix}$;　(3) $\boldsymbol{A}=\begin{bmatrix}1&0&1\\0&2&0\\1&0&1\end{bmatrix}$.

22. 设矩阵

$$\boldsymbol{A}=\begin{bmatrix}1&4&2\\0&-3&4\\0&4&3\end{bmatrix}$$

求 $\boldsymbol{A}^{100}$.

23. 设 n 阶实对称矩阵 $\boldsymbol{A}$ 满足 $\boldsymbol{A}^2=\boldsymbol{A}$,且 $\boldsymbol{A}$ 的秩为 r,求行列式 $|2\boldsymbol{E}-\boldsymbol{A}|$.

24. 某地区每年有比例为 p 的农村居民移居城镇,有比例为 q 的城镇人口移居农村. 假设该地区总人口数和上述人口迁移规律不变. 把 n 年后农村人口和城镇人口占总人口的比例分别记为 x_n 和 $y_n(x_n+y_n=1)$.

(1) 求转移概率矩阵 $\boldsymbol{A}$;

(2) 设目前农村人口与城镇人口相等,即 $\begin{bmatrix}x_0\\y_0\end{bmatrix}=\begin{bmatrix}0.5\\0.5\end{bmatrix}$,求 $\begin{bmatrix}x_n\\y_n\end{bmatrix}$.

25. 设 $\boldsymbol{A}$ 为 n 阶矩阵,且满足 $\boldsymbol{A}^2+4\boldsymbol{A}-5\boldsymbol{E}=\boldsymbol{O}$,证明 $\boldsymbol{A}$ 与 n 阶对角矩阵相似.

第6章

Chapter 6

二次型及其标准形

学习目标和要求

1. 掌握二次型的概念及其矩阵表示,理解二次型的秩的概念.

2. 会用正交变换法、配方法化二次型为标准形.

3. 理解惯性定理,会将二次型化为规范形.

4. 掌握二次型和对应矩阵的正定性及其判别方法,了解正定、负定矩阵在求极值问题中的应用.

在平面解析几何中,二次曲线一般表示为

$$ax^2 + bxy + cy^2 = 1$$

方程的左端即为 x,y 的一个二元二次齐次函数,为了便于研究此二次曲线的性质,可以选择适当的坐标旋转变换

$$\begin{cases} x = x'\cos\theta - y'\sin\theta \\ y = x'\sin\theta + y'\cos\theta \end{cases}$$

消去交叉项化为标准形

$$mx'^2 + ny'^2 = 1$$

从而更容易判别曲线的类型. 这类二次齐次函数问题不仅在几何中出现,在数学的其他分支、物理、力学和网络计算中也常会遇到. 另外,在工程技术和经济管理中也有许多类似的问题. 所以,需要用线性变换把这类函数化为仅含有完全平方项的形式,以便讨论该函数的性质.

本章主要以矩阵为工具研究 n 元二次齐次函数及其标准形等相关性质.

6.1 二次型及其矩阵表示

定义 6.1 含有 n 个变量 $x_1,x_2,\cdots,x_n$ 的二次齐次函数

$$f(x_1,x_2,\cdots,x_n)=\sum_{i=1}^{n}\sum_{j=1}^{n}a_{ij}x_ix_j \tag{6.1}$$

其中 $a_{ij}=a_{ji}(i=1,2,\cdots,n;j=1,2,\cdots,n)$ 为实数,称为实数域 $\mathbf{R}$ 上的一个 n 元二次型,简称二次型.

将 f 具体写出来,即

$$\begin{aligned}f(x_1,x_2,\cdots,x_n)=a_{11}x_1^2+a_{12}x_1x_2+\cdots+a_{1n}x_1x_n+\\a_{21}x_1x_2+a_{22}x_2^2+\cdots+a_{2n}x_2x_n+\cdots+\\a_{n1}x_1x_n+a_{n2}x_2x_n+\cdots+a_{nn}x_n^2\end{aligned} \tag{6.2}$$

现将式(6.2)改写为矩阵形式

若令

$$\boldsymbol{A}=\begin{bmatrix}a_{11}&a_{12}&\cdots&a_{1n}\\a_{21}&a_{22}&\cdots&a_{2n}\\\vdots&\vdots&&\vdots\\a_{n1}&a_{n2}&\cdots&a_{nn}\end{bmatrix},\quad \boldsymbol{x}=\begin{bmatrix}x_1\\x_2\\\vdots\\x_n\end{bmatrix}$$

则式(6.2)可化为

$$f(x_1,x_2,\cdots,x_n)=[x_1,x_2,\cdots,x_n]\begin{bmatrix}a_{11}&a_{12}&\cdots&a_{1n}\\a_{21}&a_{22}&\cdots&a_{2n}\\\vdots&\vdots&&\vdots\\a_{n1}&a_{n2}&\cdots&a_{nn}\end{bmatrix}\begin{bmatrix}x_1\\x_2\\\vdots\\x_n\end{bmatrix}$$

即

$$f(x_1,x_2,\cdots,x_n)=\boldsymbol{x}^{\mathrm{T}}\boldsymbol{A}\boldsymbol{x}$$

其中 $f(x_1,x_2,\cdots,x_n)=\boldsymbol{x}^{\mathrm{T}}\boldsymbol{A}\boldsymbol{x}$ 为二次型的矩阵表示,$\boldsymbol{A}$ 称为**二次型的矩阵**. 因 $a_{ij}=a_{ji}$,所以 $\boldsymbol{A}$ 为对称矩阵. 称矩阵 $\boldsymbol{A}$ 的秩 $r(\boldsymbol{A})$ 为**二次型的秩**.

考虑到 $\boldsymbol{A}$ 的对称性,二次型可写为

$$\begin{aligned}f(x_1,x_2,\cdots,x_n)=a_{11}x_1^2+2a_{12}x_1x_2+2a_{13}x_1x_3+\cdots+2a_{1n}x_1x_n+\\a_{22}x_2^2+2a_{23}x_2x_3+\cdots+2a_{2n}x_2x_n+\cdots+\\a_{nn}x_n^2\end{aligned} \tag{6.3}$$

从定义可知:二次型与对称矩阵一一对应,即给定一个 n 元二次型(6.3),就唯一地确定一

个 n 阶对称矩阵 $\boldsymbol{A}$;反之,任给一个 n 阶对称矩阵 $\boldsymbol{A}$,也可以唯一地确定一个 n 元二次型(6.3).下面举例说明.

【例 6.1】　给定二次型

$$f(x_1,x_2,x_3)=x_1^2+2x_1x_2-4x_1x_3-2x_2^2+2x_2x_3+x_3^2$$

求二次型的矩阵 $\boldsymbol{A}$ 及二次型的秩.

解　将 f 改写成

$$\begin{aligned}f(x_1,x_2,x_3)=x_1^2+x_1x_2-2x_1x_3+\\x_1x_2-2x_2^2+x_2x_3-\\2x_1x_3+x_2x_3+x_3^2\end{aligned}$$

则二次型的矩阵为

$$\boldsymbol{A}=\begin{bmatrix}1&1&-2\\1&-2&1\\-2&1&1\end{bmatrix}$$

对 $\boldsymbol{A}$ 进行初等行变换化为行阶梯形

$$\begin{bmatrix}1&1&-2\\1&-2&1\\-2&1&1\end{bmatrix}\to\begin{bmatrix}1&1&-2\\0&-3&3\\0&3&-3\end{bmatrix}\to\begin{bmatrix}1&1&-2\\0&-3&3\\0&0&0\end{bmatrix}$$

可知 $\boldsymbol{A}$ 的秩为2,所以二次型的秩为2.

【例 6.2】　给定对称矩阵

$$\boldsymbol{A}=\begin{bmatrix}8&-2&4\\-2&9&0\\4&0&10\end{bmatrix}$$

求相应的二次型 $f(x_1,x_2,x_3)$.

解

$$\begin{aligned}f(x_1,x_2,x_3)=8x_1^2-2x_1x_2+4x_1x_3-\\2x_1x_2+9x_2^2+0x_2x_3+\\4x_1x_3+0x_2x_3+10x_3^2\end{aligned}$$

整理得 $f(x_1,x_2,x_3)=8x_1^2+9x_2^2+10x_3^2-4x_1x_2+8x_1x_3$.

6.2　化二次型为标准形

本节讨论化二次型为标准形的问题.

定义 6.2　称形式为

$$f(y_1,y_2,\cdots,y_n)=d_1y_1^2+d_2y_2^2+\cdots+d_ny_n^2 \tag{6.4}$$

的二次型为标准形,其中 $d_1,d_2,\cdots,d_n$ 为实数.

现将式(6.4)改写为矩阵形式

若令

$$\boldsymbol{D}=\begin{bmatrix} d_1 & & & \\ & d_2 & & \\ & & \ddots & \\ & & & d_n \end{bmatrix},\quad \boldsymbol{y}=\begin{bmatrix} y_1\\ y_2\\ \vdots\\ y_n \end{bmatrix}$$

则标准形式(6.4)可写为

$$f(y_1,y_2,\cdots,y_n)=[y_1,y_2,\cdots,y_n]\begin{bmatrix} d_1 & & & \\ & d_2 & & \\ & & \ddots & \\ & & & d_n \end{bmatrix}\begin{bmatrix} y_1\\ y_2\\ \vdots\\ y_n \end{bmatrix}$$

即

$$f(y_1,y_2,\cdots,y_n)=\boldsymbol{y}^{\mathrm{T}}\boldsymbol{D}\boldsymbol{y}$$

显然,标准形的矩阵为对角阵.其秩恰为 $d_1,d_2,\cdots,d_n$ 中非零的个数.

下面讨论通过某个可逆实线性变换 $\boldsymbol{x}=\boldsymbol{P}\boldsymbol{y}$ 将一般二次型化为标准形的问题.

定义 6.3 设 $\boldsymbol{A}$ 与 $\boldsymbol{B}$ 为两个 n 阶矩阵,若存在一个可逆矩阵 $\boldsymbol{P}$,使得 $\boldsymbol{B}=\boldsymbol{P}^{\mathrm{T}}\boldsymbol{A}\boldsymbol{P}$,则称矩阵 $\boldsymbol{A}$ 与 $\boldsymbol{B}$ 合同.

矩阵的合同关系具有下述性质:

(1) 自反性:对任一 n 阶矩阵 $\boldsymbol{A}$,都有 $\boldsymbol{A}$ 与 $\boldsymbol{A}$ 合同;因为 $\boldsymbol{E}^{\mathrm{T}}\boldsymbol{A}\boldsymbol{E}=\boldsymbol{A}$.

(2) 对称性:如果 $\boldsymbol{A}$ 与 $\boldsymbol{B}$ 合同,则 $\boldsymbol{B}$ 与 $\boldsymbol{A}$ 合同;因为 $\boldsymbol{B}=\boldsymbol{P}^{\mathrm{T}}\boldsymbol{A}\boldsymbol{P}$,则

$$\boldsymbol{A}=(\boldsymbol{P}^{\mathrm{T}})^{-1}\boldsymbol{B}\boldsymbol{P}^{-1}=(\boldsymbol{P}^{-1})^{\mathrm{T}}\boldsymbol{B}\boldsymbol{P}^{-1}$$

(3) 传递性:如果 $\boldsymbol{A}$ 与 $\boldsymbol{B}$ 合同,$\boldsymbol{B}$ 与 $\boldsymbol{C}$ 合同,则 $\boldsymbol{A}$ 与 $\boldsymbol{C}$ 合同.因为 $\boldsymbol{B}=\boldsymbol{P}_1^{\mathrm{T}}\boldsymbol{A}\boldsymbol{P}_1$,$\boldsymbol{C}=\boldsymbol{P}_2^{\mathrm{T}}\boldsymbol{B}\boldsymbol{P}_2$,所以 $\boldsymbol{C}=\boldsymbol{P}_2^{\mathrm{T}}(\boldsymbol{P}_1^{\mathrm{T}}\boldsymbol{A}\boldsymbol{P}_1)\boldsymbol{P}_2=(\boldsymbol{P}_1\boldsymbol{P}_2)^{\mathrm{T}}\boldsymbol{A}\boldsymbol{P}_1\boldsymbol{P}_2$.

情形 1　利用正交变换将二次型化为标准形.

因为实二次型的矩阵是实对称矩阵,由实对称矩阵的性质可知:存在正交矩阵使实对称矩阵合同于对角阵,从而有下面结论:

定理 6.1 实数域 $\mathbf{R}$ 上的任意一个二次型都可经过正交变换化为标准形.

证明 设 $f(x_1,x_2,\cdots,x_n)=\boldsymbol{x}^{\mathrm{T}}\boldsymbol{A}\boldsymbol{x}$ 是实数域 $\mathbf{R}$ 上的任意二次型.由 $\boldsymbol{A}$ 为实对称矩阵,根据实对称矩阵的性质可知一定存在一个正交矩阵 $\boldsymbol{P}$,使得

$$\boldsymbol{P}^{-1}\boldsymbol{A}\boldsymbol{P}=\boldsymbol{\Lambda}=\begin{bmatrix} \lambda_1 & & & \\ & \lambda_2 & & \\ & & \ddots & \\ & & & \lambda_n \end{bmatrix}$$

其中 $\lambda_1,\lambda_2,\cdots,\lambda_n$ 为 $\boldsymbol{A}$ 的全部特征值. 因为 $\boldsymbol{P}$ 为正交矩阵,所以 $\boldsymbol{P}^{-1}=\boldsymbol{P}^{\mathrm{T}}$,则 $\boldsymbol{P}^{\mathrm{T}}\boldsymbol{A}\boldsymbol{P}=\boldsymbol{P}^{-1}\boldsymbol{A}\boldsymbol{P}=\boldsymbol{\Lambda}$.

现作正交变换 $\boldsymbol{x}=\boldsymbol{P}\boldsymbol{y}$,其中 $\boldsymbol{y}=[y_1,y_2,\cdots,y_n]^{\mathrm{T}}$,则

$$f=\boldsymbol{x}^{\mathrm{T}}\boldsymbol{A}\boldsymbol{x}=(\boldsymbol{P}\boldsymbol{y})^{\mathrm{T}}\boldsymbol{A}(\boldsymbol{P}\boldsymbol{y})=\boldsymbol{y}^{\mathrm{T}}(\boldsymbol{P}^{\mathrm{T}}\boldsymbol{A}\boldsymbol{P})\boldsymbol{y}=\boldsymbol{y}^{\mathrm{T}}\boldsymbol{\Lambda}\boldsymbol{y}=\lambda_1y_1^2+\lambda_2y_2^2+\cdots+\lambda_ny_n^2$$

即为标准形.

事实上,上述定理的证明过程已经给出了利用正交变换将实二次型化为标准形的步骤:

(1) 求出二次型 f 的矩阵 $\boldsymbol{A}$ 的全部特征值 $\lambda_1,\lambda_2,\cdots,\lambda_n$;

(2) 求出使 $\boldsymbol{A}$ 对角化的正交矩阵 $\boldsymbol{P}$;

(3) 令 $\boldsymbol{x}=\boldsymbol{P}\boldsymbol{y}$,即得

$$f=\lambda_1y_1^2+\lambda_2y_2^2+\cdots+\lambda_ny_n^2$$

【例6.3】 用正交变换将二次型

$$f(x_1,x_2,x_3)=x_1^2+2x_1x_2-4x_1x_3-2x_2^2+2x_2x_3+x_3^2$$

化为标准形,并求出所用的正交变换.

解　二次型 $f(x_1,x_2,x_3)$ 的矩阵为

$$\boldsymbol{A}=\begin{bmatrix}1&1&-2\\1&-2&1\\-2&1&1\end{bmatrix}$$

$\boldsymbol{A}$ 的特征方程为

$$|\lambda\boldsymbol{E}-\boldsymbol{A}|=\begin{vmatrix}\lambda-1&-1&2\\-1&\lambda+2&-1\\2&-1&\lambda-1\end{vmatrix}=\lambda(\lambda-3)(\lambda+3)$$

由此可得 $\boldsymbol{A}$ 的特征值为 $\lambda_1=3,\lambda_2=-3,\lambda_3=0$.

对于 $\lambda_1=3$,求解齐次线性方程组 $(3\boldsymbol{E}-\boldsymbol{A})\boldsymbol{x}=\boldsymbol{0}$,可得其基础解系为

$$\boldsymbol{\alpha}_1=[-1,0,1]^{\mathrm{T}}$$

对于 $\lambda_2=-3$,求解齐次线性方程组 $(-3\boldsymbol{E}-\boldsymbol{A})\boldsymbol{x}=\boldsymbol{0}$,可得其基础解系为

$$\boldsymbol{\alpha}_2=[1,-2,1]^{\mathrm{T}}$$

对于 $\lambda_3=0$,求解齐次线性方程组 $(0\boldsymbol{E}-\boldsymbol{A})\boldsymbol{x}=\boldsymbol{0}$,可得其基础解系为

$$\boldsymbol{\alpha}_3=[1,1,1]^{\mathrm{T}}$$

由于 $\boldsymbol{\alpha}_1,\boldsymbol{\alpha}_2,\boldsymbol{\alpha}_3$ 已经两两正交,不再需要施密特正交化,只需单位化,于是有

$$\boldsymbol{\beta}_1=\frac{1}{\|\boldsymbol{\alpha}_1\|}\boldsymbol{\alpha}_1=\left[-\frac{1}{\sqrt{2}},0,\frac{1}{\sqrt{2}}\right]^{\mathrm{T}}$$

$$\boldsymbol{\beta}_2=\frac{1}{\|\boldsymbol{\alpha}_2\|}\boldsymbol{\alpha}_2=\left[\frac{1}{\sqrt{6}},-\frac{2}{\sqrt{6}},\frac{1}{\sqrt{6}}\right]^{\mathrm{T}}$$

$$\boldsymbol{\beta}_3 = \frac{1}{\|\boldsymbol{\alpha}_3\|}\boldsymbol{\alpha}_3 = \left[\frac{1}{\sqrt{3}},\frac{1}{\sqrt{3}},\frac{1}{\sqrt{3}}\right]^{\mathrm{T}}$$

$$\boldsymbol{P} = [\boldsymbol{\beta}_1,\boldsymbol{\beta}_2,\boldsymbol{\beta}_3] = \begin{bmatrix} -\frac{1}{\sqrt{2}} & \frac{1}{\sqrt{6}} & \frac{1}{\sqrt{3}} \\ 0 & -\frac{2}{\sqrt{6}} & \frac{1}{\sqrt{3}} \\ \frac{1}{\sqrt{2}} & \frac{1}{\sqrt{6}} & \frac{1}{\sqrt{3}} \end{bmatrix}$$

即

$$\boldsymbol{P}^{\mathrm{T}}\boldsymbol{A}\boldsymbol{P} = \mathrm{diag}(3,-3,0)$$

作正交变换 $\boldsymbol{x} = \boldsymbol{P}\boldsymbol{y}$,即

$$\begin{cases} x_1 = -\frac{1}{\sqrt{2}}y_1 + \frac{1}{\sqrt{6}}y_2 + \frac{1}{\sqrt{3}}y_3 \\ x_2 = \qquad\quad -\frac{2}{\sqrt{6}}y_2 + \frac{1}{\sqrt{3}}y_3 \\ x_3 = \frac{1}{\sqrt{2}}y_1 + \frac{1}{\sqrt{6}}y_2 + \frac{1}{\sqrt{3}}y_3 \end{cases}$$

二次型 $f(x_1,x_2,x_3)$ 可化为标准形 $f = 3y_1^2 - 3y_2^2$.

情形 2　用配方法化一般二次型为标准形.

用正交变换化二次型为标准形,具有保持几何形状不变的优点. 如果不限于用正交变换,那么还可以有很多种方法把二次型化成标准形. 下面举例说明用配方法化一般二次型为标准形.

【例 6.4】　化二次型 $f(x_1,x_2,x_3) = x_1x_2 + x_1x_3 - 3x_2x_3$ 为标准形,并求所用的变换矩阵.

解　为了能够配方,首先要构造平方项,为此令

$$\begin{cases} x_1 = y_1 - y_2 \\ x_2 = y_1 + y_2 \\ x_3 = y_3 \end{cases} \tag{6.5}$$

则

$$\begin{aligned} f(x_1,x_2,x_3) = {} & (y_1 - y_2)(y_1 + y_2) + (y_1 - y_2)y_3 - 3(y_1 + y_2)y_3 = \\ & y_1^2 - y_2^2 - 2y_1y_3 - 4y_2y_3 = \\ & y_1^2 - 2y_1y_3 + y_3^2 - y_3^2 - [y_2^2 + 4y_2y_3 + (2y_3)^2 - 4y_3^2] = \\ & (y_1 - y_3)^2 - y_3^2 - (y_2 + 2y_3)^2 + 4y_3^2 = \\ & (y_1 - y_3)^2 - (y_2 + 2y_3)^2 + 3y_3^2 \end{aligned}$$

令

$$\begin{cases} z_1 = y_1 - y_3 \\ z_2 = y_2 + 2y_3 \\ z_3 = y_3 \end{cases} \tag{6.6}$$

则

$$f(x_1, x_2, x_3) = z_1^2 - z_2^2 + 3z_3^2$$

为了写出所作的线性变换,先从方程组(6.6)解出 y_1, y_2, y_3,得

$$\begin{cases} y_1 = z_1 - z_2 \\ y_2 = z_2 - 2z_3 \\ y_3 = z_3 \end{cases} \tag{6.7}$$

把方程组(6.7)代入方程组(6.5)中,得

$$\begin{cases} x_1 = z_1 - z_2 + z_3 \\ x_2 = z_1 + z_2 - 3z_3 \\ x_3 = z_3 \end{cases} \tag{6.8}$$

容易看出,线性变换(6.8)的系数矩阵的行列式不等于0,因此它是可逆的. 即线性变换的矩阵形式为 $\boldsymbol{x} = \begin{bmatrix} 1 & -1 & 1 \\ 1 & 1 & -3 \\ 0 & 0 & 1 \end{bmatrix} \boldsymbol{z}$,其中 $\boldsymbol{x} = [x_1, x_2, x_3]^{\mathrm{T}}$;$\boldsymbol{z} = [z_1, z_2, z_3]^{\mathrm{T}}$.

从上面的例子可以看出,用配方法化二次型为标准形的步骤:

(1) 二次型含有 x_i 的平方项,则先把含有 x_i 的乘积项集中,然后配方,而对其余的变量进行同样的过程,直到所有变量都配成平方项为止;

(2) 二次项不含有 x_i 的平方项,含有交叉项 $x_i x_j$,则先作可逆变换

$$\begin{cases} x_i = y_i - y_j \\ x_j = y_i + y_j \\ x_k = y_k \end{cases}$$

化二次型为含有平方项的二次型,然后再按照步骤(1)配方.

对于实数域 **R** 上的任意一个二次型来说,都有下面的结论:

定理 6.2　实数域 **R** 上的任意一个二次型都可经过可逆线性变换化为标准形.

证明略.

6.3　化二次型为规范形

6.2 节给出了如何将二次型 $f(x_1, x_2, \cdots, x_n) = \boldsymbol{x}^{\mathrm{T}} \boldsymbol{A} \boldsymbol{x}$ 经可逆变换 $\boldsymbol{x} = \boldsymbol{P} \boldsymbol{y}$ 化为标准形. 即经 $\boldsymbol{x}$

$=\boldsymbol{P}\boldsymbol{y}$,使得

$$f(y_1,y_2,\cdots,y_n)=[y_1,y_2,\cdots,y_n]\begin{bmatrix}d_1&&&\\&d_2&&\\&&\ddots&\\&&&d_n\end{bmatrix}\begin{bmatrix}y_1\\y_2\\\vdots\\y_n\end{bmatrix}=$$

$$d_1y_1^2+d_2y_2^2+\cdots+d_ny_n^2 \tag{6.9}$$

可以看出线性变换不唯一,下面进一步讨论二次型的形式.

若标准形(6.9)中 $d_1,d_2,\cdots,d_n$ 只在 1,-1,0 三个数中取值,即

$$f(y_1,y_2,\cdots,y_n)=y_1^2+\cdots+y_p^2-y_{p+1}^2-\cdots-y_{p+q}^2 \tag{6.10}$$

则称形式为(6.10)的二次型为实数域 **R** 上的**规范形**.

将规范形(6.10)写为矩阵形式,即

$$f(y_1,y_2,\cdots,y_n)=[y_1,y_2,\cdots,y_n]\begin{bmatrix}1&&&&&&&&\\&\ddots&&&&&&&\\&&1&&&&&&\\&&&-1&&&&&\\&&&&\ddots&&&&\\&&&&&-1&&&\\&&&&&&0&&\\&&&&&&&\ddots&\\&&&&&&&&0\end{bmatrix}\begin{bmatrix}y_1\\y_2\\\vdots\\y_n\end{bmatrix} \tag{6.11}$$

其中 1 的个数为 p,-1 的个数为 q,0 的个数为 $n-(p+q)$. 规范形的秩为 $p+q$.

关于二次型有下面的定理:

定理 6.3(惯性定理) 对于任何一个 n 元二次型 $f=\boldsymbol{x}^{\mathrm{T}}\boldsymbol{A}\boldsymbol{x}$,不论作怎样的线性变换使之化为标准形,其项数一定(为二次型的秩),且正平方项的项数和负平方项的项数都是唯一确定的.

证明略.

定义 6.4 二次型 $f=\boldsymbol{x}^{\mathrm{T}}\boldsymbol{A}\boldsymbol{x}$(所化成)的标准形中,正平方项的项数 p(正的 d_i 的数量),称为二次型的正惯性指数;负平方项的项数 q(负的 d_i 的数量),称为二次型的负惯性指数.

关于规范形有下述定理:

定理 6.4 实数域 **R** 上的任意一个二次型 $f=\boldsymbol{x}^{\mathrm{T}}\boldsymbol{A}\boldsymbol{x}$ 都可经过可逆线性变换化为规范形.

证明 根据定理 6.1 的证明可知,实二次型 f 可经正交变换 $\boldsymbol{x}=\boldsymbol{P}\boldsymbol{y}$ 化为标准形

$$f=\lambda_1y_1^2+\lambda_2y_2^2+\cdots+\lambda_ny_n^2$$

其中 $\lambda_1,\lambda_2,\cdots,\lambda_n$ 为 $\boldsymbol{A}$ 的特征值. 设 $r(\boldsymbol{A})=r$,则 $\lambda_1,\lambda_2,\cdots,\lambda_n$ 中恰有 r 个不为零,不妨设 λ_1,

$\lambda_2,\cdots,\lambda_r$ 不等于零，$\lambda_{r+1}=\lambda_{r+2}=\cdots=\lambda_n=0$.

令

$$Q=\begin{bmatrix}\lambda_1 & & & \\ & \lambda_2 & & \\ & & \ddots & \\ & & & \lambda_n\end{bmatrix}$$

其中

$$\lambda_i=\begin{cases}\dfrac{1}{\sqrt{|\lambda_i|}}, & i\leqslant r\\ 1, & i>r\end{cases}$$

则经过 $\boldsymbol{y}=\boldsymbol{Q}\boldsymbol{z}$，二次型 f 化为规范形

$$f=\frac{\lambda_1}{\sqrt{|\lambda_1|}}z_1^2+\frac{\lambda_2}{\sqrt{|\lambda_2|}}z_2^2+\cdots+\frac{\lambda_r}{\sqrt{|\lambda_r|}}z_r^2$$

这里 $\boldsymbol{z}=[z_1,z_2,\cdots,z_n]^{\mathrm{T}}$.

上述证明过程给出了一种化二次型为规范形的方法. 下面举例说明.

【例 6.5】　求一个可逆线性变换 $\boldsymbol{x}=\boldsymbol{P}\boldsymbol{y}$，把二次型

$$f(x_1,x_2,x_3)=x_1^2+2x_1x_2-4x_1x_3-2x_2^2+2x_2x_3+x_3^2$$

化为规范形.

解　二次型 $f(x_1,x_2,x_3)$ 的矩阵为

$$\boldsymbol{A}=\begin{bmatrix}1 & 1 & -2\\ 1 & -2 & 1\\ -2 & 1 & 1\end{bmatrix}$$

与例 6.3 中的矩阵相同. 从而有正交矩阵

$$\boldsymbol{P}=\begin{bmatrix}-\frac{1}{\sqrt{2}} & \frac{1}{\sqrt{6}} & \frac{1}{\sqrt{3}}\\ 0 & -\frac{2}{\sqrt{6}} & \frac{1}{\sqrt{3}}\\ \frac{1}{\sqrt{2}} & \frac{1}{\sqrt{6}} & \frac{1}{\sqrt{3}}\end{bmatrix}$$

使得

$$\boldsymbol{P}^{\mathrm{T}}\boldsymbol{A}\boldsymbol{P}=\begin{bmatrix}3 & 0 & 0\\ 0 & -3 & 0\\ 0 & 0 & 0\end{bmatrix}$$

令

$$Q=\begin{bmatrix}\frac{1}{\sqrt{3}} & 0 & 0\\ 0 & \frac{1}{\sqrt{3}} & 0\\ 0 & 0 & 1\end{bmatrix}$$

则

$$K=PQ=\begin{bmatrix}-\frac{1}{\sqrt{6}} & -\frac{\sqrt{2}}{6} & \frac{1}{\sqrt{3}}\\ 0 & \frac{\sqrt{2}}{3} & \frac{1}{\sqrt{3}}\\ \frac{1}{\sqrt{6}} & -\frac{\sqrt{2}}{6} & \frac{1}{\sqrt{3}}\end{bmatrix}$$

从而

$$\boldsymbol{K}^{\mathrm{T}}\boldsymbol{A}\boldsymbol{K}=\boldsymbol{Q}^{\mathrm{T}}\boldsymbol{P}^{\mathrm{T}}\boldsymbol{A}\boldsymbol{P}\boldsymbol{Q}=\mathrm{diag}(1,-1,0)$$

作线性可逆变换 $\boldsymbol{x}=\boldsymbol{K}\boldsymbol{y}$,即

$$\begin{cases}x_1=-\frac{1}{\sqrt{6}}y_1-\frac{\sqrt{2}}{6}y_2+\frac{1}{\sqrt{3}}y_3\\ x_2=\frac{\sqrt{2}}{3}y_2+\frac{1}{\sqrt{3}}y_3\\ x_3=\frac{1}{\sqrt{6}}y_1-\frac{\sqrt{2}}{6}y_2+\frac{1}{\sqrt{3}}y_3\end{cases}$$

二次型 $f(x_1,x_2,x_3)$ 可化为规范形

$$f=y_1^2-y_2^2$$

上述二次型的正惯性指数为1,负惯性指数为1. 由于二次型的秩为2(由例6.1可知),所以标准形项数为2.

6.4 正定二次型

二次型的有定性在数学的各个分支和微观经济分析的许多问题中具有广泛应用,本节将主要介绍正定二次型及有关性质.

6.4.1　二次型的有定性

定义 6.5　设实二次型 $f(x_1,x_2,\cdots,x_n)=\boldsymbol{x}^{\mathrm{T}}\boldsymbol{A}\boldsymbol{x}$，如果对任意 $\boldsymbol{x}\neq 0$，都有

(1) $f(x_1,x_2,\cdots,x_n)=\boldsymbol{x}^{\mathrm{T}}\boldsymbol{A}\boldsymbol{x}>0$，则称 f 为正定二次型，相应的矩阵 $\boldsymbol{A}$ 称为正定矩阵，记为 $\boldsymbol{A}>0$；

(2) $f(x_1,x_2,\cdots,x_n)=\boldsymbol{x}^{\mathrm{T}}\boldsymbol{A}\boldsymbol{x}<0$，则称 f 为负定二次型，相应的矩阵 $\boldsymbol{A}$ 称为负定矩阵，记为 $\boldsymbol{A}<0$；

(3) $f(x_1,x_2,\cdots,x_n)=\boldsymbol{x}^{\mathrm{T}}\boldsymbol{A}\boldsymbol{x}\geqslant 0$，则称 f 为半正定二次型，$f(x_1,x_2,\cdots,x_n)=\boldsymbol{x}^{\mathrm{T}}\boldsymbol{A}\boldsymbol{x}\leqslant 0$，则称 f 为半负定二次型，相应的矩阵 $\boldsymbol{A}$ 分别称为半正定、半负定矩阵.

容易验证：

$f(x_1,x_2,x_3)=x_1^2+x_2^2+3x_3^2$ 为正定二次型；

$f(x_1,x_2,x_3)=-x_1^2-2x_2^2-4x_3^2$ 为负定二次型；

$f(x_1,x_2,x_3)=x_1^2+x_2^2$ 为半正定二次型；

$f(x_1,x_2,x_3)=-x_1^2-3x_3^2$ 为半负定二次型.

二次型的正定（负定）、半正定（半负定）统称为二次型及其矩阵的**有定性**，不具备有定性的二次型及其矩阵是**不定的**.

对于二次型的标准形，很容易由平方项系数的特点判别它的有定性. 那么，对于一般二次型，是否可以结合它的标准形来判定有定性呢？以下重点讨论正定二次型.

6.4.2　正定二次型的判别法

定理 6.5　n 元实二次型 $f(x_1,x_2,\cdots,x_n)=\boldsymbol{x}^{\mathrm{T}}\boldsymbol{A}\boldsymbol{x}$ 正定的充分必要条件是其正惯性指数等于 n.

证明　设存在可逆变换 $\boldsymbol{x}=\boldsymbol{P}\boldsymbol{y}$ 使得

$$f(x_1,x_2,\cdots,x_n)=\boldsymbol{x}^{\mathrm{T}}\boldsymbol{A}\boldsymbol{x}=\boldsymbol{y}^{\mathrm{T}}(\boldsymbol{P}^{\mathrm{T}}\boldsymbol{A}\boldsymbol{P})\boldsymbol{y}=\lambda_1y_1^2+\lambda_2y_2^2+\cdots+\lambda_ny_n^2$$

由于 $\boldsymbol{P}$ 可逆，所以 $\boldsymbol{x}\neq 0$ 与 $\boldsymbol{y}\neq 0$ 等价. 而 $\boldsymbol{y}\neq 0$ 时，

$$\lambda_1y_1^2+\lambda_2y_2^2+\cdots+\lambda_ny_n^2>0 \text{ 的充分必要条件是 } \lambda_i>0\ (i=1,2,\cdots,n)$$

充分性显然，下证必要性. 假设存在 $\lambda_s\leqslant 0$，取 $\boldsymbol{y}=\boldsymbol{e}_s=(0,\cdots,1,\cdots,0)^{\mathrm{T}}$，则 $\boldsymbol{x}=\boldsymbol{P}\boldsymbol{e}_s\neq 0$，此时

$$f=\boldsymbol{x}^{\mathrm{T}}\boldsymbol{A}\boldsymbol{x}=\boldsymbol{e}_s^{\mathrm{T}}\boldsymbol{P}^{\mathrm{T}}\boldsymbol{A}\boldsymbol{P}\boldsymbol{e}_s=\lambda_s\leqslant 0$$

与 $f=\boldsymbol{x}^{\mathrm{T}}\boldsymbol{A}\boldsymbol{x}$ 正定矛盾，故 $\lambda_i>0\ (i=1,2,\cdots,n)$，即正惯性指数等于 n.

由此可得如下关于二次型正定的判别定理.

定理 6.6 设 n 元实二次型 $f(x_1,x_2,\cdots,x_n)=\boldsymbol{x}^{\mathrm{T}}\boldsymbol{A}\boldsymbol{x}$,则下列四个结论等价:

(1) 二次型 $f(x_1,x_2,\cdots,x_n)=\boldsymbol{x}^{\mathrm{T}}\boldsymbol{A}\boldsymbol{x}$ 正定;

(2) 二次型 $f(x_1,x_2,\cdots,x_n)=\boldsymbol{x}^{\mathrm{T}}\boldsymbol{A}\boldsymbol{x}$ 对应的实对称矩阵 $\boldsymbol{A}$ 的特征值都大于零;

(3) 存在可逆矩阵 $\boldsymbol{C}$,使得 $\boldsymbol{A}=\boldsymbol{C}^{\mathrm{T}}\boldsymbol{C}$;

(4) 二次型 $f(x_1,x_2,\cdots,x_n)=\boldsymbol{x}^{\mathrm{T}}\boldsymbol{A}\boldsymbol{x}$ 的正惯性指数等于 n.

例 6.6 证明:若实对称矩阵 $\boldsymbol{A}$ 为正定矩阵,则 $\boldsymbol{A}^{-1}$ 也为正定矩阵.

证明 因为 $\boldsymbol{A}$ 为实对称矩阵,所以 $(\boldsymbol{A}^{-1})^{\mathrm{T}}=(\boldsymbol{A}^{\mathrm{T}})^{-1}=\boldsymbol{A}^{-1}$,故 $\boldsymbol{A}^{-1}$ 为对称矩阵.

又因为 $\boldsymbol{A}$ 正定,所以存在可逆矩阵 $\boldsymbol{C}$,使得 $\boldsymbol{A}=\boldsymbol{C}^{\mathrm{T}}\boldsymbol{C}$. 令 $\boldsymbol{D}=(\boldsymbol{C}^{-1})^{\mathrm{T}}$,则 $\boldsymbol{D}$ 为可逆矩阵,且

$$\boldsymbol{A}^{-1}=(\boldsymbol{C}^{\mathrm{T}}\boldsymbol{C})^{-1}=\boldsymbol{C}^{-1}(\boldsymbol{C}^{-1})^{\mathrm{T}}=\boldsymbol{D}^{\mathrm{T}}\boldsymbol{D}$$

故 $\boldsymbol{A}^{-1}$ 为正定矩阵.

一般情况下,借助于二次型 $f=\boldsymbol{x}^{\mathrm{T}}\boldsymbol{A}\boldsymbol{x}$ 的矩阵的特征值或将二次型化为标准形来判别其是否正定比较麻烦. 以下给出一种直接利用二次型的矩阵 $\boldsymbol{A}$ 判别它是否正定的方法.

首先给出如下概念.

定义 6.6 设 n 阶矩阵 $\boldsymbol{A}=(a_{ij})_{n\times n}$,$\boldsymbol{A}$ 的前 k 行 k 列元素构成的 k 阶子式

$$\begin{vmatrix} a_{11} & a_{12} & \cdots & a_{1k} \\ a_{21} & a_{22} & \cdots & a_{2k} \\ \vdots & \vdots & & \vdots \\ a_{k1} & a_{k2} & \cdots & a_{kk} \end{vmatrix},k=1,2,\cdots,n$$

称为矩阵 $\boldsymbol{A}$ 的 k 阶顺序主子式.

定理 6.7 二次型 $f(x_1,x_2,\cdots,x_n)=\boldsymbol{x}^{\mathrm{T}}\boldsymbol{A}\boldsymbol{x}$ 正定(或 $\boldsymbol{A}>0$) 的充分必要条件为 $\boldsymbol{A}$ 的各阶顺序主子式都大于零.

证明比较复杂,读者只需记住结论.

注 矩阵 $\boldsymbol{A}$ 的各阶顺序主子式均小于零不是 $\boldsymbol{A}$ 负定的充分必要条件.

推论 1 n 阶实对称矩阵 $\boldsymbol{A}$ 负定的充分必要条件是

$$(-1)^k\boldsymbol{D}_k>0,k=1,2,\cdots,n$$

其中 $\boldsymbol{D}_k$ 是 $\boldsymbol{A}$ 的 k 阶顺序主子式.

证明 矩阵 $-\boldsymbol{A}$ 的 $k(k=1,2,\cdots,n)$ 阶顺序主子式

$$\begin{vmatrix} -a_{11} & -a_{12} & \cdots & -a_{1k} \\ -a_{21} & -a_{22} & \cdots & -a_{2k} \\ \vdots & \vdots & & \vdots \\ -a_{k1} & -a_{k2} & \cdots & -a_{kk} \end{vmatrix}=(-1)^k\boldsymbol{D}_k>0$$

是 $-\boldsymbol{A}$ 正定的充分必要条件,也就是 $\boldsymbol{A}$ 负定的充分必要条件.

例 6.7　判断二次型 $f(x_1,x_2,x_3)=3x_1^2+4x_1x_2+4x_2^2-4x_2x_3+5x_3^2$ 的正定性.

解　二次型的矩阵为

$$\boldsymbol{A}=\begin{bmatrix}3 & 2 & 0\\ 2 & 4 & -2\\ 0 & -2 & 5\end{bmatrix}$$

它的各阶顺序主子式为

$$3>0,\begin{vmatrix}3 & 2\\ 2 & 4\end{vmatrix}=8>0,\begin{vmatrix}3 & 2 & 0\\ 2 & 4 & -2\\ 0 & -2 & 5\end{vmatrix}=28>0$$

所以二次型 $f(x_1,x_2,x_3)=3x_1^2+4x_1x_2+4x_2^2-4x_2x_3+5x_3^2$ 是正定的.

例 6.8　求 λ 的值,使二次型

$$f(x_1,x_2,x_3)=x_1^2+2x_1x_2-2x_1x_3+2x_2^2+2\lambda x_2x_3+3x_3^2$$

为正定二次型.

解　二次型的矩阵为

$$\boldsymbol{A}=\begin{bmatrix}1 & 1 & -1\\ 1 & 2 & \lambda\\ -1 & \lambda & 3\end{bmatrix}$$

由于二次型的正定性,故所有的顺序主子式全大于零,即

$$1>0,\begin{vmatrix}1 & 1\\ 1 & 2\end{vmatrix}=1>0,\begin{vmatrix}1 & 1 & -1\\ 1 & 2 & \lambda\\ -1 & \lambda & 3\end{vmatrix}>0$$

解得 $-(1+\sqrt{2})<\lambda<\sqrt{2}-1$.

关于负定二次型也有类似于正定二次型的结论. 这里给出几个常用的判别方法.

显然,二次型 $f(x_1,x_2,\cdots,x_n)=\boldsymbol{x}^{\mathrm{T}}\boldsymbol{A}\boldsymbol{x}$ 负定的充分必要条件是 $-f(x_1,x_2,\cdots,x_n)=-\boldsymbol{x}^{\mathrm{T}}\boldsymbol{A}\boldsymbol{x}$ 正定. 因此有

定理 6.8　(1) $f(x_1,x_2,\cdots,x_n)=\boldsymbol{x}^{\mathrm{T}}\boldsymbol{A}\boldsymbol{x}$ 负定的充分必要条件是负惯性指数等于 n;

(2) $f(x_1,x_2,\cdots,x_n)=\boldsymbol{x}^{\mathrm{T}}\boldsymbol{A}\boldsymbol{x}$ 负定的充分必要条件是 $\boldsymbol{A}$ 的特征值都小于零;

(3) $f(x_1,x_2,\cdots,x_n)=\boldsymbol{x}^{\mathrm{T}}\boldsymbol{A}\boldsymbol{x}$ 负定的充分必要条件是存在可逆矩阵 $\boldsymbol{C}$,使得 $\boldsymbol{A}=-\boldsymbol{C}^{\mathrm{T}}\boldsymbol{C}$;

(4) $f(x_1,x_2,\cdots,x_n)=\boldsymbol{x}^{\mathrm{T}}\boldsymbol{A}\boldsymbol{x}$ 负定的充分必要条件是 $\boldsymbol{A}$ 的奇数阶顺序主子式都小于零,而偶数阶顺序主子式都大于零.

6.4.3 二次型有定性在求函数极值中的应用

在数理经济分析中,经常需要讨论一些经济函数极值存在的条件. 关于一元函数和二元函数极值的判定比较容易,但是,对于两个以上自变量的多元函数极值的判定就比较困难了. 这里从二元函数的极值入手,利用正定二次型理论,给出一般多元函数极值判定的一个充分条件.

二元函数 $z=f(x,y)$ 极值判别的一个充分条件为:

设函数 $z=f(x,y)$ 在点(x_0,y_0) 的某邻域内连续,存在二阶连续偏导数,且

$$\left.\frac{\partial f}{\partial x}\right|_{(x_0,y_0)}=\left.\frac{\partial f}{\partial y}\right|_{(x_0,y_0)}=0$$

记

$$\boldsymbol{A}=\left.\frac{\partial^2 f}{\partial x^2}\right|_{(x_0,y_0)},\boldsymbol{B}=\left.\frac{\partial^2 f}{\partial x\partial y}\right|_{(x_0,y_0)},\boldsymbol{C}=\left.\frac{\partial^2 f}{\partial y^2}\right|_{(x_0,y_0)}$$

若 $\boldsymbol{B}^2-\boldsymbol{AC}<0$ 且 $\boldsymbol{A}>0$(或 $\boldsymbol{C}>0$),则 $f(x_0,y_0)$ 为极小值;

若 $\boldsymbol{B}^2-\boldsymbol{AC}<0$ 且 $\boldsymbol{A}<0$(或 $\boldsymbol{C}<0$),则 $f(x_0,y_0)$ 为极大值.

若记

$$\boldsymbol{H}_f(x_0,y_0)=\begin{bmatrix}\left.\frac{\partial^2 f}{\partial x^2}\right|_{(x_0,y_0)} & \left.\frac{\partial^2 f}{\partial x\partial y}\right|_{(x_0,y_0)}\\ \left.\frac{\partial^2 f}{\partial y\partial x}\right|_{(x_0,y_0)} & \left.\frac{\partial^2 f}{\partial y^2}\right|_{(x_0,y_0)}\end{bmatrix}=\begin{bmatrix}\boldsymbol{A} & \boldsymbol{B}\\ \boldsymbol{B} & \boldsymbol{C}\end{bmatrix}$$

结合正定矩阵的相关理论,上述结论可叙述为:

(1) 若 $\boldsymbol{H}_f(x_0,y_0)$ 为正定矩阵($\boldsymbol{A}>0,\boldsymbol{AC}-\boldsymbol{B}^2>0$),则 $f(x_0,y_0)$ 为极小值;

(2) 若 $\boldsymbol{H}_f(x_0,y_0)$ 为负定矩阵($\boldsymbol{A}<0,\boldsymbol{AC}-\boldsymbol{B}^2>0$),则 $f(x_0,y_0)$ 为极大值.

将这一结果推广到判定 n 元函数极值,有如下一般结论:

设 n 元函数 $f(x_1,x_2,\cdots,x_n)$ 在点 $\boldsymbol{a}=(a_1,a_2,\cdots,a_n)$ 的某邻域内连续,存在二阶连续偏导数,记 $\boldsymbol{x}=(x_1,x_2,\cdots,x_n)$. 若点 $\boldsymbol{a}$ 是 $f(x_1,x_2,\cdots,x_n)$ 的驻点,即

$$\left.\frac{\partial f}{\partial x_1}\right|_{\boldsymbol{x}=\boldsymbol{a}}=\left.\frac{\partial f}{\partial x_2}\right|_{\boldsymbol{x}=\boldsymbol{a}}=\cdots=\left.\frac{\partial f}{\partial x_n}\right|_{\boldsymbol{x}=\boldsymbol{a}}=0$$

记 $\boldsymbol{H}_f(\boldsymbol{a})=\begin{bmatrix}\dfrac{\partial^2 f(\boldsymbol{a})}{\partial x_1^2} & \dfrac{\partial^2 f(\boldsymbol{a})}{\partial x_1\partial x_2} & \cdots & \dfrac{\partial^2 f(\boldsymbol{a})}{\partial x_1\partial x_n}\\ \dfrac{\partial^2 f(\boldsymbol{a})}{\partial x_2\partial x_1} & \dfrac{\partial^2 f(\boldsymbol{a})}{\partial x_2^2} & \cdots & \dfrac{\partial^2 f(\boldsymbol{a})}{\partial x_2\partial x_n}\\ \vdots & \vdots & & \vdots\\ \dfrac{\partial^2 f(\boldsymbol{a})}{\partial x_n\partial x_1} & \dfrac{\partial^2 f(\boldsymbol{a})}{\partial x_n\partial x_2} & \cdots & \dfrac{\partial^2 f(\boldsymbol{a})}{\partial x_n^2}\end{bmatrix}$（称之为 $f(\boldsymbol{x})$ 在点 $\boldsymbol{x}=\boldsymbol{a}$ 的**黑塞*矩阵**），则

（1）当 $\boldsymbol{H}_f(\boldsymbol{a})$ 是正定矩阵时，$\boldsymbol{x}=\boldsymbol{a}$ 为函数 $f(\boldsymbol{x})$ 的极小值点；

（2）当 $\boldsymbol{H}_f(\boldsymbol{a})$ 是负定矩阵时，$\boldsymbol{x}=\boldsymbol{a}$ 为函数 $f(\boldsymbol{x})$ 的极大值点.

下面看一个具体的例子.

例 6.9　已知一垄断企业生产三种相关产品，售价分别为 p_1,p_2,p_3，销售量分别为 Q_1,Q_2,Q_3，其需求函数及总成本函数分别为

$$p_1=70-2Q_1-Q_2-Q_3,\ p_2=120-Q_1-4Q_2-2Q_3,\ p_3=90-Q_1-Q_2-3Q_3$$

$$C(Q_1,Q_2,Q_3)=Q_1^2+Q_1Q_2+2Q_2^2+2Q_2Q_3+Q_3^2+Q_1Q_3$$

求三种产品的供应量为多少时，可使垄断商的总利润最大？

解　设总利润函数为 $L(Q_1,Q_2,Q_3)$，则

$$\begin{aligned}L(Q_1,Q_2,Q_3)&=p_1Q_1+p_2Q_2+p_3Q_3-C(Q_1,Q_2,Q_3)\\&=-3Q_1^2-6Q_2^2-4Q_3^2-3Q_1Q_2-3Q_1Q_3-5Q_2Q_3+70Q_1+120Q_2+90Q_3\end{aligned}$$

首先求 $L(Q_1,Q_2,Q_3)$ 的驻点，令

$$\begin{cases}\dfrac{\partial L}{\partial Q_1}=0\\[2mm]\dfrac{\partial L}{\partial Q_2}=0\\[2mm]\dfrac{\partial L}{\partial Q_3}=0\end{cases}$$

得方程组

---

*　**数学家小传**

黑塞（L－O. Hesse，1811 ～ 1874），德国数学家，受雅可比影响转向数学研究，并在雅可比指导下于 1840 年获得博士学位.

黑塞对代数学的重要贡献是对代数不变量的研究. 1842 年在研究二次和三次曲线时提出了黑塞行列式. 后来这个概念被广泛应用于代数几何中. 黑塞矩阵便是由他提出并以他的名字命名的，是一个由多元函数的二阶偏导数构成的方阵，描述了函数的局部曲率. 黑塞矩阵常用于牛顿法解决优化问题的过程之中.

$$\begin{cases}6Q_1 + 3Q_2 + 3Q_3 = 70 \\ 3Q_1 + 12Q_2 + 5Q_3 = 120 \\ 3Q_1 + 5Q_2 + 8Q_3 = 90\end{cases}$$

解得方程组的唯一解为

$$\begin{cases}\overline{Q_1} = \dfrac{125}{21} \\ \overline{Q_2} = \dfrac{45}{7} \\ \overline{Q_3} = 5\end{cases}$$

计算 $L(Q_1, Q_2, Q_3)$ 在 $(\overline{Q_1}, \overline{Q_2}, \overline{Q_3})$ 处的黑塞矩阵为

$$\boldsymbol{H}_L(\overline{Q_1}, \overline{Q_2}, \overline{Q_3}) = \begin{bmatrix} -6 & -3 & -3 \\ -3 & -12 & -5 \\ -3 & -5 & -8 \end{bmatrix}$$

因为

$$-6 < 0, \begin{vmatrix} -6 & -3 \\ -3 & -12 \end{vmatrix} = 63 > 0, \begin{vmatrix} -6 & -3 & -3 \\ -3 & -12 & -5 \\ -3 & -5 & -8 \end{vmatrix} = -357 < 0$$

所以 $\boldsymbol{H}_L(\overline{Q_1}, \overline{Q_2}, \overline{Q_3})$ 是负定矩阵,因而 $(\overline{Q_1}, \overline{Q_2}, \overline{Q_3})$ 是 $L(Q_1, Q_2, Q_3)$ 的最大值点.

即当 $Q_1 = \dfrac{125}{21}, Q_2 = \dfrac{45}{7}, Q_3 = 5$ 时,垄断商的总利润最大.

6.5 经济应用实例:斐波那契数列的矩阵解法与小行星的轨道问题

6.5.1 斐波那契数列的矩阵解法

利用矩阵对角化的方法可以解某些递推关系式,如第1章中提到的斐波那契数列

$$F_0 = 1, \quad F_1 = 1, \quad F_n = F_{n-1} + F_{n-2}, \quad n \geqslant 2$$

上面数列可以改写为

$$\begin{cases}F_{k+2} = F_{k+1} + F_k \\ F_{k+1} = F_{k+1} \\ F_0 = 1, F_1 = 1\end{cases}, \quad k = 0, 1, 2, \cdots$$

即

$$\boldsymbol{a}_{k+1}=\boldsymbol{A}\boldsymbol{a}_k,\quad k=0,1,2,\cdots \tag{6.12}$$

其中

$$\boldsymbol{A}=\begin{bmatrix}1 & 1\\ 1 & 0\end{bmatrix},\quad \boldsymbol{a}_k=\begin{bmatrix}F_{k+1}\\ F_k\end{bmatrix},\quad \boldsymbol{a}_0=\begin{bmatrix}F_1\\ F_0\end{bmatrix}=\begin{bmatrix}1\\ 0\end{bmatrix}$$

由式(6.12)递推可得

$$\boldsymbol{a}_k=\boldsymbol{A}^k\boldsymbol{a}_0,\quad k=1,2,\cdots$$

于是求 F_k 的问题就归结为求 $\boldsymbol{a}_k$,也就是求 $\boldsymbol{A}^k$ 的问题.

由 $|\lambda\boldsymbol{E}-\boldsymbol{A}|=\begin{vmatrix}\lambda-1 & -1\\ -1 & \lambda\end{vmatrix}=\lambda^2-\lambda-1=0$,得 $\boldsymbol{A}$ 的特征值

$$\lambda_1=\frac{1+\sqrt{5}}{2},\quad \lambda_2=\frac{1-\sqrt{5}}{2}$$

相应于 λ_1,λ_2 的特征向量分别为

$$\boldsymbol{x}_1=[\lambda_1,1]^{\mathrm{T}},\quad \boldsymbol{x}_2=[\lambda_2,1]^{\mathrm{T}}$$

取

$$\boldsymbol{P}=[\boldsymbol{x}_1,\boldsymbol{x}_2]=\begin{bmatrix}\lambda_1 & \lambda_2\\ 1 & 1\end{bmatrix}$$

则

$$\boldsymbol{P}^{-1}=\frac{1}{\lambda_1-\lambda_2}\begin{bmatrix}1 & -\lambda_2\\ -1 & \lambda_1\end{bmatrix}$$

于是就有 $\boldsymbol{P}^{-1}\boldsymbol{A}\boldsymbol{P}=\mathrm{diag}(\lambda_1,\lambda_2)$ 和

$$\boldsymbol{A}^k=\boldsymbol{P}\begin{bmatrix}\lambda_1^k & \\ & \lambda_2^k\end{bmatrix}\boldsymbol{P}^{-1}=\frac{1}{\lambda_1-\lambda_2}\begin{bmatrix}\lambda_1^{k+1}-\lambda_2^{k+1} & \lambda_1\lambda_2^{k+1}-\lambda_2\lambda_1^{k+1}\\ \lambda_1^k-\lambda_2^k & \lambda_1\lambda_2^k-\lambda_2\lambda_1^k\end{bmatrix}$$

$$\begin{bmatrix}F_{k+1}\\ F_k\end{bmatrix}=\boldsymbol{a}_k=\boldsymbol{A}^k\begin{bmatrix}1\\ 0\end{bmatrix}=\frac{1}{\lambda_1-\lambda_2}\begin{bmatrix}\lambda_1^{k+1}-\lambda_2^{k+1}\\ \lambda_1^k-\lambda_2^k\end{bmatrix}$$

从而有

$$F_k=\frac{1}{\sqrt{5}}\left[\left(\frac{1+\sqrt{5}}{2}\right)^k-\left(\frac{1-\sqrt{5}}{2}\right)^k\right],\quad k=1,2,\cdots$$

6.5.2　小行星的轨道问题

天文学家要确定一颗小行星绕太阳运行的轨道,它在轨道平面内建立以太阳为原点的直角坐标系,在两坐标轴上取天文单位(一天文单位等于地球到太阳的平均距离,即 1.4959787×10^{11} m).在5个不同的时间对小行星作了5次观察,测得5个点的坐标数据如表

6.1 所示.

表 6.1 观察数据

编号 / 坐标	1	2	3	4	5
x 坐标	5.764	6.286	6.759	7.168	7.480
y 坐标	0.648	1.202	1.832	2.526	3.360

确定小行星的轨道模型.

由开普勒第一定律可知,小行星的轨道为一椭圆,现建立椭圆的标准方程以供研究.

首先假设椭圆的一般方程为 $a_1x^2+2a_2xy+a_3y^2+2a_4x+2a_5y+1=0$,那么满足上述5个点的椭圆是唯一的.将上述5个点的坐标代入椭圆的一般方程,得线性方程组

$$\begin{cases}a_1x_1^2+2a_2x_1y_1+a_3y_1^2+2a_4x_1+2a_5y_1=-1\\a_1x_2^2+2a_2x_2y_2+a_3y_2^2+2a_4x_2+2a_5y_2=-1\\a_1x_3^2+2a_2x_3y_3+a_3y_3^2+2a_4x_3+2a_5y_3=-1\\a_1x_4^2+2a_2x_4y_4+a_3y_4^2+2a_4x_4+2a_5y_4=-1\\a_1x_5^2+2a_2x_5y_5+a_3y_5^2+2a_4x_5+2a_5y_5=-1\end{cases}$$

上述方程组是以 a_1,a_2,a_3,a_4,a_5 为未知量的线性方程组,解此方程组(利用Matlab数学计算软件)得到

$$a_1=0.6143,\quad a_2=-0.3440,\quad a_3=0.6942,\quad a_4=-1.6351,\quad a_5=-0.2165$$

因此,椭圆的一般方程为

$$0.6143x^2-0.688xy+0.6942y^2-3.2702x-0.433y=-1$$

由于前三项是二次型,系数矩阵为

$$\begin{bmatrix}0.6143 & -0.344\\-0.344 & 0.6942\end{bmatrix}$$

其特征值分别为 $\lambda_1=0.3079,\lambda_2=1.0006$. 两个相互正交的单位特征向量分别为

$$\boldsymbol{\alpha}_1=\begin{bmatrix}0.7468\\0.6651\end{bmatrix},\quad \boldsymbol{\alpha}_2=\begin{bmatrix}-0.6651\\0.7468\end{bmatrix}$$

因此可以利用正交变换

$$\begin{cases}x=0.7468x'-0.6651y'\\y=0.6651x'+0.7468y'\end{cases}$$

将椭圆的一般方程标准化为

$$0.3079x'^2+1.0006y'^2-2.7301x'+1.8516y'=-1$$

再配方,即可得到小行星轨道椭圆的标准方程为

$$\frac{(x'-4.4334)^2}{4.3805^2}+\frac{(y'+0.9252)^2}{2.43^2}=1$$

由此可得,小行星运行轨道椭圆的长半轴 $a=4.3805$、短半轴 $b=2.43$,半焦距 $c=\sqrt{a^2-b^2}=3.6447$,近日点距 $h=a-c=0.7358$,远日点距 $H=a+c=8.0253$ 和椭圆周长的近似值 $l=\pi\left[\frac{3}{2}(a+b)-\sqrt{ab}\right]=13.4784\pi\approx42.3437$(天文单位).

二次型理论发展简史

二次型也称为“二次形式”,数域 P 上的 n 元二次齐次多项式称为数域 P 上的 n 元二次型. 二次型的系统研究是从18世纪开始的,它起源于对二次曲线和二次曲面的分类问题的讨论. 将二次曲线和二次曲面的方程变形,选有主轴方向的轴作为坐标轴以简化方程的形状,这个问题是在18世纪引进的. 柯西(A - L. Cauchy,1789 ~ 1857)在其著作中给出结论,当方程是标准形时,二次曲面用二次项的符号来进行分类. 然而,那时并不太清楚,在化简成标准形时,为何总是得到同样数目的正项和负项. 西尔维斯特回答了这个问题,他给出了2个变数的二次型的惯性定律,但没有证明. 这个定律后来被雅可比重新发现和证明. 1801年,高斯在《算术研究》中引进了二次型的正定、负定、半正定和半负定等术语.

二次型化简的进一步研究涉及二次型或行列式的特征方程的概念. 特征方程的概念隐含地出现在欧拉的著作中,拉格朗日在其关于线性微分方程组的著作中首先明确地给出了这个概念. 而3个变数的二次型的特征值的实性则是由阿歇特(J - N - P. Hachette,1769 ~ 1834)、蒙日(G. Monge,1746 ~ 1818)和泊松(S - D. Poisson,1781 ~ 1840)建立的.

柯西在别人著作的基础上,着手研究化简变数的二次型问题,并证明了特征方程在直角坐标系的任何变换下的不变性. 后来,他又证明了 n 个变量的两个二次型能用同一个线性变换同时化成平方和.

1851年,西尔维斯特(J. Sylvester,1814 ~ 1897)在研究二次曲线和二次曲面的切触和相交时需要考虑这种二次曲线和二次曲面束的分类. 在他的分类方法中他引进了初等因子和不变因子的概念,但他没有证明“不变因子组成两个二次型的不变量的完全集”这一结论.

1858年,魏尔斯特拉斯(Weierstrass,1815 ~ 1897)对同时化两个二次型成平方和给出了一个一般的方法,并证明如果二次型之一是正定的,那么即使某些特征根相等,这个化简也是可能的. 魏尔斯特拉斯比较系统地完成了二次型的理论并将其推广到双线性型.

习题六

1. 写出下列二次型的矩阵,并求其秩:

(1)$f(x_1,x_2,x_3)=x_1^2+4x_1x_2+6x_1x_3-2x_2^2-2x_2x_3+4x_3^2$;

(2)$f(x_1,x_2,x_3)=4x_1^2-6x_1x_2+2x_1x_3-6x_2x_3-2x_3^2$;

(3)$f(x_1,x_2,x_3)=x_1^2-4x_1x_2+2x_1x_3+4x_2^2-4x_2x_3+x_3^2$;

(4)$f(x_1,x_2,x_3)=x_1^2+4x_1x_3+3x_2^2$.

2. 给定下列矩阵,写出相应的二次型:

(1)$\boldsymbol{A}=\begin{bmatrix}1&1&0\\1&2&1\\0&1&3\end{bmatrix}$;　　(2)$\boldsymbol{A}=\begin{bmatrix}0&1&\frac{1}{2}&-\frac{3}{2}\\1&0&-1&-1\\\frac{1}{2}&-1&0&3\\-\frac{3}{2}&-1&3&0\end{bmatrix}$.

3. 证明矩阵 $\boldsymbol{A}$ 与 $\boldsymbol{B}$ 为合同矩阵:

(1)$\boldsymbol{A}=\begin{bmatrix}0&1&1\\1&2&1\\1&1&0\end{bmatrix}$, $\boldsymbol{B}=\begin{bmatrix}2&1&1\\1&0&1\\1&1&0\end{bmatrix}$;

(2)$\boldsymbol{A}=\begin{bmatrix}0&\frac{1}{2}&-\frac{1}{2}\\\frac{1}{2}&0&-1\\-\frac{1}{2}&-1&0\end{bmatrix}$, $\boldsymbol{B}=\begin{bmatrix}1&\frac{1}{2}&-\frac{3}{2}\\\frac{1}{2}&0&-1\\-\frac{3}{2}&-1&0\end{bmatrix}$;

(3)$\boldsymbol{A}=\begin{bmatrix}a_1&0&0\\0&a_2&0\\0&0&a_3\end{bmatrix}$, $\boldsymbol{B}=\begin{bmatrix}a_2&0&0\\0&a_3&0\\0&0&a_1\end{bmatrix}$.

4. 用正交变换化二次型为标准形,并写出所用的正交变换:

(1)$f(x_1,x_2,x_3)=x_1^2+4x_1x_2+4x_2^2+2x_1x_3+4x_2x_3+x_3^2$;

(2)$f(x_1,x_2,x_3)=2x_1^2+3x_2^2+4x_2x_3+3x_3^2$;

(3)$f(x_1,x_2,x_3)=4x_1^2+2x_1x_2+4x_2^2+2x_1x_3+2x_2x_3+4x_3^2$.

5. 用配方法化二次型为标准形:

(1)$f(x_1,x_2,x_3)=2x_1x_2+2x_1x_3-6x_2x_3$;

(2)$f(x_1,x_2,x_3)=x_1^2-3x_2^2-2x_1x_2+2x_1x_3-6x_2x_3$.

6. 把二次型 $f(x_1,x_2,x_3)=x_1^2+4x_1x_2+4x_2^2+2x_1x_3+4x_2x_3+x_3^2$ 化为规范形,并求所用可逆线性变换.

7. 判断下列二次型的正定性：

(1) $f(x_1,x_2,x_3)=2x_1^2+5x_2^2+5x_3^2+4x_1x_2-4x_1x_3-8x_2x_3$；

(2) $f(x_1,x_2,x_3)=-x_1^2-3x_2^2-9x_3^2+2x_1x_2-4x_1x_3$；

(3) $f(x_1,x_2,x_3)=x_1^2+2x_2^2+6x_3^2+2x_1x_2+2x_1x_3+6x_2x_3$.

8. t 满足什么条件时，下列二次型正定？

(1) $f(x_1,x_2,x_3)=5x_1^2+x_2^2+tx_3^2+4x_1x_2-2x_1x_3-2x_2x_3$；

(2) $f(x_1,x_2,x_3)=x_1^2+2x_2^2+3x_3^2+tx_1x_2+tx_1x_3+x_2x_3$.

9. 证明：若 $\boldsymbol{A}$ 是 n 阶正定矩阵，$\boldsymbol{B}$ 为 n 阶可逆矩阵，则 $\boldsymbol{B}^{\mathrm{T}}\boldsymbol{A}\boldsymbol{B}$ 为正定矩阵.

参考答案

习题一

1. (1)1;(2)1;(3) -1;(4)0;(5) 369;(6)0

2. (1)4,偶排列;(2)9,奇排列;(3)12,偶排列;

   (4) $\frac{n(n-1)}{2}$,当 $n=4k,4k+1$ 时为偶排列,当 $n=4k+2,4k+3$ 时为奇排列

3. (1)1;(2) $(-1)^{\frac{n(n-1)}{2}}a_{1n}a_{2,n-1}\cdots a_{n1}$

4. (1)6 123 000;(2)$4abcdef$;(3) $-2(a^3+b^3)$;(4)x^2y^2

5. 略

6. (1)a,b 或 c;(2) $\frac{12}{5}$

7. (1)160;(2)8;(3)12;(4) -27

8. (1) $-(\frac{1}{2}+\frac{1}{3}+\cdots+\frac{1}{n})n!$;(2) 当 $n=2$ 时,a_1-a_2,当 $n>2$ 时,0;

   (3) $(-1)^{n-1}b^{n-1}(\sum_{i=1}^{n}a_i-b)$;(4)$n!$

9. (1) $(-1)^{n-1}(n-1)x^n$;(2)1

10. (1)$x^n+(-1)^{n+1}y^n$;(2)$a_0x^{n-1}+a_1x^{n-2}+\cdots+a_{n-1}$

11. 略

12. (1) $x_1 = 2, x_2 = -2, x_3 = 3$; (2) $x_1 = 1, x_2 = 0, x_3 = 1$;
(3) $x_1 = 1, x_2 = 2, x_3 = 3, x_4 = -1$

13. $x = -a, y = b, z = c$

14. $k = 2$

15. $k \neq -2$ 且 $k \neq 1$

16. 三种产品的单位成本分别为 8 万元、4 万元和 2 万元.

习题二

1. (1) $\begin{bmatrix} 11 & -2 & 5 \\ 5 & -2 & 6 \end{bmatrix}$; (2) $\begin{bmatrix} 13 & -10 & 11 \\ -3 & -17 & 16 \end{bmatrix}$

2. $\boldsymbol{X} = \begin{bmatrix} 2 & 3 & -3 \\ 2 & -2 & 1 \\ -1 & -3 & 2 \end{bmatrix}$

3. (1) $\begin{bmatrix} -5 & -1 & 8 \\ 6 & 6 & 5 \\ 2 & 1 & 19 \end{bmatrix}$; (2) $\begin{bmatrix} -6 & 1 & 3 \\ 12 & -4 & 9 \\ -10 & -1 & 16 \end{bmatrix}$

4. (1) $\begin{bmatrix} 4 & 8 \\ 1 & 12 \\ 8 & 8 \end{bmatrix}$; (2) $\begin{bmatrix} 3 & 6 & 9 \\ 2 & 4 & 6 \\ 1 & 2 & 3 \end{bmatrix}$; (3) $\begin{bmatrix} 2 & 0 \\ 3 & 2 \\ 1 & 4 \end{bmatrix}$; (4) $\begin{bmatrix} -3 & 1 & 0 \\ 12 & -4 & 9 \\ -10 & -1 & 16 \end{bmatrix}$;
(5) $\begin{bmatrix} -9 & 4 \\ 3 & 8 \end{bmatrix}$; (6) 11; (7) $\begin{bmatrix} 5 & 0 & 7 \\ 5 & 2 & 7 \\ -6 & -2 & -2 \end{bmatrix}$; (8) $\begin{bmatrix} 27 & 0 & 0 \\ 0 & -8 & 0 \\ 0 & 0 & 64 \end{bmatrix}$

5. 由第一个工厂生产总成本最低

6. $\boldsymbol{A}^2 = \begin{bmatrix} 1 & 2 & 1 & 0 \\ 0 & 1 & 2 & 1 \\ 0 & 0 & 1 & 2 \\ 0 & 0 & 0 & 1 \end{bmatrix}, \boldsymbol{A}^3 = \begin{bmatrix} 1 & 3 & 3 & 1 \\ 0 & 1 & 3 & 3 \\ 0 & 0 & 1 & 3 \\ 0 & 0 & 0 & 1 \end{bmatrix}$

7. $\boldsymbol{A}^{100} = \begin{bmatrix} 1 & 0 \\ -100 & 1 \end{bmatrix}$

8. (1) $\begin{bmatrix} 1 & 0 \\ n & 1 \end{bmatrix}$; (2) $\begin{bmatrix} a^n & 0 & 0 \\ 0 & (-1)^n b^n & 0 \\ 0 & 0 & c^n \end{bmatrix}$

9. $\begin{bmatrix} a & b \\ 0 & a \end{bmatrix}$, a,b 为任意实数

10. 一年后不脱产职工 6 800 人,脱产职工 3 200 人;两年后不脱产职工 6 680 人,脱产职工 3 320 人.

11. 略

12. 证明略

13. 证明略

14. 证明略

15. (1)$\boldsymbol{A}\boldsymbol{A}^{\mathrm{T}} = \begin{bmatrix} 30 & 0 & 0 & 0 \\ 0 & 30 & 0 & 0 \\ 0 & 0 & 30 & 0 \\ 0 & 0 & 0 & 30 \end{bmatrix}$;(2)$|\boldsymbol{A}| = 900$

16. (1) 正确;(2) 错误;(3) 错误;(4) 错误;(5) 正确;(6) 正确;(7) 错误;(8) 正确(证明或反例略)

17. 证明略

18. (1)$\begin{bmatrix} -2 & 1 \\ 1 & 0 \end{bmatrix}$; (2)$\begin{bmatrix} \frac{7}{6} & \frac{2}{3} & -\frac{3}{2} \\ -1 & -1 & 2 \\ -\frac{1}{2} & 0 & \frac{1}{2} \end{bmatrix}$; (3)$\begin{bmatrix} \frac{1}{13} & \frac{8}{13} & -\frac{3}{13} \\ \frac{1}{13} & -\frac{5}{13} & -\frac{3}{13} \\ \frac{3}{13} & -\frac{2}{13} & \frac{4}{13} \end{bmatrix}$;

(4)$\begin{bmatrix} 1 & \frac{4}{5} & -\frac{1}{5} \\ 2 & \frac{12}{5} & -\frac{3}{5} \\ 0 & \frac{1}{5} & \frac{1}{5} \end{bmatrix}$; (5)$\begin{bmatrix} -\frac{1}{2} & -\frac{1}{2} & -\frac{3}{2} \\ \frac{1}{2} & -\frac{1}{2} & -\frac{1}{2} \\ 0 & 1 & 1 \end{bmatrix}$; (6)$\begin{bmatrix} 1 & 0 & 0 & 0 \\ -\frac{1}{2} & \frac{1}{2} & 0 & 0 \\ -\frac{1}{2} & -\frac{1}{6} & \frac{1}{3} & 0 \\ \frac{1}{6} & -\frac{5}{18} & -\frac{1}{9} & \frac{1}{3} \end{bmatrix}$

19. 甲、乙两种产品的单位价格分别为 1.2 万元与 1.5 万元,而单位利润分别为 0.1 万元与 0.2 万元.

20. $\boldsymbol{B} = \begin{bmatrix} 3 & -8 & -6 \\ 2 & -9 & -6 \\ -2 & 12 & 9 \end{bmatrix}$

21. (1)$\boldsymbol{X}=\begin{bmatrix}-\frac{1}{3} & \frac{1}{3} & \frac{4}{3}\\ \frac{2}{3} & \frac{1}{3} & \frac{1}{3}\end{bmatrix}$;(2)$\boldsymbol{X}=\begin{bmatrix}2 & -1 & 0\\ 1 & 3 & -4\\ 1 & 0 & -2\end{bmatrix}$

22. $\boldsymbol{B}=\begin{bmatrix}-4 & 0 & -2\\ 0 & -6 & 0\\ -6 & 0 & -4\end{bmatrix}$

23. (1)2;(2)3;(3)3

24. (1)$\begin{bmatrix}7 & -5 & 0 & 0\\ 7 & 8 & 0 & 0\\ 0 & 0 & 8 & 9\\ 0 & 0 & -1 & 2\end{bmatrix}$;(2)$\begin{bmatrix}3 & 0 & 0\\ -4 & 0 & 0\\ -2 & 0 & 0\\ 0 & 19 & 14\end{bmatrix}$

25. 证明略,$\boldsymbol{A}^{-1}=\frac{1}{3}(\boldsymbol{A}-2\boldsymbol{E})$,$(\boldsymbol{A}-\boldsymbol{E})^{-1}=\frac{1}{4}(\boldsymbol{A}-\boldsymbol{E})$.

26. 32

27. $-\frac{3}{8}$

28. 当 $a\neq 1$ 且 $a\neq -n+1$ 时,$\boldsymbol{r}(\boldsymbol{A})=n$;
当 $a=1$ 时,$r(\boldsymbol{A})=1$;
当 $a=-n+1$ 时,$r(\boldsymbol{A})=n-1$

29. 证明略

30. 提示:利用 $\boldsymbol{A}^2=(\boldsymbol{E}+\boldsymbol{B})^2$,$\boldsymbol{B}^2=\boldsymbol{B}$,得 $3\boldsymbol{A}-\boldsymbol{A}^2=2\boldsymbol{E}$,所以 $\boldsymbol{A}^{-1}=\frac{1}{2}(3\boldsymbol{E}-\boldsymbol{A})$

31. 提示:由 $\boldsymbol{A}^2+2\boldsymbol{A}+3\boldsymbol{E}=\boldsymbol{O}$ 可得$(\boldsymbol{A}+\lambda\boldsymbol{E})[\boldsymbol{A}+(2-\lambda)\boldsymbol{E}]=-(\lambda^2-2\lambda+3)\boldsymbol{E}$

习题三

1. (1)$x_1=\frac{10}{7}$,$x_2=-\frac{1}{7}$,$x_3=-\frac{2}{7}$;
(2) 无解;
(3)$x_1=-2+c$,$x_2=3-2c$,$x_3=c$(c 为任意常数);
(4)$x_1=-3+c_2$,$x_2=1-c_1-c_2$,$x_3=c_1$,$x_4=c_2$(c_1,c_2 为任意常数);
(5)$x_1=2c_1+\frac{2}{7}c_2$,$x_2=c_1$,$x_3=-\frac{5}{7}c_2$,$x_4=c_2$(c_1,c_2 为任意常数);
(6)$x_1=-c_1+\frac{7}{6}c_2$,$x_2=c_1+\frac{5}{6}c_2$,$x_3=c_1$,$x_4=\frac{1}{3}c_2$,$x_5=c_2$(c_1,c_2 为任意常数).

2. 当 $k=4$ 时,无解;
   当 $k\neq 4$ 时,有无穷多解,解为

$$x_1=\frac{k-6}{k-4}-(k+4)c,\quad x_2=\frac{1}{k-4}+2c,\quad x_3=c,\quad c\text{ 为任意常数}$$

3. $\begin{bmatrix}3\\-1\\1\end{bmatrix},\begin{bmatrix}11\\3\\1\end{bmatrix}$

4. $\begin{bmatrix}1\\2\\3\\4\end{bmatrix}$

5. 能,$\boldsymbol{\beta}=-2\boldsymbol{\alpha}_1+5\boldsymbol{\alpha}_2-5\boldsymbol{\alpha}_3+4\boldsymbol{\alpha}_4$,表示法唯一

6. (1)$\boldsymbol{\beta}$ 不能由 $\boldsymbol{\alpha}_1,\boldsymbol{\alpha}_2,\boldsymbol{\alpha}_3$ 线性表出;

   (2) 有无穷多种表示法,其中一种为 $\boldsymbol{\beta}=\frac{1}{2}\boldsymbol{\alpha}_1+\frac{1}{2}\boldsymbol{\alpha}_2+0\boldsymbol{\alpha}_3$;

   (3) 能,$\boldsymbol{\beta}=\frac{5}{4}\boldsymbol{\alpha}_1+\frac{1}{4}\boldsymbol{\alpha}_2-\frac{1}{4}\boldsymbol{\alpha}_3-\frac{1}{4}\boldsymbol{\alpha}_4$

7. $\boldsymbol{\alpha}_1=\frac{1}{2}\boldsymbol{\beta}_1+\frac{1}{2}\boldsymbol{\beta}_2,\boldsymbol{\alpha}_2=\frac{1}{2}\boldsymbol{\beta}_2+\frac{1}{2}\boldsymbol{\beta}_3,\boldsymbol{\alpha}_3=\frac{1}{2}\boldsymbol{\beta}_1+\frac{1}{2}\boldsymbol{\beta}_3$

8. (1) 线性无关;(2) 线性相关;(3) 线性无关

9. 证明略

10. 证明略

11. $k=3$ 或 $k=-2$ 时,$\boldsymbol{\alpha}_1,\boldsymbol{\alpha}_2,\boldsymbol{\alpha}_3$ 线性相关,
    $k\neq 3$ 且 $k\neq -2$ 时,$\boldsymbol{\alpha}_1,\boldsymbol{\alpha}_2,\boldsymbol{\alpha}_3$ 线性无关

12. 证明略

13. (1) 秩为 2,$\boldsymbol{\alpha}_1,\boldsymbol{\alpha}_2$ 为一个极大无关组且 $\boldsymbol{\alpha}_3=-3\boldsymbol{\alpha}_1+2\boldsymbol{\alpha}_2$;
    (2) 秩为 3,$\boldsymbol{\alpha}_1,\boldsymbol{\alpha}_2,\boldsymbol{\alpha}_3$ 为一个极大无关组且 $\boldsymbol{\alpha}_4=2\boldsymbol{\alpha}_1+\boldsymbol{\alpha}_2-\boldsymbol{\alpha}_3$;
    (3) 秩为 2,$\boldsymbol{\alpha}_1,\boldsymbol{\alpha}_2$ 为一极大无关组且 $\boldsymbol{\alpha}_3=2\boldsymbol{\alpha}_1-\boldsymbol{\alpha}_2,\boldsymbol{\alpha}_4=\boldsymbol{\alpha}_1+3\boldsymbol{\alpha}_2,\boldsymbol{\alpha}_5=-2\boldsymbol{\alpha}_1-\boldsymbol{\alpha}_2$

14. (1)$\boldsymbol{\eta}=\begin{bmatrix}-4\\2\\1\end{bmatrix}$,通解为 $\boldsymbol{x}=c\boldsymbol{\eta}$($c$ 为任意常数);

(2) $\boldsymbol{\eta}_1=\begin{bmatrix}-\frac{1}{2}\\ \frac{3}{2}\\ 1\\ 0\end{bmatrix}$, $\boldsymbol{\eta}_2=\begin{bmatrix}0\\ -1\\ 0\\ 1\end{bmatrix}$,通解为 $\boldsymbol{x}=c_1\boldsymbol{\eta}_1+c_2\boldsymbol{\eta}_2$($c_1,c_2$ 为任意常数);

(3) $\boldsymbol{\eta}_1=\begin{bmatrix}-1\\ 1\\ 0\\ 0\end{bmatrix}$, $\boldsymbol{\eta}_2=\begin{bmatrix}-1\\ 0\\ 1\\ 0\end{bmatrix}$, $\boldsymbol{\eta}_3=\begin{bmatrix}-1\\ 0\\ 0\\ 1\end{bmatrix}$,通解为 $\boldsymbol{x}=c_1\boldsymbol{\eta}_1+c_2\boldsymbol{\eta}_2+c_3\boldsymbol{\eta}_3$($c_1,c_2,c_3$ 为任意常数);

(4) $\boldsymbol{\eta}_1=\begin{bmatrix}0\\ 1\\ 1\\ 0\\ 0\end{bmatrix}$, $\boldsymbol{\eta}_2=\begin{bmatrix}0\\ 1\\ 0\\ 1\\ 0\end{bmatrix}$, $\boldsymbol{\eta}_3=\begin{bmatrix}\frac{1}{3}\\ -\frac{5}{3}\\ 0\\ 0\\ 1\end{bmatrix}$,通解为 $\boldsymbol{x}=c_1\boldsymbol{\eta}_1+c_2\boldsymbol{\eta}_2+c_3\boldsymbol{\eta}_3$($c_1,c_2,c_3$ 为任意常数).

15. 证明略

16. (1) 无解;

(2) $\boldsymbol{x}=\begin{bmatrix}3\\ -8\\ 0\\ 6\end{bmatrix}+c\begin{bmatrix}-1\\ 2\\ 1\\ 0\end{bmatrix}$($c$ 为任意常数);

(3) $\boldsymbol{x}=\begin{bmatrix}1\\ -2\\ 0\\ 0\end{bmatrix}+c_1\begin{bmatrix}-9\\ 1\\ 7\\ 0\end{bmatrix}+c_2\begin{bmatrix}1\\ -1\\ 0\\ 2\end{bmatrix}$($c_1,c_2$ 为任意常数);

(4) 唯一解:$x_1=-3, x_2=3, x_3=5, x_4=0$.

17. 略

18. $\boldsymbol{x}=c\begin{bmatrix}3\\ 4\\ 5\\ 6\end{bmatrix}+\begin{bmatrix}2\\ 3\\ 4\\ 5\end{bmatrix}$($c$ 为任意常数).

19. (1) 当 $\lambda=-2$ 时,方程组无解;

(2) 当 $\lambda\neq-2$ 且 $\lambda\neq1$ 时,方程组有唯一解;

(3) 当 $\lambda=1$ 时,方程组有无穷多解,解为

$$\boldsymbol{x}=\begin{bmatrix}-2\\0\\0\end{bmatrix}+c_1\begin{bmatrix}-1\\1\\0\end{bmatrix}+c_2\begin{bmatrix}-1\\0\\1\end{bmatrix},\quad c_1,c_2\text{ 为任意常数}$$

20. (1) 证明略;

(2) $\begin{cases}x_1=c-a_5\\x_2=c+a_2+a_3+a_4\\x_3=c+a_3+a_4\\x_4=c+a_4\\x_5=c\end{cases}$ (c 为任意常数).

21. (1)245,90,175;

(2)180,150,180;

(3) $\begin{bmatrix}0.25&0.10&0.10\\0.20&0.20&0.10\\0.10&0.10&0.20\end{bmatrix}$

22. 煤炭、电力、钢铁行业每年总产出的价格分别为 0.939 4 亿元,0.848 5 亿元,1 亿元.

23. 当丙处拥有公园游船数的 $\frac{1}{3}$ 时,甲、乙两处分别拥有的比例是 $\frac{1}{2},\frac{1}{6}$;检修站应建立在甲处.

24. 这位顾客最少需要购买 4 个种类的调味品,可选 B、C、D、E 四种调味品作为最少调味品的集合.

习题四

1. (1) 是;(2) 否;(3) 否;(4) 否

2. 只含有零向量:$U=\{\mathbf{0}\}$;空间 $\mathbf{R}^3$ 中的全体向量:$U=\mathbf{R}^3$;位于过原点的直线 L 上的向量;位于过原点的平面 π 上的向量

3. 略

4. (1) V 的基为 $\boldsymbol{\alpha}_1,\boldsymbol{\alpha}_2,\boldsymbol{\alpha}_3$,$\dim V=3$;

(2) V 的基为 $\boldsymbol{\alpha}_1=\begin{bmatrix}-2\\1\\0\\\vdots\\0\end{bmatrix},\boldsymbol{\alpha}_2=\begin{bmatrix}-3\\0\\1\\\vdots\\0\end{bmatrix},\cdots,\boldsymbol{\alpha}_{n-1}=\begin{bmatrix}-n\\0\\0\\\vdots\\0\end{bmatrix}$, $\dim V=n-1$

5. 扩充后 $\mathbf{R}^4$ 的一个基为 $\boldsymbol{\alpha}_1,\boldsymbol{\alpha}_2,\boldsymbol{\alpha}_3=[0,0,1,0]^{\mathrm{T}},\boldsymbol{\alpha}_4=[0,0,0,1]^{\mathrm{T}}$

6. $\boldsymbol{\alpha}=2\boldsymbol{\alpha}_2-3\boldsymbol{\alpha}_3+\boldsymbol{\alpha}_4$

7. (1) 过渡矩阵 $\boldsymbol{P}=\begin{bmatrix}2&1&1\\-1&1&-2\\1&1&2\end{bmatrix}$; (2) $[-1,2,1]^{\mathrm{T}}$

8. (1) 9; (2) $\sqrt{174}$; (3) $\theta=\arccos\dfrac{\sqrt{10}}{6}$

9. $\boldsymbol{\beta}=[-4,-1,7]^{\mathrm{T}}k$, k 为任意常数

10. 不能

11. (1) 证明略. (2) 证明略, (2) 的几何意义为平行四边形两条对角线长度的平方和等于四条边长度的平方和.

12. 证明略

13. 略

14. (1) $\boldsymbol{\gamma}_1=\left[\dfrac{\sqrt{3}}{3},-\dfrac{\sqrt{3}}{3},\dfrac{\sqrt{3}}{3}\right]^{\mathrm{T}},\boldsymbol{\gamma}_2=\left[0,\dfrac{\sqrt{2}}{2},\dfrac{\sqrt{2}}{2}\right]^{\mathrm{T}},\boldsymbol{\gamma}_3=\left[\dfrac{\sqrt{6}}{3},\dfrac{\sqrt{6}}{6},-\dfrac{\sqrt{6}}{6}\right]^{\mathrm{T}}$;

(2) $\boldsymbol{\gamma}_1=\left[\dfrac{\sqrt{3}}{3},\dfrac{\sqrt{3}}{3},0,\dfrac{\sqrt{3}}{3}\right]^{\mathrm{T}},\boldsymbol{\gamma}_2=\left[\dfrac{\sqrt{6}}{6},-\dfrac{\sqrt{6}}{3},0,\dfrac{\sqrt{6}}{6}\right]^{\mathrm{T}},\boldsymbol{\gamma}_3=\left[-\dfrac{\sqrt{6}}{6},0,\dfrac{\sqrt{6}}{3},\dfrac{\sqrt{6}}{6}\right]^{\mathrm{T}}$

15. $\boldsymbol{\alpha}_3=[-1,0,1,0]^{\mathrm{T}},\boldsymbol{\alpha}_4=[0,1,0,0]^{\mathrm{T}}$. 由此构造的 $\mathbf{R}^4$ 的一个标准正交基为

$\boldsymbol{\gamma}_1=\left[\dfrac{\sqrt{2}}{2},0,\dfrac{\sqrt{2}}{2},0\right]^{\mathrm{T}},\quad \boldsymbol{\gamma}_2=[0,0,0,1]^{\mathrm{T}},\quad \boldsymbol{\gamma}_3=\left[-\dfrac{\sqrt{2}}{2},0,\dfrac{\sqrt{2}}{2},0\right]^{\mathrm{T}},\quad \boldsymbol{\gamma}_4=[0,1,0,0]^{\mathrm{T}}$

习题五

1. (1) λ; (2) $a\lambda$; (3) λ^k; (4) $\dfrac{1}{\lambda}$.

2. (1) $\lambda_1=1,k_1\begin{bmatrix}1\\1\end{bmatrix}$ (k_1 为任意非零常数),

$\lambda_2=-5,k_2\begin{bmatrix}-2\\1\end{bmatrix}$ (k_2 为任意非零常数);

(2) $\lambda_1=-1,k_1\begin{bmatrix}-1\\0\\1\end{bmatrix}$($k_1$ 为任意非零常数),

$\lambda_2=\lambda_3=1,k_2\begin{bmatrix}0\\1\\0\end{bmatrix}+k_3\begin{bmatrix}1\\0\\1\end{bmatrix}$($k_2,k_3$ 是不全为零的任意常数);

(3) $\lambda_1=1,k_1\begin{bmatrix}1\\1\\1\end{bmatrix}$($k_1$ 为任意非零常数),

$\lambda_2=2,k_2\begin{bmatrix}1\\2\\4\end{bmatrix}$($k_2$ 是任意非零常数),

$\lambda_3=3,k_3\begin{bmatrix}1\\3\\9\end{bmatrix}$($k_3$ 为任意非零常数);

(4) $\lambda_1=-5,k_1\begin{bmatrix}-1\\1\\1\end{bmatrix}$($k_1$ 为任意非零常数),

$\lambda_2=\lambda_3=1,k_2\begin{bmatrix}1\\1\\0\end{bmatrix}+k_3\begin{bmatrix}1\\0\\1\end{bmatrix}$($k_2,k_3$ 是不全为零的任意常数);

(5) $\lambda_1=\lambda_2=\lambda_3=-1,k_1\begin{bmatrix}-1\\-1\\1\end{bmatrix}$($k_1$ 为任意非零常数);

(6) $\lambda_1=-2,k_1\begin{bmatrix}0\\0\\1\end{bmatrix}$($k_1$ 为任意非零常数),

$\lambda_2=\lambda_3=1,k_2\begin{bmatrix}3\\-6\\20\end{bmatrix}$($k_2$ 为任意非零常数).

3. 证明略

4. $\left(\frac{1}{3}\boldsymbol{A}^2\right)^{-1}$ 的特征值为 $3,\frac{3}{4},\frac{1}{3}$

5. $\boldsymbol{A}=\begin{bmatrix}-\frac{1}{3} & 0 & \frac{2}{3}\\ 0 & \frac{1}{3} & \frac{2}{3}\\ \frac{2}{3} & \frac{2}{3} & 0\end{bmatrix}$

6. $a=-4$

7. -3

8. $\lambda_1=9,\lambda_2=\lambda_3=3$

9. 证明略

10. $k=-1$

11. 证明略

12. $a=-1$

13. $a=0,b=-2$

14. (1) 相似;(2) 相似;(3) 不相似

15. -4

16. 40,80,8

17. $2,2,\frac{4}{5}$

18. $a+b=0$

19. $a=0;\boldsymbol{P}=\begin{bmatrix}0 & 1 & 1\\ 0 & 2 & -2\\ 1 & 0 & 0\end{bmatrix}$

20. (1) $-9,9,18$;(2) $\boldsymbol{P}=\begin{bmatrix}-\frac{1}{3} & -\frac{2}{3} & \frac{2}{3}\\ \frac{2}{3} & -\frac{2}{3} & -\frac{1}{3}\\ \frac{2}{3} & \frac{1}{3} & \frac{2}{3}\end{bmatrix},\boldsymbol{P}^{-1}\boldsymbol{AP}=\begin{bmatrix}-9 & 0 & 0\\ 0 & 9 & 0\\ 0 & 0 & 18\end{bmatrix}$

21. (1) $\boldsymbol{P}=\begin{bmatrix}\frac{1}{\sqrt{2}} & \frac{2}{3} & \frac{1}{3\sqrt{2}}\\ 0 & \frac{1}{3} & -\frac{4}{3\sqrt{2}}\\ -\frac{1}{\sqrt{2}} & \frac{2}{3} & \frac{1}{3\sqrt{2}}\end{bmatrix},\boldsymbol{P}^{-1}\boldsymbol{AP}=\begin{bmatrix}5 & 0 & 0\\ 0 & -4 & 0\\ 0 & 0 & 5\end{bmatrix}$

$$(2)\boldsymbol{P}=\begin{bmatrix}\frac{2\sqrt{5}}{5} & \frac{2\sqrt{5}}{15} & \frac{1}{3}\\ -\frac{\sqrt{5}}{5} & \frac{4\sqrt{5}}{15} & \frac{2}{3}\\ 0 & \frac{\sqrt{5}}{3} & -\frac{2}{3}\end{bmatrix},\boldsymbol{P}^{-1}\boldsymbol{AP}=\begin{bmatrix}1 & 0 & 0\\ 0 & 1 & 0\\ 0 & 0 & -8\end{bmatrix}$$

$$(3)\boldsymbol{P}=\begin{bmatrix}\frac{1}{\sqrt{2}} & 0 & \frac{1}{\sqrt{2}}\\ 0 & 1 & 0\\ -\frac{1}{\sqrt{2}} & 0 & \frac{1}{\sqrt{2}}\end{bmatrix},\boldsymbol{P}^{-1}\boldsymbol{AP}=\begin{bmatrix}0 & 0 & 0\\ 0 & 2 & 0\\ 0 & 0 & 2\end{bmatrix}$$

22. $\boldsymbol{A}^{100}=\begin{bmatrix}1 & 0 & 5^{100}-1\\ 0 & 5^{100} & 0\\ 0 & 0 & 5^{100}\end{bmatrix}$

23. 2^{n-r}

24. (1)$\boldsymbol{A}=\begin{bmatrix}1-p & q\\ p & 1-q\end{bmatrix}$;

(2)$\begin{bmatrix}x_n\\ y_n\end{bmatrix}=\frac{1}{2(p+q)}\begin{bmatrix}2q+(p-q)(1-p-q)^n\\ 2p+(q-p)(1-p-q)^n\end{bmatrix}$

25. 证明略

习题六

1. (1)$\boldsymbol{A}=\begin{bmatrix}1 & 2 & 3\\ 2 & -2 & -1\\ 3 & -1 & 4\end{bmatrix}$,$r(\boldsymbol{A})=3$; (2)$\boldsymbol{A}=\begin{bmatrix}4 & -3 & 1\\ -3 & 0 & -3\\ 1 & -3 & -2\end{bmatrix}$,$r(\boldsymbol{A})=2$;

(3)$\boldsymbol{A}=\begin{bmatrix}1 & -2 & 1\\ -2 & 4 & -2\\ 1 & -2 & 1\end{bmatrix}$,$r(\boldsymbol{A})=1$; (4)$\boldsymbol{A}=\begin{bmatrix}1 & 0 & 2\\ 0 & 3 & 0\\ 2 & 0 & 0\end{bmatrix}$,$r(\boldsymbol{A})=3$

2. (1)$x_1^2+2x_2^2+3x_3^2+2x_1x_2+2x_2x_3$;

(2)$2x_1x_2+x_1x_3-3x_1x_4-2x_2x_3-2x_2x_4+6x_3x_4$

3. 证明略

4. (正交矩阵不唯一,仅供参考)

(1) $\boldsymbol{x}=\boldsymbol{Q}\boldsymbol{y},\boldsymbol{Q}=\begin{bmatrix}\frac{1}{\sqrt{3}} & -\frac{1}{\sqrt{2}} & \frac{1}{\sqrt{6}}\\ -\frac{1}{\sqrt{3}} & 0 & \frac{2}{\sqrt{6}}\\ \frac{1}{\sqrt{3}} & \frac{1}{\sqrt{2}} & \frac{1}{\sqrt{6}}\end{bmatrix},f=6y_3^2$;

(2) $\boldsymbol{x}=\boldsymbol{Q}\boldsymbol{y},\boldsymbol{Q}=\begin{bmatrix}0 & 1 & 0\\ \frac{1}{\sqrt{2}} & 0 & \frac{1}{\sqrt{2}}\\ -\frac{1}{\sqrt{2}} & 0 & \frac{1}{\sqrt{2}}\end{bmatrix},f=y_1^2+2y_2^2+5y_3^2$;

(3) $\boldsymbol{x}=\boldsymbol{Q}\boldsymbol{y},\boldsymbol{Q}=\begin{bmatrix}-\frac{1}{\sqrt{2}} & \frac{1}{\sqrt{6}} & \frac{1}{\sqrt{3}}\\ 0 & -\frac{2}{\sqrt{6}} & \frac{1}{\sqrt{3}}\\ \frac{1}{\sqrt{2}} & \frac{1}{\sqrt{6}} & \frac{1}{\sqrt{3}}\end{bmatrix},f=3y_1^2+3y_2^2+6y_3^2$

5. (1) $f=2y_1^2-2y_2^2+6y_3^2$;(2) $f=y_1^2-y_2^2$

6. $\boldsymbol{x}=\boldsymbol{P}\boldsymbol{y},\boldsymbol{P}=\begin{bmatrix}1 & -2 & -1\\ 2 & 1 & 0\\ 1 & 0 & 1\end{bmatrix},f=y_1^2$

7. (1) 正定;(2) 负定;(3) 正定

8. (1) $t>2$;(2) $|t|<\frac{\sqrt{23}}{2}$

9. 证明略

参 考 文 献

[1] 龚德恩,范培华,胡显佑,等.经济数学基础第二分册:线性代数[M].4 版.成都:四川人民出版社,2005.
[2] 同济大学数学系.工程数学线性代数[M].5 版.北京:高等教育出版社,2007.
[3] 曹重光.线性代数[M].赤峰:内蒙古科学技术出版社,1999.
[4] 赵树嫄.经济应用数学基础(二):线性代数[M].4 版.北京:中国人民大学出版社,2009.
[5] 吴传生,王卫华. 经济数学——线性代数[M].北京:高等教育出版社,2003.
[6] 吴传生.经济数学——线性代数[M].2 版.北京:高等教育出版社,2009.
[7] 金朝嵩,段正敏,王汉明.线性代数[M].北京:清华大学出版社,2006.
[8] 陈文灯,杜之韩,黄慧青,等.线性代数[M].北京:高等教育出版社,2006.
[9] 高玉斌.线性代数[M].北京:国防工业出版社,2010.
[10] 胡显佑.线性代数[M].北京:高等教育出版社,2008.
[11] 归行茂.线性代数的应用[M].上海:上海科学普及出版社,1994.
[12] 郝赤峰.线性代数[M].2 版.北京:高等教育出版社,2003.
[13] 姜启源.数学模型[M].3 版.北京: 高等教育出版社,2003.
[14] 沈复兴,傅莺莺,莫单玉,等.线性代数及其应用[M].3 版.北京:人民邮电出版社,2007.
[15] 姚孟臣.高等数学(二)[M].2 版.北京:高等教育出版社,2008.
[16] 顾静相,冯泰.经济应用数学(下册)[M].北京:高等教育出版社,2004.
[17] 申大维,方丽萍,叶其孝,等.数学的原理与实践[M].北京:高等教育出版社,施普林格出版社,1998.
[18] 李乃华,安建业,罗蕴玲,等. 线性代数及其应用[M].2 版. 北京:高等教育出版社,2016.
[19] 李乃华,赵芬霞,赵俊英,等. 伴你学数学——线性代数及其应用导学[M].北京:高等教育出版社,2012.
[20] 邵珠艳,岳丽. 线性代数[M]. 北京:北京大学出版社,2013.
[21] 方文波. 线性代数及其应用[M]. 北京:高等教育出版社,2015.
[22] 吴坚,程向阳. 线性代数[M]. 北京:高等教育出版社,2015.
[23] 陈骑兵. 线性代数与数学模型[M].北京:科学出版社,2015.